农副食品检验检测与农业育种技术

周宏霞　裴春敏　朱守晶　著

吉林科学技术出版社

图书在版编目（CIP）数据

农副食品检验检测与农业育种技术 / 周宏霞，裴春敏，朱守晶著 . -- 长春 : 吉林科学技术出版社，2023.10

ISBN 978-7-5744-0907-1

Ⅰ . ①农… Ⅱ . ①周… ②裴… ③朱… Ⅲ . ①农产品－食品检验－研究②作物育种－研究 Ⅳ . ① TS207.3 ② S33

中国国家版本馆 CIP 数据核字 (2023) 第 197978 号

农副食品检验检测与农业育种技术

著　　周宏霞　裴春敏　朱守晶
出 版 人　宛　霞
责任编辑　郝沛龙
封面设计　刘梦杳
制　　版　刘梦杳
幅面尺寸　185mm×260mm
开　　本　16
字　　数　360 千字
印　　张　18.5
印　　数　1-1500 册
版　　次　2023年10月第1版
印　　次　2024年2月第1次印刷

出　　版　吉林科学技术出版社
发　　行　吉林科学技术出版社
地　　址　长春市福祉大路5788号
邮　　编　130118
发行部电话/传真　0431-81629529 81629530 81629531
81629532 81629533 81629534
储运部电话　0431-86059116
编辑部电话　0431-81629518
印　　刷　三河市嵩川印刷有限公司

书　　号　ISBN 978-7-5744-0907-1
定　　价　84.00元

前　言

随着国内食品产业稳步发展，食品检测工作重要性日益凸显，其中应用最广泛的就是检测技术，其有助于提升食品检测质量与效率。我国的食品安全工作起步较晚，因此许多措施和制度还不完善。当前，我国食品安全工作都是按照先发现、后治理的流程展开的，预防性工作存在较大的不足。这种工作模式难以从源头上彻底解决食品安全问题，因此工作效率总体不高。随着现代技术和安全理念的不断发展，我国开始采用食品检验检测的方式对食品进行长期监测，对涉及的数据信息进行收集分析，根据分析结果做出相应的处理，同时还能做好跟踪监测，避免食品安全问题再次发生。

根据检验检测数据结果，能够及时采取有效措施保障食品安全，为我国的经济建设提供有力保障。食品安全部门在开展食品检验检测工作时，能够通过对污染物的提取，确认违法犯罪的有效证据，并配合公安部门和司法部门开展有关工作。在具体工作开展过程中，有关食品安全部门需要规范监督行为，提升监督工作的科学性与合理性，从而进一步提升打击犯罪分子的效率。为进一步做好食品安全管理工作，我国也逐步建立和完善相关的法律制度，但检验检测工作实施过程中需要不断提高自身的管理能力和检验检测水平。食品检验检测部门需要充分利用现代监测技术收集好现场数据和信息，为相关部门提供可靠的证明，从而减少食品安全犯罪的发生。

从技术的角度来说，农业生物育种技术就是通过复杂的细胞培养、融合、杂交培育出来新的品种，通俗来讲就是利用高科技技术集合各个品种的优点培育出来的新品种。伴随千百年来自然物种进化与人类科技进步，世界农业育种经历了原始育种、传统育种和分子育种三个时代的跨越。伴随千百年来自然物种进化与人类科技进步，世界农业育种经历了原始育种、传统育种和分子育种三个时代的跨越，形成了具有典型时代特征的各种技术版本，即从最初人工驯化1.0版和杂交育种2.0版，逐步迭代升级到分子育种时代的转基因育种3.0版和智能设计育种4.0版。

本书围绕“农副食品检验检测与农业育种技术”这一主题，阐述了食品检测基础理论、食品检测技术创新及其应用、果蔬食品与转基因食品的检测、食品样品的采集与制备、微生物与食品微生物检验、农副食品的感官鉴别，论述了遗传的规律与变异、作物遗传育种技术，探究了现代分子育种、大田作物分子育种技术、杂粮分子育种技术等内容，以期为读者理解与践行农副食品检验检测与农业育种提供有价值的参考和借鉴。本书内容翔实、条理清晰、逻辑合理，在写作的过程中注重理论与实践的结合，可作为农业学校教师、学生的参考书，也可供农业科技工作者参考。

笔者在写作本书的过程中，借鉴了许多专家和学者的研究成果，在此表示衷心感谢。本书研究的课题涉及的内容十分宽泛，尽管笔者在写作过程中力求完美，但仍难免存在疏漏，恳请各位专家批评指正。

目 录

第一章
食品检测基础理论

第一节　食品检测概述

一、食品分析检验的目的和任务

（一）食品分析检验的目的

以现代人的生活观点来看，饮食除了提供生存的功能，亦是生活的乐趣之一，因此追求美食也成为人们的一种享受，蔚为潮流。而食品品质的好坏直接关系着人们的身体健康。对食品品质好坏的评价，就要看它的营养性、安全性和可接受性。因此，对食品进行分析检验是必需的。而食品分析检验就是研究各类食品组成成分的检测方法、检验技术及有关理论的一门集技术性和应用性于一体的学科。

（二）食品分析检验的任务

食品分析检测技术的任务是依据物理、化学、生物化学等学科的基本理论和国家食品卫生标准，运用现代科学技术和分析手段，对各类食品（包括原料、辅助材料、半成品及成品）的主要成分和含量进行检测，以保证生产出的产品质量合格。

二、食品分析检验的内容和范围

食品分析检验主要包括感官检验、营养成分检验、食品添加剂的检验及食品中有毒有害物质的检验。

（一）食品的感官检验

食品质量的优劣最直接地表现在它的感官性状上，各种食品都具有各自的感官特征，除了色、香、味是所有食品共有的感官特征，液态食品还有澄清、透明等感官指标，固体、半固体食品还有软、硬、弹性、韧性、黏、滑、干燥等一切能为人体感官判定和接受的指标。好的食品不但要符合营养和卫生的要求，而且要有良好的可接受性。因此，各类食品的质量标准中都有感官指标。感官鉴定是食品质量检验的主要内容之一，在食品分析检验中占有重要的地位。

（二）食品中营养成分的检验

食品中的营养成分主要包括水分、灰分、矿物元素、脂肪、碳水化合物、蛋白质与氨基酸、有机酸、维生素八大类，这是构成食品的主要成分。不同的食品所含营养成分的种类和含量是各不相同的，在天然食品中，能够同时提供各种营养成分的品种较少，因此人们必须根据人体对营养的要求，进行合理搭配，以获得较全面的营养。为此，必须对各种食品的营养成分进行分析，以评价其营养价值，为选择食品提供帮助。此外，在食品工业生产中，对工艺配方的确定、工艺合理性的鉴定、生产过程的控制及成品质量的监测等，都离不开营养成分的分析。所以，营养成分的分析是食品分析检验中的主要内容。

（三）食品添加剂的检验

食品添加剂是指食品在生产、加工或保存过程中，添加到食品中期望达到某种目的的物质。由于目前所使用的食品添加剂多为化学合成物质，有些对人体具有一定的毒性，故而国家对其使用范围及用量均做了严格的规定。为监督在食品生产中合理地使用食品添加剂，保证食品的安全性，必须对食品添加剂进行检验。因此，对食品添加剂的鉴定和检验也具有十分重要的意义。

（四）食品中有毒有害物质的检测

正常的食品应当无毒无害，符合应有的营养素要求，具有相应的色、香、味等感官性状。但食品在生产、加工、包装、运输、储存、销售等各个环节中，由于污染混入了对人体有急性或慢性危害的物质，按其性质划分，主要有以下几类：

1.有害元素

由工业三废、生产设备、包装材料等对食品造成的污染，主要有砷、镉、汞、铅、铜、铬、锡、锌、硒等。

2.农药及兽药

由于不合理地施用农药对农作物造成污染，再经动植物体的富集作用及食物链的传递，最终造成食品中农药的残留。另外，兽药（包括兽药添加剂）在畜牧业中的广泛使用，虽然对降低牲畜发病率与死亡率、提高饲料利用率、促进生长和改善产品品质方面起到十分显著的作用，已成为现代畜牧业不可缺少的物质基础。但是，由于科学知识的缺乏和经济利益的驱使，畜牧业中滥用兽药和超标使用兽药的现象普遍存在，因此导致动物性食品中兽药残留超标。

3.细菌、霉菌及其毒素

这是由于食品的生产或储藏环节操作不当而引起的微生物污染，如危害较大的黄曲霉毒素。另外，还有动植物体中的一些天然毒素，如贝类毒素、苦杏仁中存在的氰化物等。

4.包装材料带来的有害物质

由于使用了质量不符合卫生要求的包装材料，如聚氯乙烯、多氯联苯、荧光增白剂等有害物质，对食品造成污染。

三、食品分析检验的方法

在食品分析检验过程中，由于目的不同，或被测组分和干扰成分的性质以及它们在食品中存在的数量的差异，所选择的分析检验方法也各不相同。食品分析检验常用的方法有感官检验法、化学分析法、仪器分析法、微生物分析法和酶分析法。

（一）感官检验法

感官检验法是通过人体的各种感觉器官（眼、耳、鼻、舌、皮肤）所具有的感觉、听觉、嗅觉、味觉和触觉，结合平时积累的实践经验，并借助一定的仪器对食品的色、香、味、形等质量特性和卫生状况做出判定和客观评价的方法。感官检验作为食品分析检验的重要方法之一，具有简便易行、快速灵敏、不需要特殊器材等特点，特别适用于目前还不能用仪器定量评价的某些食品特性的检验，如水果滋味的检验、食品风味的检验以及烟、酒、茶的气味检验等。

（二）化学分析法

化学分析法是以物质的化学反应为基础，使被测成分在溶液中与试剂作用，由生成物的量或消耗试剂的量来确定被测组分含量的方法。化学分析法包括定性分析和定量分析。定量分析又包括称量法和容量法，如食品中水分、灰分、脂肪、果胶、纤维等成分的测定，常规法都是称量法。容量法包括酸碱滴定法、氧化还原滴定法、配位滴定法和沉淀滴定法。例如：酸度、蛋白质的测定常用到酸碱滴定法；还原糖、维生素C的测定常用到氧化还原滴定法。化学分析法是食品分析检验技术中最基础、最基本、最重要的分析方法。

（三）仪器分析法

仪器分析法是以物质的物理或物理化学性质为基础，利用光电仪器来测定物质含量的方法，包括物理分析法和物理化学分析法。

物理分析法是通过测定密度、黏度、折射率、旋光度等物质特有的物理性质来求出被测组分含量的方法。例如，密度法可测定糖液的浓度，酒中酒精含量，检验牛乳是否掺水、脱脂等；折射率法可测定果汁、番茄制品、蜂蜜、糖浆等食品的固形物含量，牛乳中乳糖含量等；旋光法可测定饮料中蔗糖含量、谷类食品中淀粉含量等。[①]

物理化学分析法是通过测量物质的光学性质、电化学性质等物理化学性质来求出被测组分含量的方法。它包括光学分析法、电化学分析法、色谱分析法、质谱分析法等，食品分析检验中常用的是前三种方法。光学分析法又分为紫外可见分光光度法、原子吸收分光光度法、荧光分析法等，可用于测定食品中无机元素、碳水化合物、蛋白质、氨基酸、食品添加剂、维生素等成分。电化学分析法又分为电导分析法、电位分析法、极谱分析法等。电导分析法可测定糖品灰分和水的纯度等；电位分析法广泛应用于测定pH值、无机元素、酸根、食品添加剂等成分；极谱法已应用于测定重金属、维生素、食品添加剂等成分。色谱分析法包含许多分支，食品分析检验中常用的是薄层色谱法、气相色谱法和高效液相色谱法，可用于测定有机酸、氨基酸、维生素、农药残留量、黄曲霉毒素等成分。

（四）微生物分析法

微生物分析法基于某些微生物生长需要特定的物质，方法条件温和，克服了化学分析法和仪器分析法中某些被测成分易分解的弱点；方法的选择性也高，常用于维生素、抗生素残留量、激素等成分的分析中。

（五）酶分析法

酶分析法是利用酶的反应进行物质定性、定量的方法。酶是具有专一性催化功能的蛋白质，用酶分析法进行分析的主要优点在于高效和专一，克服了用化学分析法测定时，某些共存成分产生干扰以及类似结构的物质也可发生反应，从而使测定结果发生偏离的缺点。酶分析法测定条件温和，结果准确，已应用于食品中有机酸、糖类和维生素的测定。

四、国内外食品分析检验技术发展动态与进展

随着科学技术的迅猛发展，各种食品分析检验的方法不断得到完善、更新，在保证

① 张金彩 . 食品分析与检测技术 [M]. 北京：中国轻工业出版社，2017：110.

分析检验结果准确度的前提下，食品分析检验正向着微量、快速、自动化的方向发展。许多高灵敏度、高分辨率的分析仪器越来越多地应用于食品分析检验中，为食品的开发与研究、食品的安全与卫生检验提供了强有力的手段。例如，色谱分析、核磁共振和免疫分析等一些分析新技术也在食品分析中得以应用。另外，食品快速检测技术正在迅猛发展，如农药残留试纸法、硝酸盐试粉法和硝酸盐试纸法及兽药残留检测用的酶联免疫吸收试剂盒法等。

目前，对转基因产品的检测是一个热门话题。国内外转基因检测方法有三种：第一种是以核酸为基础的PCR检测方法，包括定性PCR、实时荧光定量PCR、PCR-ELISA半定量和基因芯片等方法；第二种是检测外源基因的表达产物——蛋白质检测方法，分为试纸条、ELISA和蛋白芯片三种方法；第三种是利用红外检测转基因产品化学及空间结构。

第二节　食品样品的采集、制备及保存

食品分析的一般程序是：样品的采集、制备和保存；样品的预处理；成分分析；分析数据处理；撰写分析报告。

一、样品的采集

样品的采集是从大量的分析对象中抽取有代表性的一部分样品作为分析材料，即分析样品。

（一）样品采集的目的和意义

为保证分析结果准确无误，首先就要正确地采样。因被检测的食品种类差异大、加工储藏条件不同、同一材料的不同部分彼此有差别，所以采用正确的采样技术采集样品尤为重要；否则，分析结果就不具有代表性，甚至会得出错误的结论。同样，为使后续的分析工作顺利实施，对采集到的样品做进一步的加工处理是检测项目必不可少的环节。

（二）样品采集的要求、步骤、数量和方法

1.采样要求

采样过程中应遵循两个原则：一是采集的样品要均匀、具有代表性，能反映全部被测

食品的组成、质量及卫生状况；二是避免成分逸散或引入杂质，应保持原有的理化指标。

2.采样步骤

采样一般可分为三步：首先是获取检样，即从大批物料的各个部分采集少量的物料称检样；其次是将所有获取的检样综合在一起得到原始样品；最后是将原始样品经技术处理后，抽取其中的一部分作为分析检验的样品称为平均样品。

3.采样的数量和方法

采样数量应能反映该食品的卫生质量和满足检验项目对取样量的需求，样品应一式三份，分别供检验、复验、备查或仲裁，一般散装样品每份不少于0.5 kg。具体采样方法因分析对象的性质而异。

（1）液体、半流体饮食品

例如，植物油、鲜乳、酒类或其他饮料，若用大桶或大罐包装应先充分混合后再采样。样品分别放入三个干净的容器中。

（2）粮食及固体食品

自每批食品的上、中、下三层中的不同部位分别采取部分样品混合后按四分法对角取样，再进行几次混合，最后取有代表性的样品。

（3）肉类、水产等食品

按分析项目的要求可分别采取动物身上不同部位的样品混合后代表整只动物；或从很多只动物的同一部位取样混合后代表某一部位。

（4）罐头、瓶装食品

可根据批号随机取样。同一批号取样件数，250g以上的包装不得少于6个，250g以下的包装不得少于10个。掺伪食品和食物中毒的样品采集要具有典型性。采样时使用的工具、容器、包装纸等都应清洁，不应带入任何杂质或被测组分。采样后应迅速检测，以免发生变化。最后要在盛装样品的容器上贴上标签，注明样品名称、采样地点、采样日期、样品批号、采样方法、采样数量、分析项目及采样人。

二、样品的制备

按采样规程采集的样品一般数量过多、颗粒大、组成不均匀。样品制备是对上述采集的样品进行进一步粉碎、混匀、缩分，目的是保证样品完全均匀，使任何部分都具有代表性。具体制备方法因产品类型不同有如下几种。

（一）液体、浆体或悬浮液体

样品可摇匀，也可以用玻璃棒或电动搅拌器搅拌，使其均匀，然后采取所需要的量。

（二）互不相溶的液体

例如，油与水的混合物，应先使不融合的各成分彼此分离，再分别进行采样。

（三）固体样品

先将样品制成均匀状态，具体操作可切细（大块样品）、粉碎（硬度大的样品如谷类）、捣碎（质地软、含水量高的样品如果蔬）、研磨（韧性强的样品如肉类）。常用工具有粉碎机、组织捣碎机、研钵等。然后用四分法采取制备好的均匀样品。

（四）罐头

水果或肉禽罐头在捣碎之前应清除果核、骨头及葱、姜、辣椒等调料。可用高速组织捣碎机。

上述样品制备过程中，还应注意防止易挥发成分的逸散及有可能造成的样品理化性质的改变，尤其是做微生物检验的样品，必须根据微生物学的要求，严格按照无菌操作规程制备。

三、样品的保存

制备好的样品应尽快分析，如不能马上分析，则需妥善保存。保存的目的是防止样品发生受潮、挥发、风干、变质等现象，确保其成分不发生任何变化。保存的方法是：将制备好的样品装入具磨口塞的玻璃瓶中，置于暗处；易腐败变质的样品应保存在0 ℃～5℃的冰箱中；易失水的样品应先测定水分。

一般检验后的样品还需保留一个月，以备复查。保留期限从签发报告单算起，易变质食品不予保留。对感官不合格样品可直接定为不合格产品，不必进行理化检验。最后，存放的样品应按日期、批号、编号摆放，以便查找。

第三节 样品的预处理

食品的成分复杂，既含有如糖、蛋白质、脂肪、维生素、农药等有机大分子化合物，也含有许多如钾、钠、钙、铁、镁等无机元素。它们以复杂的形式结合在一起，当以选定的方法对其中某种成分进行分析时，其他组分的存在，常会干扰进而影响被测组分的正确检出。为此，在分析检测之前，必须采取相应的措施排除干扰。另外，有些样品特别是有毒、有害污染物，其在食品中的含量极低，但危害很大。这样组分的测定，有时会因为所选方法的灵敏度不够而难以检出，这种情形下往往需对样品中的相应组分进行浓缩，以满足分析方法的要求。样品预处理的目的就是解决上述问题。根据食品的种类、性质不同，以及不同分析方法的要求，预处理的手段有如下几种。

一、有机物破坏法

当测定食物中无机物含量时，常采用有机物破坏法来消除有机物的干扰。因为食物中的无机元素会与有机物结合，形成难溶、难解离的化合物，使无机元素失去原有的特性，而不能依法检出。有机物破坏法是将有机物在强氧化剂的作用下经长时间的高温处理，破坏其分子结构，有机物分解呈气态逸散，而使被测无机元素得以释放。该法除常用于测定食品中微量金属元素，还可用于检测硫、氮、氯、磷等非金属元素。根据具体操作不同，常用的有干法和湿法两大类。但随着微波技术的发展，微波消解法也得到了应用。

（一）干法（又称灰化）

干法是通过高温灼烧将有机物破坏。除汞外的大多数金属元素和部分非金属元素的测定均可采用此法。具体操作是将一定量的样品置于坩埚中加热，使有机物脱水、炭化、分解、氧化，再于高温电炉（500℃～550℃）中灼烧灰化，残灰应为白色或浅灰色。否则，应继续灼烧，得到的残渣即为无机成分，可供测定用。

干法优点是破坏彻底、操作简便、使用试剂少、空白值低。但破坏时间长、温度高，尤其对汞、砷、锑、铅易造成挥散损失。对有些元素的测定必要时可加助灰化剂。①

① 王硕，王俊平．食品安全检测技术 [M]. 北京：化学工业出版社，2016：235.

（二）湿法（又称消化）

湿法是在酸性溶液中，向样品中加入硫酸、硝酸、高氯酸、过氧化氢、高锰酸钾等氧化剂，并加热消煮，使有机物完全分解、氧化、呈气态逸出，待测组分转化成无机状态存在于消化液中，供测试用。

湿法是一种常用的样品无机化法。其优点是：分解速度快、时间短；因加热温度低，可减少金属的挥发逸散损失。缺点是：消化时易产生大量有害气体，需在通风橱中操作；消化初期会产生大量泡沫外溢，需随时照管；因试剂用量较大，空白值偏高。

湿法破坏根据所用氧化剂不同分为如下几类：

1.硫酸–硝酸法

将粉碎好的样品放入250～500mL凯氏烧瓶中（样品量可称10～20g）。加入浓硝酸20mL，小心混匀后，先用小火使样品溶化，再加浓硫酸10mL，渐渐加强火力，保持微沸状态并不断滴加浓硝酸，至溶液透明不再转黑。每当溶液变深时，应立即添加硝酸，否则会消化不完全。待溶液不再转黑后，继续加热数分钟至冒出浓白烟，此时消化液应澄清透明。消化液放冷后，小心用水稀释，转入容量瓶，同时用水洗涤凯氏烧瓶，洗液并入容量瓶，调至刻度后混匀供待测用。

2.高氯酸–硝酸–硫酸法

称取粉碎好的样品5～10g，放入250～500mL凯氏烧瓶中，加少许水湿润，加数粒玻璃珠，加3：1的硝酸高氯酸混合液10～15mL，放置片刻，小火缓缓加热，反应稳定后放冷，沿瓶壁加入5～10mL浓硫酸，继续加热至瓶中液体开始变成棕色时，不断滴加硝酸高氯酸混合液（3：1）至有机物分解完全。加大火力至产生白烟，溶液应澄清、无色或微黄色。操作中注意防爆。放冷后在容量瓶中定容。

3.高氯酸–（过氧化氢）硫酸法

取适量样品于凯氏烧瓶中，加适量浓硫酸，加热消化至呈淡棕色，放冷，加数毫升高氯酸（或过氧化氢），再加热消化，重复操作至破坏完全。放冷后以适量水稀释，小心转入容量瓶中定容。

4.硝酸–高氯酸法

取适量样品于凯氏烧瓶中，加数毫升浓硝酸，小心加热至剧烈反应停止后，再加热煮沸至近干，加入20mL硝酸–高氯酸（1：1）混合液。缓缓加热，反复添加硝酸–高氯酸混合液至破坏完全，小心蒸发至近干，加入适量稀盐酸溶解残渣，若有不溶物应过滤。滤液于容量瓶中定容。

消化过程中注意维持一定量的硝酸或其他氧化剂，破坏样品时应做空白，以校正消化试剂引入的误差。

（三）微波消解法

微波样品处理设备兴起于20世纪最后几十年，对解决长期困扰AAS（原子吸收光谱仪）、AES（原子发射光谱仪）、ICP-AES（电感耦合原子发射光谱仪）、ICP-MS（电感耦合原子发射光谱仪）、GC（气相色谱仪）、HPLC（高效液相色谱仪）等仪器分析的样品制备方法起了革命性的作用。微波对食品样品的消解主要包括传统的敞口式、半封闭式、高压密封罐式，以及近几年发展起来的聚焦式。微波是一种电磁波，它能使样品中极性分子在高频交变电磁场中发生振动，相互碰撞、摩擦、极化而产生高热。

压力自控密闭微波消解法是将试样和溶剂放在双层密封罐里进行微波加热消解，自动控制密闭容器的压力，它结合了高压消解和微波加热迅速，以及能使极性分子在高频交变电磁场中剧烈振动碰撞、摩擦、极化等方面的性能，在压力或温度控制下，在微波炉里自动加热，难消解的样品几十分钟即可消解，时间大大缩短，酸雾量也减少，同时也减少了对人和环境的危害。与传统的干、湿消解方法相比，它具有节能、快速、易挥发元素损失少、污染小、操作简便、消解完全、溶剂消耗少、空白值低等特点，特别适应于测定易挥发元素的样品分解。例如，微波消解-AAS法测定芦荟中微量金属元素锌、锰、镉、铅就是应用具有压力控制附件的 MSP-100D型微波样品制备系统。

二、食品中成分的提取分离

在同一溶剂中，不同的物质具有不同的溶解度；同一物质在不同的溶剂中溶解度也不同。利用样品中各组分在特定溶剂中溶解度的差异，使其完全或部分分离即为溶剂提取法。常用的无机溶剂有水、稀酸、稀碱，有机溶剂有乙醇、乙醚、氯仿、丙酮、石油醚等，可用于从样品中提取被测物质或除去干扰物质。在食品分析检验中常用于维生素、重金属、农药及黄曲霉毒素的测定。溶剂提取法可用于提取固体、液体及半流体，根据提取对象不同，可分为化学分离法、离心分离法、浸泡萃取分离法、挥发分离法、色谱分离法和离子交换分离法，分别介绍如下。

（一）化学分离法

1.磺化法和皂化法

磺化法和皂化法是去除油脂的常用方法，可用于食品中农药残留的分析。

（1）磺化法

磺化法是以硫酸处理样品提取液，硫酸使其中的脂肪磺化，并与脂肪和色素中的不饱和键起加成作用，使生成溶于硫酸和水的强极性化合物，从而从有机溶剂中分离出来。该法只适用于对强酸介质中稳定的农药的分析，如有机氯农药中的六六六、DDT的分析，回收率在80%以上。

（2）皂化法

皂化法是以热碱KOH-乙醇溶液与脂肪及其杂质发生皂化反应，从而将其除去。本法只适用于对碱稳定的农药提取液的净化。

2.沉淀分离法

本法是向样液中加入沉淀剂，利用沉淀反应使被测组分或干扰组分沉淀下来，再经过滤或离心实现与母液分离。该法是常用的样品净化方法，如饮料中糖精钠的测定，可加碱性硫酸铜将蛋白质等杂质沉淀下来，过滤除去。

3.掩蔽法

掩蔽法是向样液中加入掩蔽剂，使干扰组分改变其存在状态（被掩蔽状态），以消除其对被测组分的干扰。掩蔽法有一个最大的好处就是可以免去分离操作，使分析步骤大大简化，因此在食品分析检验中广泛用于样品的净化。特别是测定食品中的金属元素时，常加入配位掩蔽剂来消除共存的干扰离子的影响。

（二）离心分离法

当被分离的沉淀量很少时，应采用离心分离法，该法操作简单而迅速。实验室常用的有手摇离心机和电动离心机。由于离心作用，沉淀紧密地聚集于离心管的尖端，上方的溶液是澄清的，可用滴管小心地吸取上方清液，也可将其倾出。如果沉淀需要洗涤，可以加入少量的洗涤液，用玻璃棒充分搅动，再进行离心分离，如此重复操作两三遍即可。

（三）浸泡萃取分离法

1.浸取法

用适当的溶剂将固体样品中的某种被测组分浸取出来称浸取，也即液固萃取法。该法应用广泛。例如，测定固体食品中脂肪含量时，用乙醚反复浸取样品中的脂肪，而杂质不溶于乙醚，再使乙醚挥发掉，称出脂肪的质量即可。

（1）提取剂的选择

提取剂应根据被提取物的性质来选择，提取剂应对被测组分的溶解度最大，对杂质的溶解度最小，提取效果遵从相似相溶原则，通常对极性较弱的成分（如有机氯农药），可用极性小的溶剂（如正己烷、石油醚）提取；对极性强的成分（如黄曲霉毒素B1）可用极性大的溶剂（如甲醇与水的混合液）提取。所选择溶剂的沸点应适当，太低易挥发，过高又不易浓缩。

（2）提取方法

①振荡浸渍法。该方法是将切碎的样品放入选择好的溶剂系统中，浸渍、振荡一定

时间使被测组分被溶剂提取。该法操作简单，但回收率低。②捣碎法。该方法是将切碎的样品放入捣碎机中，加入溶剂，捣碎一定时间，使被测成分被溶剂提取。该法回收率高，但选择性差，干扰杂质溶出较多。③索氏提取法。该方法是将一定量样品放入索氏提取器中，加入溶剂，加热回流一定时间，被测组分被溶剂提取。该法溶剂用量少、提取完全、回收率高，但操作麻烦，需专用索氏提取器。

2.溶剂萃取法

利用适当的溶剂（常为有机溶剂）将液体样品中的被测组分（或杂质）提取出来称为萃取。其原理是被提取的组分在两个互不相溶的溶剂中分配系数不同，从一相转移到另一相中而与其他组分分离。本法操作简单、快速，分离效果好，使用广泛。缺点是萃取剂易燃、有毒性。

（1）萃取剂的选择

萃取剂应对被测组分有最大的溶解度，对杂质有最小的溶解度，且与原溶剂不互溶；两种溶剂易于分层，无泡沫。

（2）萃取方法

萃取常在分液漏斗中进行，一般需萃取4～5次方可分离完全。若萃取剂比水轻，且从水溶液中提取分配系数小或振荡时易乳化的组分时，可采用连续液体萃取器。

锥形瓶内的溶剂经加热产生蒸汽后沿导管上升，经冷凝器冷凝后，在中央管的下端聚为小滴，并进入欲萃取相的底部，上升过程中发生萃取作用，随着欲萃取相液面不断上升，上层的萃取液流回锥形瓶中，再次受热汽化后的纯溶剂进入冷凝器又被冷凝返回欲萃取相底部，重复萃取……如此反复，使被测组分全部萃取至锥形瓶内的溶剂中。

在食品分析检验中常用提取法分离、浓缩样品，浸取法和萃取法既可以单独使用，也可联合使用。例如，测定食品中的黄曲霉毒素B1，先将固体样品用甲醇水溶液浸取，黄曲霉毒素B1和色素等杂质一起被提取，再用氯仿萃取甲醇水溶液，色素等杂质不被氯仿萃取仍留在甲醇水溶液层，而黄曲霉毒素B1被氯仿萃取，以此将黄曲霉毒素B1分离。

（四）挥发分离法（蒸馏法）

挥发分离法是利用液体混合物中各组分挥发度不同进行分离的方法，既可将干扰组分蒸馏除去，也可将待测组分蒸馏逸出，收集馏出液进行分析。根据样品组分性质不同，蒸馏方式有常压蒸馏、减压蒸馏及水蒸气蒸馏。

1.常压蒸馏

当样品组分受热不分解或沸点不太高时，可进行常压蒸馏。加热方式可根据被蒸馏样品的沸点和性质确定；如果沸点不高于90℃，可用水浴；如果超过90℃，则可改用油浴；如果被蒸馏物不易爆炸或燃烧，可用电炉或酒精灯直接加热，但最好垫以石棉网；如果是有机溶剂，则要用水浴并注意防火。

2.减压蒸馏

如果样品中待蒸馏组分易分解或沸点太高时，可采取减压蒸馏。该法装置复杂。

3.水蒸气蒸馏

水蒸气蒸馏是用水蒸气加热混合液体的装置。操作初期，蒸汽发生瓶和蒸馏瓶先不连接，分别加热至沸腾，再用三通管将蒸汽发生瓶连接好，开始蒸汽蒸馏。这样不致因蒸汽发生瓶产生蒸汽遇到蒸馏瓶中的冷溶液凝结出大量的水，增加体积而延长蒸馏时间。蒸馏结束后应先将蒸汽发生瓶与蒸馏瓶连接处拆开，再撤掉热源；否则，会发生回吸现象，将接收瓶中蒸馏出的液体全部抽回去，甚至回吸到蒸汽发生瓶中。

4.蒸馏操作注意事项

（1）蒸馏瓶中装入的液体体积最大不超过蒸馏瓶的2/3，同时加瓷片、毛细管等防止暴沸；蒸汽发生瓶也要装入瓷片或毛细管。

（2）温度计插入高度应适当，以与通入冷凝器的支管在一个水平上或略低一点为宜。温度计的需查温度应在瓶外。

（3）有机溶剂的液体应使用水浴，并注意安全。

（4）冷凝器的冷凝水应由低向高逆流。

（五）色谱分离法

色谱分离法是将样品中的组分在载体上进行分离的一系列方法，又称色层分离法。根据分离原理不同，分为吸附色谱分离、分配色谱分离和离子交换色谱分离等。该类分离方法效果好，在食品分析检验中广为应用。

1.吸附色谱分离

该法使用的载体为聚酰胺、硅胶、硅藻土、氧化铝等吸附剂，经活化处理后具有一定的吸附能力。样品中的各组分依其吸附能力不同被载体选择性吸附，使其分离。例如，食品中色素的测定，将样品溶液中的色素经吸附剂吸附（其他杂质不被吸附），经过滤、洗涤，再用适当的溶剂解吸，得到比较纯净的色素溶液。吸附剂可以直接加入样品中吸附色素，也可将吸附剂装入玻璃管中制成吸附柱或涂布成薄层板使用。

2.分配色谱分离

此法是根据样品中的组分在固定相和流动相中的分配系数的不同而进行分离。当溶剂渗透在固定相中并向上渗透时，分配组分就在两相中进行反复分配，进而分离。例如，多糖类样品的纸上层析，样品经酸水解处理，中和后制成试液，滤纸上点样，用苯酚-1%氨水饱和溶液展开，苯胺邻苯二酸显色，于105℃加热数分钟，可见不同色斑：戊醛糖（红棕色）、己醛糖（棕褐色）、己酮糖（淡棕色）、双糖类（黄棕色）。

3.离子交换色谱分离

这是一种利用离子交换剂与溶液中的离子发生交换反应实现分离的方法。根据被交换离子的电荷，分为阳离子交换和阴离子交换。该法可用于从样品溶液中分离待测离子，也可从样品溶液中分离干扰组分。分离操作可将样液与离子交换剂一起混合振荡或将样液缓缓通过事先制备好的离子交换柱，则被测离子与交换剂中的H^+或OH^-发生交换，或是被测离子上柱；或是干扰组分上柱，从而将其分离。

（六）浓缩法

样品在提取、净化后，往往样液体积过大、被测组分的浓度太小，影响其分析检测，此时则需对样液进行浓缩，以提高被测成分的浓度。常用的浓缩方法有常压浓缩和减压浓缩。

1.常压浓缩

常压浓缩只能用于待测组分为非挥发性的样品试液的浓缩，否则会造成待测组分的损失。操作可采用蒸发皿直接挥发，若溶剂需回收，则可用一般蒸馏装置或旋转蒸发器。该法操作简便、快速。

2.减压浓缩

若待测组分为热不稳定或易挥发的物质，其样品净化液的浓缩需采用K–D浓缩器。采取水浴加热并抽气减压，以便浓缩在较低的温度下进行，且速度快，可减少被测组分的损失。食品中有机磷农药的测定（如甲胺磷、乙酰甲胺磷含量的测定）多采用此法浓缩样品净化液。

第四节　分析方法的种类及选用原则

一、分析方法的种类

由于发展水平、食品种类、文化、地理、政策、职能等方面的差别，各区域、各国、各部门和各组织关于食品检验的技术法规和检验标准不尽相同，按检验标准的性质，可分为标准方法和非标准方法。

标准方法（standard method）是指国际、区域、国家发布的经过严格认证的和公认的方法。食品质量检测体系的标准化是保证食品安全的关键。制定和发布食品标准检验体系的国际权威机构包括：美国官方分析化学家协会（AOAC）、联合国粮农组织（FAO）、世界卫生组织（WHO）、国际食品微生物标准委员会（ICMSF）、国际乳品业联合会（IDF）、国际标准化组织（ISO）和北欧食品分析委员会（NMKL）。

目前，国外应用的一些官方标准体系有：欧盟（EN）标准、澳新食品标准委员会（FSANZ）标准、美国食品与药品管理局（FDA）标准、美国农业部（USDA）标准、法国标准协会（AFNOR）标准、AOAC标准等。此外，国际食品法典委员会（CAC）标准现已成为进入国际市场的通行证。CAC是联合国粮农组织（FAO）和世界卫生组织（WHO）于1962年建立的协调各国政府间食品标准的国际组织，旨在通过建立国际政府组织之间，以及非政府组织之间协调一致的农产品和食品标准体系，保护全球消费者的健康，促进国际农产品及食品的公平贸易。CAC标准是全球消费者、食品生产和加工者、各国食品管理机构和国际食品贸易的参照标准，也是世界贸易组织（WTO）认可的国际贸易仲裁依据。

我国食品工业标准包括国家标准、行业标准、地方标准和企业标准四部分。按照标准的约束性，国家标准和行业标准分为强制性标准（如GB）和推荐性标准（如GB/T）两类，食品安全国家标准属于强制性标准。

非标准方法，是指标准方法中未包含的、需要确认后才能采用的方法。非标准方法种类主要包括：

（1）实验室研发的未出版的方法；

（2）由知名技术组织或有关科学文献和期刊公布的，或由设备生产厂家指定的方法；

（3）扩充或修改过的标准方法；

（4）企业标准或地方标准中的方法。

二、分析方法的选用原则

选择分析检验方法时，应考虑以下因素：客户的要求，分析检验的目的，方法的灵敏度（检测限）、准确度、精密度、重现性、特异性、实用性、快速性、简便性及实验室条件等。通常，食品检验按其检验目的分为三类：筛选性检验、常规分析检验和确证性检验。筛选性检验对分析方法只要求具有半定量和一定的定性能力。常规分析检验要求方法具有准确的定性、定量能力。确证性检验则要求准确度更高。

一般情况下，检测方法的选择应首先考虑客户要求，再根据自身的实验室条件考虑其适用性。应优先使用国际、区域或国家标准，再考虑非标准方法。使用非标准方法时必须进行严格验证和确认，并经客户同意。同一检验项目，如果有两个或两个以上检验方法时，应根据不同条件选择使用。必须以国家标准（GB）方法的第一法为仲裁方法。检验时必须同时做空白试验和对照试验。

第五节　实验设计和数据处理

一、食品检验的实验设计

食品检验的实验设计，首先要考虑实验目的、客户要求、受试对象、处理因素和实验效应等几个基本因素。通过参阅文献资料，充分了解样品信息和方法信息，包括待测组分的极性、酸碱性、溶解性、稳定性等相关的物理化学性质，可能适用的提取净化方法、溶剂、条件等，可能适用的检测方法、测定条件、标准物和内标物质的选择等。进而选择样品前处理及测定方法并进行预试验。通过验证分析方法的性能指标，如准确度、精密度、灵敏度、重现性等，对分析方法的设计进行质量控制和评价。

二、数据处理

食品检验结果应报告出所测组分的含量，根据样品状态及所测组分含量范围，检验结果可用不同的单位表示。常量组分的检验结果，常用以下单位表示：mg/100g或mg/100mL，g/100g或g/100mL，g/kg或g/L。微量或痕量组分的检验结果，常用以下单位表示：mg/kg或mg/L，μg/kg或μg/L，ng/kg或ng/L。

在分析数据的记录、运算与报告时，要注意有效数字问题。有效数字就是实际能测量到的数字，它表示了数字有效意义的准确程度。报告的各位数字，除末位数外，都是准确已知的。

在数据处理中必须遵守下列基本规则：

记录数据时只保留一位可疑数字，结果报告中只能保留一位可疑数字。

可疑数字后面可根据四舍五入，奇进偶合的原则进行修约。

数据相加减时，各数所保留的小数点后的位数，应与所给的各数中小数点后位数最少的相同；在乘除运算中各因子位数应以有效数字位数最少的为准。

在计算平均值时，若为4个或超过4个数相平均时，则平均值的有效数字可增加一位。表示分析方法的准确度与精密度时大都取1～2位有效数字。

对常量组分测定，一般要求分析结果为4位有效数字；对微量组分测定，一般要求分析结果为2位有效数字。

在检测到的系列数据中，常发现某一数值较其他数值偏离很远，数值特大或特小，会影响平均值的准确性。处理这类数据应慎重，不可为单纯追求分析结果的一致性而随便舍弃。如果极端值是偶然误差造成的，可进行重复试验，并加以核对。如果测定值在3个以上，应遵循Q检验法或T检验法进行取舍。

三、检测结果的评价

（一）检测结果的误差

所谓误差是指测定值与真实值之间的差别。根据其来源和性质，可以分为两类：系统误差和偶然误差。

系统误差是在一定试验条件下，保持恒定或以可预知的方式变化的测量误差。系统误差可重复出现且向同一方向发生。这种误差大小是可测的，所以又叫“可测误差”，主要来源于仪器、试剂、环境、方法及人员（包括检验者的习惯和读数的偏低、偏高等）。系统误差可以通过采取一定措施消除或避免，但系统误差与测量次数无关，不能用增加测量次数的方法消除或避免。

由于偶然误差是未知的因素引起的，大小不一，或正或负。这种误差大小是不可测的，所以又叫“不可测误差”。其产生的原因不固定，是由于试验过程中某些偶然的、暂不能控制的微小因素引起的，如实验过程中的仪器故障、仪器本身的不稳定、温度变化、气压的偶然波动等。偶然误差不能修正，也不能完全消除，但可通过严格控制试验条件、严格操作规程及增加平行测定次数来加以限制和减小。至于检测过程中由于粗心造成的过失，如读错、记错数据、样品损失等不属于误差范围。①

（二）检测结果的评价

准确度与精密度是对某一检测结果的可靠性进行科学评价的常用指标。

准确度是指大量测试结果的（算术）平均值与真值或接受参照值之间的一致程度，常用误差来表示。它是反映测量系统中存在的系统误差及偶然误差的综合性指标，它决定了检验结果的可靠程度。误差越小，测量准确度越高。准确度可通过测定回收率的方法进行确定。

精密度是指在相同条件下进行多次测量，测量结果之间的一致程度，反映了测量方法中存在的偶然误差的大小，表示为各次测定值与平均值的偏离程度。精密度一般用算术平

① 汪东风，徐莹．食品质量与安全检测技术第3版[M]．北京：中国轻工业出版社，2018：62.

均值、算术平均偏差、相对误差、标准偏差和变异系数等来表示，最常用的是标准偏差和相对误差。

灵敏度是指检验方法和仪器能测到的最低限度，一般用最低检出限或最低浓度来表示。

准确度反映真实性，说明结果好坏；精密度反映重复性，说明测量方法的稳定性；灵敏度反映检测方法的能力。为获得准确可靠的测定结果，必须提高分析检验的准确度和精密度，这就必须消除或减少分析检验过程中的系统误差和偶然误差。通常可以采取以下措施：经常对各种试剂、仪器及器皿进行校正，选取适宜的样品量，增加测定次数，做空白试验，做对照试验，做回收率试验，标准曲线的回归，选用最合适的分析方法。

第二章 食品检测技术创新及其应用

随着人们的生活水平不断提升，食品安全检测必须不断提升技术水平，全方面探究食品检测技术形态，充分利用先进的食品检测技术，不断完善我国的食品检测水平，以此保障我国人民的身体健康。本章重点讨论食品感官检验技术、食品物理检测技术、食品现代化检测技术。

第一节　食品感官检验技术

食品感官检验是根据人的感觉器官对食品的各种质量特征的“感觉”，如味觉、嗅觉、视觉、听觉等，并用语言、文字、符号或数据进行记录，再运用概率统计原理进行统计分析，从而得出结论，对食品的色、香、味、形、质地、口感等各项指标做出评价的方法。

感官检验根据试验目的可分为两类，一类为分析型感官检验，另一类为偏爱型感官检验。

分析型感官检验是把人的感觉器官作为一种检验测量的工具，来评定样品的质量特性或鉴别多个样品之间的差异等。例如，质量检查、产品评优等都属于这种类型。分析型感官检验是通过感觉器官的感觉来进行检测的，因此，为了降低个人感觉之间差异的影响，提高检测的重现性，以获得高精度的测定结果，必须注意评价基准的标准化、试验条件的规范化和评价员的素质选定。

偏爱型感官检验与分析型感官检验正好相反，它是以样品为工具，来了解人的感官反应及倾向。在新产品开发的过程中，对试制品的评价，在市场调查中使用的都属于此类型的感官检验。

偏爱型感官检验不像分析型感官检验那样需要统一的评价标准及条件，而是依赖于人们的生理及心理上的综合感觉，即人的感觉程度和主观判断起着决定性作用。检验的结果受到生活环境、生活习惯、审美观点等多方面因素影响，因此其结果往往是因人、因时、因地而异。

一、感官检验的准备与设计

食品的感官检验是以人的感觉为基础，通过感官评价食品的各种属性后，再经概率统计分析而获得客观检测结果的一种检验方法。因此，评价过程不但受客观条件的影响，也受主观条件的影响。客观条件包括外部环境条件和样品的制备，主观条件则涉及参与感官检验人员的基本条件和素质。因此，外部环境条件、参与检验的评价员和样品制备是感官评价得以顺利进行并获得理想结果的三个必备要素。

（一）感官检验室的要求

规范的感官检验室应隔音和整洁，不受外界干扰，无异味，具有令人心情愉快的自然色调，给检验人员以舒适感，使其注意力集中。

1.感官实验室布置

感官实验室由两个基本部分组成：样品准备区和检验区。若条件允许，也可设办公室、休息室、更衣室等。

理想的感官分析实验室布局是样品准备室和检验室分开，评价员之间用隔挡隔离，避免互相干扰。

2.感官检验室的环境条件

（1）检验室内的温度与湿度

温度和湿度对感官检验人员的舒适和味觉有一定影响。如果温度和湿度不合适，就会抑制感官感觉能力的发挥。检验室应尽可能恒定温度和湿度，在满足检验温度和湿度的前提下，尽量让感官检验人员感觉舒服。

（2）气味

有些食品具有挥发性，加上试验人员的活动，加重了室内空气的污染。因此，检验室内应具有换气装置。此外，检验室应安装带有磁过滤器的空调，用以清除异味，允许在检验区增大一定大气压强以减少外界气味的侵入。检验区的建筑材料和内部设施均应无味，不吸附和不散发气味。

（3）光线和照明

照明对感官检验特别是颜色检验非常重要。检验区的照明应该是可以调控的、无影的和均匀的，并且有足够的亮度。

（4）颜色

检验区墙壁的颜色和内部设施的颜色应为中性色，以免影响检验样品。

（5）噪声

检验期间应控制噪声。

（二）感官检验样品的制备

样品是感官检验的受体，样品制备的方式及制备好的样品呈送至鉴评人员的方式，对感官鉴评试验能否获得准确而可靠的结果有重要影响。在感官鉴评试验中，必须规定样品制备的要求和样品制备的控制及呈送过程中的各种外部影响因素。

1.样品制备的要求

（1）均一性

所谓均一性就是指制备的样品除所要评价的特性外，其他特性应完全相同。它是感官检验样品制备中最重要的因素。样品在其他感官质量上的差别会对所要评价特性产生影响，甚至会使鉴评结果完全失去意义。在样品制备中要达到均一的目的，除精心选择适当的制备方式以减少出现特性差别的概率，还应选择一定的方法以掩盖样品间某些明显的差别。对不希望出现差别的特性，应采用不同方法消除样品间该特性上的差别。

（2）样品量

样品量对感官检验试验的影响体现在两个方面，即感官检验人员在一次试验所能检验的样品个数及试验中提供给每个检验人员分析用的样品数量。

感官检验人员在感官检验试验期间，理论上可以检验许多不同类型的样品，但实际能够检验的样品数取决于下列因素。

第一，感官检验人员的预期值。这主要指参加感官检验的人员，事先对试验了解的程度和根据各方面的信息对所进行试验难易程度的预估。有经验的评价员还会注意试验设计是否得当，若由于对样品、试验方法了解不够，或对试验难度估计不足，造成拖延试验的时间，就会减少可检验样品数量，而且结果误差会增大。

第二，感官检验人员的主观因素。参加感官检验人员对试验重要性的认识，对试验的兴趣、理解，分辨未知样品特性和特性间差别的能力等因素，也会影响到感官检验中评价员所能正常评价的样品数。

第三，样品特性。样品的性质对可检验样品数有很大影响。特性强度的不同，可检验的样品数差别很大。通常，样品特性强度越高，能够正常检验的样品数越少。强烈的气味或味道会明显减少可检验的样品数。

除上述主要因素，一些次要因素，如噪声、谈话、不适当光线等也会减少评价人员评价样品的数量。

呈送给每个评价员的样品分量，应随试验方法和样品种类的不同而分别加以控制。有些试验应严格控制样品分量，另一些试验则不需控制，应给评价人员足够评价的量。通常，对需要控制用量的差别试验，每个样品的分量以液体30mL，固体28g左右为宜。嗜好试验的样品分量可比差别试验高一倍。描述性试验的样品分量可依实际情况而定。

2.影响样品检验结果的外部因素

（1）温度

在食品感官鉴评试验中，样品的温度是一个值得考虑的因素，只有以恒定和适当的温度提供样品才能获得稳定的结果。

样品温度的控制应以最容易感受样品所检验特性为基础，通常是将样品温度保持在该种产品日常食用的温度。

温度对样品的影响除过冷、过热的刺激造成感官不适、感觉迟钝和日常饮食习惯限制温度变化，还涉及温度升高后，挥发性气味物质挥发速度加快，影响其他的感觉，以及食品的品质及多汁性随温度变化所产生的相应变化影响感官鉴评。在试验中，可将事先制备好的样品保存在恒温箱内，然后统一呈送，保证样品温度恒定和均一。

（2）器皿

食品感官检验试验所用器皿应符合试验要求，同一试验内所用器皿最好外形、颜色和大小相同，器皿本身应无气味或异味。通常采用玻璃或陶瓷器皿比较合适，但清洗比较麻烦，也有采用一次性塑料或纸塑杯、盘作为感官检验试验用器皿的。

试验器皿和用具的清洗应慎重选择洗涤剂，不应使用会遗留气味的洗涤剂。清洗时应小心清洗干净并用不会给器皿留下毛屑的布或毛巾擦拭干净，以免影响下次使用。

（3）编号

所有呈送给评价人员的样品都应适当编号，以免给评价员任何相关信息。样品编号工作应由试验组织者或样品制备工作人员进行，试验前不能告知评价员编号的含义或给予任何暗示。可以用数字、拉丁字母或字母和数字结合的方式对样品进行编号。用数字编号时，最好从数表上随机选择三位数字。用字母编号时，则应该避免按字母顺序或选择喜好感较强的字母（如最常用字母、相邻字母、字母表中开头与结尾的字母等）进行编号。同次试验中所用编号位数应相同。同一个样品应编几个不同号码，保证每个鉴评员所拿到的样品编号不重复。

（4）样品的摆放顺序

呈送给鉴评员的样品摆放顺序也会对感官检验试验（尤其是评分试验和顺位试验）结

果产生影响。这种影响涉及两个方面：一是在比较两个与客观顺序无关的刺激时，常常会过高地评价最初的刺激或第二次刺激，造成所谓的第一类误差或第二类误差；二是在评价员较难判断样品间差别时，往往会多次选择放在特定位置上的样品，如在三点试验法中选择摆放在中间的样品，在五中取二试验法中选择位于两端的样品。因此，在给鉴评员呈送样品时，应注意让样品在每个位置上出现的概率相同或采用圆形摆放法。

（5）其他

感官检验宜在饭后2～3h进行，避免过饱或饥饿状态。要求评价员在检验前0.5h内不得吸烟，不得吃刺激性强的食物。还应为评价人员准备一杯温水，用于漱口，以便除去口中样品的余味，然后再接着品尝下一个样品。

3.不能直接感官分析的样品制备

有些试验样品由于食品风味浓郁或物理状态（黏度、颜色、粉状度等）原因而不能直接进行感官分析，如香精、调味品、糖浆等。为此，需根据检查目的进行适当稀释，或与化学组分确定的某一物质进行混合，或将样品添加到中性的食品载体中，而后按照直接感官分析的样品制备方法进行制备与呈送。

（1）为评估样品本身的性质

将均匀定量的样品用一种化学组分确定的物质（如水、乳糖、糊精等）稀释或在这些物质中分散样品，每一个试验系列的每个样品使用相同的稀释倍数或分散比例。由于这种稀释可能改变样品的原始风味，因此在配制时应避免改变其所测特性。也可采用将样品添加到中性的食品载体中，选择样品和载体食品混合的比例时，应避免两者之间产生拮抗或协同效应。操作时，将样品定量地混入所选用载体中或放在载体（如牛奶、油、面条、大米饭、馒头、菜泥、面包、乳化剂和奶油等）上面，然后按直接感官分析样品制备与呈送方法进行操作。

（2）为评估食物制品中样品的影响

本法适用于评价将样品加到需要它的食物制品中的一类样品。在同一检验系列中，评估的每个样品使用相同的样品/载体比例。制备样品的温度均应与评估时正常温度相同（例如，冰激凌处于冰冻状态），同一检验系列样品温度也应相同。

二、感官检验的方法

食品感官检验的方法很多。在选择适宜的检验方法之前，首先要明确检验的目的、要求等。根据检验的目的、要求及统计方法的不同，常用的感官评价方法可以分为三类：差别检验法、类别检验法、描述性检验法。

（一）差别检验法

差别检验的目的是要求评价员对2个或2个以上样品，做出是否存在感官差别的结论。差别检验的结果，是以做出不同结论的评价员的数量及检验次数为基础，进行概率统计分析。

差别检验中需要注意样品外表、形态、温度和数量等的明显差别所引起的误差。常用的方法有：成对比较检验法、二—三点检验法、三点检验法、“A”—“非A”检验法、五中取二检验法以及选择检验法和配偶检验法。

1.成对比较检验法

以随机顺序同时出示2个样品给品评员，要求品评员对这2个样品进行比较，判定整个样品或某些特征强度顺序的一种鉴评方法称为成对比较检验法或两点试验法。成对比较检验法有两种形式，一种叫定向成对比较法，另一种叫差别成对比较法。

（1）定向成对比较法

在定向成对比较试验中，受试者每次得到2个样品，组织者要求回答这些样品在某一特性方面是否存在差异，如甜度、色度、易碎度等。

样品呈送顺序：AB、BA。

具体试验方法：把A、B两个样品同时呈送给品评员，要求品评员根据要求进行品评。在试验中，应使样品A、B和B、A这两种次序出现的次数相等，样品编码可以随机选取3位数组成，而且每个品评员之间的样品编码尽量不重复。

定向成对比较检验是单向的，该检验的对立假设是：如果感官评价员能够根据指定的感官属性区别样品，那么由于在指定方面程度较高的样品高于另一样品，因此被选择的概率较高。该检验结果可给出样品间指定属性存在差别的方向。感官检验人员必须保证2个样品只在单一所指定的感官方面有所不同，否则此检验法不适用。

（2）差别成对比较法

受试者每次得到2个样品，被要求回答样品是相同还是不同。

呈送顺序：AA、BB、AB、BA。

差别成对比较检验是双边的，该检验的对立假设规定，样品之间可察觉出不同，而且评价员可正确指出样品间是相同或不相同的概率大于50%，此检验只表明评价员可辨别两种样品，并不表明某种感官属性方向性的差别。当试验目的是要确定产品之间是否存在感官上的差异，而产品由于供应不足不能同时呈送2个或多个样品时，选取此试验较好。

（3）成对比较检验法的结果分析

根据A、B2个样品的特性强度的差异大小，确定检验是双边的还是单边的。如果样品A的特性强度（或被偏爱）明显优于B，换句话说，参加检验的评价员，做出样品A比样品B的特性强度大（或被偏爱）的判断概率大于做出样品B比样品A的特性强度大（或被偏爱）的判断概率，即$P_A>1/2$。例如，两种饮料A和B，其中饮料A明显甜于B，则该检验是单边的；如果这2种样品有显著差别，但没有理由认为A或B的特性强度大于对方或被偏爱，则该检验是双边的。

若要判断2个样品间是否存在显著性差异，应采用相关统计分析方法。

（4）成对比较检验法的注意事项

第一，成对比较检验法是最简便也是应用最广泛的感官检验方法，它常被应用于食品的风味检验，如偏爱检验。此方法也常被用于训练评价员。

第二，进行成对比较检验时，从一开始就应分清是差别成对比较还是定向成对比较。

第三，成对比较检验法具有强制性，一般不允许“无差异”的回答。因而要求评价员“强制选择”。

2.二—三点检验法

先提供给鉴评员一个对照样品，接着提供2个样品，其中1个与对照样品相同。要求鉴评员熟悉对照样品之后，从后者提供的2个样品中挑选出与对照样品相同的样品的方法称为二—三点检验法，也称为一—二点检验法。

二—三点检验法有两种形式：一种是固定参照模式，另一种是平衡参照模式。固定参照模式中，总是以正常生产的为参照样；而在平衡参照模式中，正常生产和要进行检验的样品被随机用作参照样品。

如果参评人员是受过培训的，他们在对参照品很熟悉的情况下，使用固定参照模式；当参评人员对2种样品都不熟悉，而他们又没有接受过训练时，使用平衡参照模式。

固定参照模式中，所有评价员得到相同的参照样品，呈送顺序为R_AAB、R_ABA。而在平衡参照模式中，一半评价员得到一种样品类型作为参照，另一半评价员得到另一种样品类型作为参照，呈送顺序为R_ABA、R_AAB、R_BAB、R_BBA。

若要判断两样品间是否存在显著性差异，应采用相关统计分析方法。

3.三点检验法

三点检验法是同时提供3个样品，其中2个是相同的，要求评价员区别出有差别的那个样品。

三点检验适合于样品间细微差别的鉴定。为使3个样品的排列次序、出现次数的概率相等，可运用6组组合：BAA、ABA、AAB、ABB、BAB、BBA。在检验中，6组出现的概率也应相等，当评价员人数不足6的倍数时，可舍去多余的样品组，或向每个评价员提供6组样品做重复检查。

对三点检验的无差异假设规定：当样品间没有可察觉的差别时，做出正确选择的概率是1/3。三点检验一般要求品评人数在20～40人，而如果试验目的是检验2种产品是否相似时（是否可以相互代替），要求的参评人数则为50～100人。

问答表中，通常要求评价员指出不同的样品或者相似的样品。必须告知评价员其该批检验的目的，提示要简单明了，不能有暗示。

同样，若要判断两样品间有无显著性差异，则应采用相关统计分析方法。

4.“A”—“非A”检验法

在评价员熟悉样品“A”以后，再将一系列样品提供给评价员，其中有“A”也有非“A”。要求评价员指出哪些是“A”，哪些是“非A”的检验方法称“A”—非“A”检验法。

此检验适用于确定由于原料、加工、处理、包装和储藏等各环节的不同造成的产品感官特性的差异。特别适用于具有不同外观或后味样品的差异检验，也适用于确定评价员对一种特殊刺激的敏感性。

实际检验时，分发给每个评价员的样品数应相同，但样品“A”的数目与样品“非A”的数目不必相同。4种可能呈送顺序为AA、BB、AB、BA。

参加检验评定的人员一定要对样品“A”和“非A”非常熟悉，否则，没有标准或参照，结果将失去意义。检验中，每次样品出示的时间间隔很重要，一般是相隔2～5min。

5.五中取二检验法

同时提供给评价员5个以随机顺序排列的样品，其中2个是同一类型，另3个是另一种类型。要求评价员将这些样品按类型分成2组，这种检验方法称为五中取二检验法。

此检验可识别出两样品间的细微感官差异。从统计学上讲，在这个试验中单纯猜中的概率是1/10，而不是三点检验法的1/3，二—三点检验法的1/2，所以统计上更具有可靠性。当评价员人数少于10个时，多用此试验。但此试验易受感官疲劳和记忆效果的影响，并且需用样品量较大。它一般只用于视觉、听觉、触觉方面的试验，而不用于风味的评定。

每次评定试验中，样品的呈送有一个排列顺序，其可能的组合有20个：AAABB、ABABA、BBBAA、BABAB、AABAB、BAABA、BBABA、ABBAB、ABAAB、ABBAA、BABBA、BAABB、BAAAB、BABAA、ABBBA、ABABB、AABBA、BBAAA、BBAAB、AABBB。如果评价员的人数不是正好20个，则呈送顺序可从以上组合中随机选择，但选取的组合中含3个A应与含3个B的组合数相同。

6.选择检验法

从3个以上样品中，选择出1个最喜欢或最不喜欢样品的检验方法称为选择检验法。它常用于嗜好调查。注意出示样品的随机顺序。

7.配偶检验法

把数个样品分成2组，逐个取出各组的样品，进行两两归类的方法称为配偶试验法。

配偶检验法可应用于检查评价员的识别能力，也可用于识别样品间的差别。

（二）类别检验法

类别检验中，要求评价员对2个以上样品进行评价，判定出哪个样品好，哪个样品差，以及它们之间的差异大小和差异方向，通过试验可得出样品间差异的排序和大小，或者样品应归属的类别或等级。选择何种方法解释数据，取决于试验的目的及样品数量。常用方法有：分类检验法、排序检验法、评分检验法、评估检验法。

1.分类检验法

分类检验法是把样品以随机的顺序出示给评价员，要求评价员在对样品进行评价后，确定样品应属的预先定义的类别，这种检验方法称为分类检验法。当样品打分有困难时，可用分类法评价出样品的好坏差别，得出样品的优劣、级别。也可以鉴定出样品的缺陷等。

分类检验法是先由专家根据某样品的一个或多个特征，确定出样品的质量或其他特征类别，再将样品归纳入相应类别或等级的方法。

结果分析是统计每一个样品被划入每一类别的频数。然后用x^2检验比较2种或多种样品落入不同类别的分布，从而得出每一种产品应属的级别。

2.排序检验法

比较数个食品样品，按某一指定质量特征由强度或嗜好程度将样品排出顺序的方法称为排序检验法，也称顺序检验法。该法只排出样品的次序，不评价样品间差异的大小。

排序检验法可用于进行消费者接受性调查及确定消费者嗜好顺序，选择或筛选产品，确定由于不同原料、加工工艺、包装等环节造成的对产品感官特性的影响；用于更精细的感官检验前的初步筛选；也可用于评价员的选择和培训。

在评价少数样品（6个以下）的复杂特征（如质地、风味等）或多数样品（20个以上）的外观时，此法迅速而有效。

进行检验前，组织者应对检验提出具体的规定，对被评价的指标和准则要有一定的解释。如对哪些特性进行排列，排列的顺序是由强到弱还是由弱到强，评价气味前是否需要摇晃等。此外，排序检验只能按照一种特性进行，如要求对不同的特性进行排序，则按不同的特性安排不同的顺序。

3.评分检验法

要求评价员把样品的品质特性以数字标度形式来评价的一种检验法称为评分检验法。在评分法中，所使用的数字标度为等距示度或比率标度。

由于此方法可同时评价一种或多种产品的一个或多个指标的强度及其差别，所以应用较为广泛，尤其用于评价新产品。

4.评估检验法

评估检验法是随机提供数个样品，由评价员在一个或多个样品的基础上进行分类、排序，以评估样品的一个或多个指标的强度，或对产品的偏爱程度。进一步，也可根据各项指标对产品质量的重要程度，确定其加权数，然后对各指标的评价结果加权平均，从而得出整个样品的评估结果。

检验前，要清楚地定义所使用的类别，并被评价员所理解。标度可以是图示的、描述的或数字的形式，既可以是单极标度，也可以是双极标度。

（三）描述性检验法

描述性检验是评价员对产品的所有品质特性进行定性、定量的分析及描述评价。它要求评价产品的所有感官特性，因此要求评价员除具备人体感知食品品质特性和次序的能力，还要具备用适当和准确的词语描述食品品质特性及其在食品中的实质含义的能力，以及总体印象、总体特征强度和总体差异分析的能力。可依据定性或定量将之分为简单描述性检验法和定量描述性检验法。

1.简单描述性检验法

评价员对构成样品质量特征的各个指标，用合理、清楚的文字，尽量完整、准确地进行定性的描述，以评价样品品质的检验方法，称为简单描述性检验法。它可用于识别或描述某一特殊样品或许多样品的特殊指标，或将感觉到的特性指标建立一个序列。其常用于质量控制，产品在储存期间的变化或描述已经确定的差异检测，也可用于培训评价员。这种方法通常有以下两种评价形式。

（1）自由式描述

由评价员用任意的词汇，对样品的特性进行描述。

（2）界定式描述

提供指标评价表，评价员按评价表中所列出描述各种质量特征的词汇进行评价。比如：外观，色泽深浅、有杂色、有光泽、苍白、饱满；口感，黏稠、粗糙、细腻、油腻、润滑、酥、脆；组织结构，致密、松散、厚重、不规则、蜂窝状、层状、疏松等。

评价员完成评价后进行统计，根据每一描述性词汇使用的频数，得出评价结果。

2.定量描述性检验法

评价员对构成样品质量特征的各个指标的强度，进行完整、准确的评价。

可在简单描述性检验中所确定的词汇中选择适当的词汇，用于鉴评气味、风味、外观和质地。此方法对质量控制、质量分析、确定产品之间差异的性质、新产品研制、产品品质的改良等最为有效，并且可以提供与仪器检验数据对比的感官参考数据。

进行定量描述性检验的检验内容通常包括以下三点。

（1）食品质量特性特征的鉴定用适当的词汇，评价感觉到的特性、特征。

（2）感觉顺序的确定记录察觉到的各质量特性、特征所出现的先后顺序。

（3）特性、特征强度的评估对所感觉到的每种质量特性、特征的强度做出评估。

定量描述法不同于简单描述法，其最大特点是利用统计法数据进行分析。统计分析的方法依据评价样品特性特征强度采用的方法而定。

第二节　食品物理检测技术

物理检测法是食品分析及食品工业生产中常用的检测方法之一。食品的尺寸形状、相对密度、折射率、比旋光度等食品的物理特性是食品生产中常用的工艺控制指标。它往往能简便有效地反映食品的品质和成分含量，是食品检验中常用的方法，也是防止假冒伪劣食品进入市场的监控手段。通过测定食品的物理特性，可以指导生产过程、保证产品质量以及鉴别食品组成、确定食品浓度、判断食品的纯净程度及品质，它是生产管理和市场管理中不可缺少的方便快捷的监测手段。

一、食品物料的基本物理特征及其测定

食品物料的基本物理特征主要包括物料的单体尺寸、综合尺寸、外观形状等，这些特征在食品工业中应用甚广。

（一）尺寸的测定

大小是筛选异质的固体食物原材料、分级水果和蔬菜以及对食品原料的质量评估的重要物理参数。颗粒大小测量的重要性已被广泛认可，特别是在饮料行业，认为饮料中的微粒浓度比例在很大程度上会影响到其风味。

物体的大小常以尺寸来描述，但在食品和农产品物料中，例如各种水果和谷物种子，它们的大小形状是十分复杂的。有的是形状规则的物体，如球体、立方体、圆锥体等可用相应的尺寸来表示；但大多数是不规则的，无法用单独一个尺寸确切地表达，而各方向的尺寸可表示该物体的形状。因而，同一物体的尺寸和形状是不可分割的两个参量。有

时人们用食品与农产品凸起部分的尺寸来表示其大小，所以三维尺寸分别为大直径、中直径和小直径。大直径是最大凸起区域的最长尺寸，小直径是最小凸起区域的最短直径，中直径是最大凸起区域的最小直径。一般情况下，人们假设它与最小凸起区域的最长凸起直径相等。

（二）形状的测定

形状是影响食品的传热传质过程、水果和蔬菜的分级、食品原料质量评估的重要参数。食品材料的形状通常用圆度、球度和长宽比来表示。多数情况下，一种产品具有某些特定的形状，比如，超市出售的番茄，虽然品种多样，但它们几乎都是圆形的，无论是专业制作果汁的品种还是制作果酱的品种，当从大直径切开时，其截面都呈椭圆形。多数水果的形状类似于球状，称为类球体，类球体又分为扁球体、椭球体。通常用圆度和球度定量描述类球状食品。

（三）粒度分布的测定

粒度分布是以粒子群的重量或粒子数百分率计算的粒径频率分布曲线或累积分布曲线，它表示的是食品和农产品物料分级的原始资料，食品中的颗粒大小范围取决于细胞的结构和粮食加工过程。谷物硬度是影响面粉的粒度分布的重要因素，面粉的粒度分布在其功能特性和最终产品的质量中发挥了重要作用。利用粒度分布曲线，可以求出谷物精选的精确程度。在饲料加工中，根据禽畜的种类和生长期，要求有较严格的粒度控制范围。

频率分布曲线通常符合正态分布规律。频率分布最高点的粒径，称为多数径；在累积分布曲线处的粒径，称为中径。

如果粒度分布是正态分布，可用概率密度函数表示。检验粒度分布是否正态分布，可利用正态概率值，看各点是否具有线性。

有时，将累积分布曲线分为筛上分布曲线和筛下分布曲线。设大于任意粒径的粒子重量占总重量的百分数R%，小于该粒径的粒子重量占总重量的百分数为D=100%-R%，则R称为筛上分布曲线，D称为物料的筛下分布曲线。

粒度的测量有很多方法，如筛分法、显微镜法、电感应法、光学显微镜法、电子显微镜法、沉降法、光线散射法、激光全息法、质谱法、图像分析法等。

二、食品物料的基本物理常数及其测定

根据食品的相对密度、折射率、旋光度等物理常数与食品的组分含量之间的关系进行检测的方法称为食品的物理检测法，它是食品分析及食品工业生产中常用的检测方法之一。相对密度、折射率、比旋光度与物质的熔点和沸点等食品的物理特性是食品生产中常

用的工艺控制指标，也是防止假冒伪劣食品进入市场的监控手段。

（一）密度的测定

密度即为每单位体积物质的质量，单位为g/mL或g/cm^3。密度是物质的一种物理指标，它可帮助了解品质的纯度、掺杂情况等，各种物质都有其一定的密度，因此测定密度为检验物质纯粹与否或溶液浓度大小的一种方法。在制糖工业中，以溶液的密度近似地测定溶液中可溶性同形物含量的方法，得到了普遍的应用。

密度又是某些食品质量的指标，青豌豆的成熟度、山核桃的成熟度及葡萄干的质量好坏，均可根据它的密度进行鉴别。油脂的密度与其组分有密切关系，通常与所含脂肪酸的不饱和程度和含量成正比，与分子量成反比。也就是说，甘油酯分子中不饱和脂肪酸的含量越高密度就越大，分子量越大密度越小。游离脂肪酸含量增加时，将使密度降低，酸败的油脂将使密度增高。对于番茄制品等，已制成密度与间形物关系表，据此即可查出固形物的含量。酒精含量与密度和蔗糖水溶液浓度与密度的对应关系也已被制成表格，只要测得密度就可以由专门的表格查出其对应浓度。当物质由于掺杂、变质等引起其组织成分发生异常变化时，均可导致其相对密度发生变化。

（二）折射率的测定

均一物质的折射率是物质的重要物理常数之一。折射率的数值可作为判断其均一程度和纯度的指标。因此，可以用折光仪来测定物质的纯度及其溶液（油类、醇类、糖类溶液）的浓度。折射率广泛应用于油脂工业中，由于每一脂肪酸均有其特征的折射率，脂肪酸中碳数增大，折射率增大；不饱和脂肪酸比起含有同等数目碳原子的饱和脂肪酸的折射率要大得多；脂肪酸内双键数目增加，折射率也增大很多。因此，根据各种不同种类的食用油都有其特征的折射率范围，此方法可用于食用油的定性鉴定。

折光法也可测定纯糖溶液中的蔗糖成分和不纯糖溶液中的视固形物：以糖为主要成分的食品，如巧克力制品中含糖量，果子汁、番茄制品、蜂蜜、糖浆等的固形物，可可制品中脂肪百分比和蛋中的固形物等。在乳品工业中，可以用折光法测定牛乳中乳糖的含量；此外还可判断牛乳是否加水，正常牛乳乳清的折射率为1.34199 ~ 1.34275，若牛乳掺水则折射率会有所降低，如低于1.34128，即为加水无疑。但是，食品内的固形物是由可溶性固形物和悬浮物组成的，不能用折光法来测定，如各种果浆、果酱、果泥等密度大的固形物，因为悬浮的固体粒子不能在折光仪上反映出它的折射率。

第三节 食品现代化检测技术

一、色谱技术

“色谱技术是近几十年以来食品质量分析中最富活力的领域之一。它实质上是一种物理化学分离分析的方法，即利用待测物质的混合物各组成成分在两相做相互运动时，由于其中不同物质在两相（固定相和流动相）吸附、溶解性以及其他亲和作用的性能差异，进行不断吸附或分配等作用，达到最终将各组分分开的目的。”①

（一）气相色谱法

1.气相色谱原理

气相色谱法（GC）是以惰性气体为流动相的柱色谱法，是一种物理化学分离、分析法。该分离方法基于物质溶解度、蒸气压、吸附能力、立体化学等物理化学性质的微小差异，使其在流动相和固定相之间的分配系数有所不同，而当两相做相对运动时，组分在两相间进行连续多次分配，达到彼此分离的目的。

待分析样品在汽化室汽化后被惰性气体（载气，也叫流动相）带入色谱柱，柱内含有液体或固体固定相，由于样品中各组分的沸点、极性或吸附性能不同，每种组分都倾向于在流动相和固定相之间形成分配或吸附平衡。但由于载气是流动的，这种平衡实际上很难建立起来。也正是由于载气的流动，使样品组分在运动中进行反复多次的分配或吸附/解吸附，结果是在载气中浓度大的组分先流出色谱柱，而在固定相中分配浓度大的组分后流出。当组分流出色谱柱后，立即进入检测器。检测器能够将样品组分的信息转变为电信号，而电信号的大小与被测组分的量或浓度成正比。当将这些信号放大并记录下来时，就是气相色谱图。

气相色谱仪由气路系统、进样系统、分离系统、温度控制系统、检测器和数据处理系统等部分组成。载气流携带气化室内的样品蒸气，进入色谱柱，经色谱柱分离后的各组分依次进入检测器，输出的信号由记录仪、数据处理机或色谱数据工作站进行记录运算。

① 郭培源，刘硕，杨昆程，等.色谱技术、光谱分析法和生物检测技术在食品安全检测方面的应用进展[J].食品安全质量检测学报，2015，6（08）：3218.

2.气相色谱新技术

（1）AFT技术

第一，反吹控制技术。样品的分析时间不是由目标化合物的保留时间决定，而是由最后一个杂质的保留时间决定的。如果目标化合物保留时间较短，却有一个杂质保留时间很长，就无谓地延长了分析时间。

反吹就是当目标化合物被检测到后，改变载气流向将其余未到达检测器的物质从进样口端的分流流路吹扫出去，从而缩短分析时间，提高工作效率。同时，高沸点物质在进样口被高效排出，有效缩短了色谱柱在高温区的工作时间，减轻污染，防止老化，降低保留时间漂移，延长色谱柱寿命。

反吹控制技术是通过在色谱柱尾端加装APC压力控制单元实现的目标化合物流出后，APC给出适当压力，与此同时进样口分流阀打开，使得进样口端压力较低，载气反相流动，将杂质从进样口的分流阀排出。反吹控制技术的应用可以很大程度上节省分析时间，避免高沸点杂质污染色谱柱和检测器。

第二，检测器分流技术。检测器分流是指在毛细管柱末端对流路进行分流，从而将样品输送到多个检测器，最终得到多个色谱图的过程。检测器分流技术能够在一次进样后获得大量、多样的化合物信息，提高了分析的重现性和定性的准确性，为多种检测器同时分析提供了可能。

第三，检测器切换技术。检测器切换技术是指在毛细管柱末端对流路进行切换，根据样品内容的不同，将样品不同组分输送到不同检测器，最终得到所有化合物检测结果的过程。

检测器分流时样品同时进入多个检测器，会损失灵敏度，所以不适合残留分析；而检测器切换是不同样品组分在不同时间进入不同检测器，样品在检测器之间的切换效率是100%。检测器可以是气相检测器也可以是质谱。

（2）快速气相色谱技术

目前公认的快速气相定义，是从峰宽的角度来阐述的。它排除了样品的影响，认为分析速度等于单位时间内流出色谱峰的个数，即分析速度与峰宽成反比。峰宽越小，单位时间内可容纳的峰就越多，分析时间就越短。这一定义将快速GC分为3类：①快速GC，半峰宽<1s；②极快速GC，半峰宽<0.1s；③超快速GC，半峰宽<0.01s。

如果单纯地追求分析速度快，可以采用多种措施来实现快速GC。但每种参数的改变都有其有利和不利的一面，所以所谓的快速GC是在分离度不变，甚至提高的条件下来加快分析速度。在GC中，色谱柱是分离的关键，因此人们都将注意力集中到与改变色谱柱特性有关的问题上。

人们从理论和实践两个方面证明：高雷方程只在低压（柱压降低于出口压力）条件下

才是有效的；而在高压条件下，最佳载气流速与柱长有直接关系，即柱越短，最佳载气流速越高，使用最佳载气流速范围越宽。这就证明了使用小内径毛细管的可行性。

小口径柱使用要求高的柱前压来提供足够的载气流速，而在高压下载气的最佳流速更大，这正符合快速分析的要求。于是仪器制造厂商对仪器做了改进，提高了柱前压的上限，增大了可控制的分流比，增大了柱箱程序升温速率，并推出了小至0.05mm内径的毛细管柱，从而把快速GC从研究领域推广到常规分析中去。

目前，快速GC中采用的毛细管柱多为0.1mm内径柱，长度为10～20m。为配合快速GC分析，固定相液膜厚度一般较薄，不超过0.2μm。这样可以获得更高的柱效。这就要求GC本身具有以下硬件特点。

第一，高柱前压（柱头压）控制能力。由于快速GC毛细柱口径细，所需的柱子前端压力相应大大提高，如果不能实现高柱前压控制，则整个分析将无法进行。

第二，高载气流速控制能力。由于快速GC毛细柱液膜比较薄，样品承载量相对较小，因此需使用高分流比（超过1000：1）。而目前商品化的高端GC均是电子流量控制，即柱流量、分流流量、隔垫吹扫流量均由电子模块统一控制，因此要求载气控制的总能力要足够高，才能实现高分流比。

第三，快速升温能力。柱温箱的升温能力，尤其是快速升温能力可以使分析物快速流出，从而加快分析速度。

（二）气相色谱—质谱联用分析技术

气相色谱具有高分离能力、高灵敏度和高分析速度等特点，但它对未知化合物的定性能力较差；质谱（MS）对未知化合物具有独特的鉴定能力，且灵敏度极高，但它要求被检测组分一般是纯化合物。将GC与MS联用，既弥补了GC只凭保留时间难以对复杂化合物中未知组分做出可靠的定性鉴定的缺点，又利用了鉴别能力很强且灵敏度极高的MS作为检测器，凭借其高分辨能力、高灵敏度和分析过程简便快速完成。GC-MS联用分析的灵敏度高，适用于低分子化合物（分子量<1000Dal）的分析，尤其适用于挥发性成分的分析。它在药物的生产、质量控制和研究中有广泛的应用，特别在中药挥发性成分的鉴定、食品和中药中农药残留量的测定、体育竞赛中兴奋剂等违禁药品的检测以及环境监测等方面，已经成为分离和检测复杂化合物的最有力工具之一。

发展至今，GC-MS在技术上已相当成熟，仅需几微克样品就能成功地分析出混合物中上百个乃至更多的样品组成，而且现在GC-MS联用仪不仅可以对未知物定性，还可以对痕量组分定量，这些优势使得它成为复杂混合物分析的最有效的手段之一。

气相色谱—质谱联用仪系统一般由气相色谱仪、质谱仪、气相色谱质谱的中间连接装置（接口）和计算机4个部分组成。其中，气相色谱仪分离各组分，起着样品制备的作用；接口把分离后的各组分送入质谱仪进行检测，起着气相色谱仪和质谱仪之间工作流量和气压匹配器的作用；质谱仪对接口依次引入的各组分进行定性、定量分析，质谱仪相当于气相色谱仪的检测器；计算机系统控制着气相色谱仪、接口、质谱仪的运行，并对它们传递来的信息进行数据处理，是GC-MS的中央控制单元。

一般GC-MS的分析过程包括：①仪器调谐（MS调谐等）；②优化及确认分析条件；③分析未知样品；④根据质谱图进行未知物的定性分析；⑤配制标准品的系列浓度，获得各自的保留时间和质谱图（需要标准品）；⑥制作工作曲线，得到化合物的峰面积；⑦测定未知样品；⑧浓度计算（定量分析）。

（三）高效液相色谱法

高效液相色谱法是在高压条件下，溶质在固定相和流动相之间进行的一种连续多次交换的过程，由于溶质在两相间分配系数、亲和力、吸附力或分子大小不同引起排阻作用的差别，使不同溶质得以分离。

高效液相色谱根据分离机制不同可分为四大基础类型：吸附色谱、离子交换色谱、分配色谱、凝胶色谱。

1.吸附色谱

吸附色谱又称液固色谱，固定相为固体吸附剂。这些固体吸附剂一般是一些多孔的固体颗粒物质，在它的表面上通常存在吸附点。因此，吸附色谱是根据物质在固定相上的吸附作用不同来进行分离的。常用的吸附剂有氧化铝、硅胶、聚酰胺等有吸附活性的物质，其中硅胶应用最为普遍。吸附色谱具有操作简便等优点。一般来说，液固色谱最适于分离那些溶解在非极性溶剂中、具有中等相对分子质量且为非离子性的试样。此外，液固色谱还特别适于分离色谱几何异构体。

2.离子交换色谱

离子交换色谱是利用被分离物质在离子交换树脂上的离子交换势不同而使组分分离。常用的离子交换剂的基质有三大类：合成树脂、纤维素和硅胶。作为离子交换剂的有阴离子交换剂和阳离子交换剂，它们的功能基团有—SO_3H、—COOH、—NH_2及—N^+R_3。流动相一般为水或含有有机溶剂的缓冲液。离子交换色谱特别适于分离离子化合物、有机酸和有机碱等能电离的化合物，以及能与离子基团相互作用的化合物。它不仅广泛应用于有机物质，而且广泛应用于生物物质的分离，如氨基酸、核酸、蛋白质和维生素等。

3.分配色谱

分配色谱法是液相色谱法中应用最广泛的一种。它类似于溶剂萃取，溶质分子在两种不相混溶的液相即固定相和流动相之间，按照它们的相对溶解度进行分配。一般将分配色谱法分为液相色谱和键合相色谱两类。

（1）液相色谱

液相色谱的固定相是通过物理吸附的方法将液相固定相涂于载体表面。在液相色谱中，为了尽量减少固定相的流失，选择的流动相应与固定相的极性差别很大。由此人们将固定相为极性、流动相为非极性的液相色谱称为正相液相色谱，将与之相反的称为反相液相色谱。

（2）键合相色谱

键合相色谱的固定相是通过化学反应将有机分子键合在载体或硅胶表面上。目前，键合固定相一般采用硅胶为基体，利用硅胶表面的硅醇基于有机分子之间成键，即可得到各种性能的固定相。一般来说，键合的有机基团主要有两类：疏水基团、极性基团。疏水基团有不同链长的烷烃（C_8和C_{18}）和苯基等。极性基团有丙氨基、氰乙基、二醇、氨基等。与液相色谱类似，键合相色谱也分为正相键合相色谱和反相键合相色谱。在分配色谱中，对于固定相和流动相的选择，必须综合考虑溶质、固定相和流动相三者之间分子的作用力才能获得好的分离。三者之间的相互作用力可用相对极性来定性地说明。分配色谱主要用于分离分子量低于5000Dal，特别是1000Dal以下的非极性小分子物质的分析和纯化，也可用于蛋白质等生物大分子的分析和纯化，但在分离过程中容易使生物大分子变性失活。

4.凝胶色谱

凝胶色谱又称尺寸排斥色谱。与其他液相色谱方法不同，它是基于试样分子的尺寸大小和形状不同来实现分离的。凝胶的空穴大小与被分离的试样的大小相当。太大的分子因不能进入空穴而被排除在之外，随流动相先流出。小分子则进入空穴，与大分子所走的路径不同，最后流出来。中等分子处于两者之间。常用的填料有琼脂糖凝胶、聚丙烯酰胺。流动相可根据载体和试样的性质，选用水或有机溶剂。凝胶色谱分辨力高，不会引起变性，可用于分离分子量高的（大于2000Dal）化合物，如有机聚合物、从低分子量中分离天然产物等，但其不适于分离分子质量相似的试样。

从应用的角度讲，以上4种基本类型的色谱法实际上是相互补充的。对于分子量大于10000Dal的物质的分离宜选用凝胶色谱；对于低分子量的离子化合物的分离宜选用离子交换色谱；对于极性小的非离子化合物最适用分配色谱；而对于要分离非极性物质、结构异构，以及从脂肪醇中分离脂肪族氢化合物等最好选用吸附色谱。

（四）液相色谱—质谱联用分析技术

液—质联用仪是分析仪器中组件比较多的一类仪器，其组成部分中液相色谱、接口、质量分析器、检测器中的任何一项，均有不同种类。按接口技术分类可分为移动带接口、热喷雾接口、粒子束接口、快原子轰击接口、基质辅助激光解析接口、电喷雾接口和大气压化学电离接口等。按质量分析器分类可分为四极杆、离子杆、飞行时间、傅立叶质谱等。同时，质量分析器还可以由两个或两个以上的相同或不同种类质量分析器串联，形成多级质谱。如由3个四极杆形成串联四极质谱。

气—质联用仪（GC-MS）是最早商品化的联用仪器，适宜分析小分子、易挥发、热稳定、能气化的化合物；用电子轰击方式得到的谱图，可与标准谱库对比。液—质联用仪（LC-MS）主要可解决的问题包括：不挥发性化合物分析测定；极性化合物的分析测定；热不稳定化合物的分析测定；大分子量化合物（包括蛋白、多肽、多聚物等）的分析测定；没有商品化的谱库可对比查询，只能自己建库或自己解析谱图。

高效液相色谱—质谱联用仪主要由高效液相色谱、接口装置（HPLC与MS之间的连接装置，同时也是电离源）和质谱仪组成混合样品通过液相色谱系统进样，由色谱柱分离，从色谱仪流出的被分离组分依次通过接口进入质谱仪的离子源处并被离子化，然后离子被聚焦于质量分析器中，根据质荷比而分离，分离后的离子信号被转化为电信号，传递至计算机数据处理系统，根据质谱峰的强度和位置对样品的成分和结构进行分析。

高效液相色谱—质谱联用是通过一个“接口”来实现的，所用接口合适与否，不仅会影响质谱仪的灵敏度，而且会影响质谱仪所能提供的结构信息和应用范围，在接口研制方面，前后发展了有20多种，其中主要有直接导入界面、传送带界面、渗透膜界面、热喷雾界面和离子束界面，但这些技术都有不同方面的限制和缺陷，直到大气压电离技术成熟后，液—质联用仪才得以飞速发展，成为科研和日常分析的有力工具。

大气压电离技术包括电喷雾电离和大气压化学电离。作为LC-MS联用仪的质量分析器，最常用的是四极杆分析器、离子阱分析器和飞行时间分析器。四极杆分析器由4根棒状电极组成，当样品量很少，而且样品中特征离子已知时，可以采用离子监测，这种扫描方式灵敏度高，通过选择适当的离子避免采集到干扰组分，可以消除组分间的干扰。飞行时间质量分析器的特点是质量范围广，扫描速度快，既不需电场也不需磁场。但是，一直以来存在分辨率低这一缺点，主要原因在于离子进入漂移管前的时间分散、空间分散和能量分散。目前，通过采取激光脉冲电离方式、离子延迟引出技术和离子反射技术，可以在很大程度上克服上述3个原因造成的分辨率下降，这种分析器已广泛应用于液相色谱—质谱联用仪中。离子阱质量分析器的特点是结构小巧、质量轻、灵敏度高，而且还有多级质谱功能，其与四极杆分析器类似，离子在离子阱内的运动遵守所谓的马蒂厄微分方程，也有类似四极杆分析器的稳定区。在稳定区内的离子，轨道振幅保持一定大小。可以长时间留在阱内，不稳定区的离子振幅很快增长，撞击到电极而消失。

二、光谱法

（一）紫外—可见分光光度法

紫外可见分光光度计在物理学、化学、生物学、环境、化工和医药等领域有广泛的应用。随着分光元器件及分光技术、检测器件、大规模集成制造等技术的发展，以及单片机、微处理器和计算机的广泛应用，分光光度计的性能不断提高，目前主要向自动化、智能化、高速化和小型化等方向发展。

在分光元器件方面，经历了棱镜、机刻光栅和全息光栅的过程，商品化的全息闪耀光栅已迅速取代一般刻画光栅。在仪器控制方面，随着单片机、微处理器的出现以及软硬件技术的结合，从早期的人工控制发展到了自动控制。在显示、记录与绘图方面，早期采用表头（电位计）指示、绘图仪绘图，后来用数字电压表数字显示，如今更多地采用液晶屏幕或计算机屏幕显示，在检测器方面，早期使用光电池、光电管，后来更普遍地使用光电倍增管甚至光电二极管阵列。阵列型检测器和凹面光栅的联合应用，使仪器的测量速度发生了质的飞跃，且性能更加稳定可靠，受到仪器用户的青睐，最具有代表性的当数安捷伦的HP8452/8453。在仪器构型方面，从单光束发展为双光束，现在几乎所有高级分光光度计都是双光束的，有些高精度的仪器采用双单色器，使得仪器在分辨率和杂散光等方面的性能大大提高，如Varian（瓦里安）的Caryl/3/400。

随着集成电路技术和光纤技术的发展，联合采用小型凹面全息光栅和阵列探测器以及USB接口等新技术，已经出现了一些携带方便、用途广泛的小型化甚至是掌上型的紫外可见分光光度计，如Ocean Optics（海洋光学）的S系列等。随着发光二极管（LED）光源技术及产业的日益成熟，以LED为光源的小型便携、价格低廉的分光光度计已成为研究开发的热点。除了空间色散的分光方式，也有人对声光调制滤光和傅立叶变换光谱在紫外可见区的应用进行了研究。仪器的软件功能可以极大地提升仪器的使用性能和价值，现代分光光度计生产厂商都非常重视仪器配套软件的开发。除了仪器控制软件和通用数据分析处理软件，很多仪器针对不同行业应用开发了专用分析软件，给仪器使用者带来了极大的便利。目前市场上的紫外可见分光光度计主要有两类：扫描光栅型和固定光栅型。后者也常常被称为CCD（PDA）光谱仪或多通道光度计。

（二）红外吸收光谱分析技术

红外吸收光谱是利用物质的分子吸收了红外辐射后，并由其振动或转动引起偶极矩的净变化，产生分子振动和转动能级从基态到激发态的跃迁，得到分子振动能级和转动能级变化产生的振动—转动光谱，因为出现在红外区，所以称为红外光谱。

红外光谱的研究开始于20世纪初期，自20世纪40年代商品红外光谱仪器问世以来，在有机化学研究中得到了广泛的应用。红外光谱区在可见光区和微波光区之间，其波长在0.75～1000μm。通常将红外光区划分为3个区：近红外光（0.75～2.5μm）、中红外光区（2.5～25μm）、远红外光区（25～1000μm）。红外吸收带的波长位置及吸收带的强度，反映物质分子结构的特点，吸收带的位置可以用来鉴定未知物的分子结构；吸收带的强度可以用来对分子的组成或其化学基团含量进行定量分析。由于红外光谱只引起分子的振动和转动能级跃迁，不涉及分子电子能级的跃迁，故其主要研究在振动中伴有偶极矩变化的化合物。因此，除了如Ne、He、O_2、H_2等偶极矩为零的单原子和同核分子外，几乎所有有机化合物在红外光区均有吸收。

由于红外光谱具有快速、准备样品用量少、应用范围广等诸多优点，现在其广泛用于食品研究中。应用于食品研究的红外光谱区主要有近红外光谱区和中红外光谱区。下面就以现代近红外光谱技术为例谈谈其在食品中的应用概况。

近红外（NIR）光电磁波波长范围介于可见区与中红外区之间，其波长范围为750～2526nm。近红外光谱（NIRS）是20世纪80年代发展起来的一项可以实现无损检测的测试技术。NIRS主要应用透射光谱技术和反射光谱技术获得。NIRS技术在分析农牧产品和食品中的蛋白质、水分、脂肪、纤维素、淀粉、氨基酸等营养成分方面已十分成熟，并在农业品质育种、农牧产品品质评价、储藏过程中的农产品安全检测、食品品质和加工过程监控中得到了广泛应用，NIRS的许多方法已成为AOAC、AACC、ICC的标准方法。

NIRS技术不仅作为常规方法用于食品的品质分析，而且还用于食品加工过程中组成变化的监控和动力学行为的研究；如用NIRS评价微型磨面机在磨面过程化学成分的变化；在奶酪加工过程中优化采样时间，研究不同来源的奶酪的化学及物理动力学行为；通过测定颜色变化来确定农产品的新鲜度、成熟度，了解食品的安全性；通过检测水分含量的变化来控制烤制食品的质量；检测苹果、葡萄、梨、草莓等果汁加工过程中可溶性和总固形物的含量变化；在啤酒生产线上，监测发酵过程中酒精及糖分含量变化。

（三）原子吸收分光光度法

原子吸收分光光度法又称原子吸收光谱法或简称原子吸收法，是一种基于待测基态原子对特征谱线的吸收而建立的一种定量分析方法，是20世纪50年代中期出现并在以后逐渐发展起来的一种新型仪器分析。目前原子吸收分光光度法已经应用于食品工业、石油、化工、医药、环境污染监测等多方面领域，主要是测定各种物质中常量、微量、痕量金属元素和半金属元素的含量。比起传统的化学方法等，该方法具有检出限低，灵敏度高，其检出限可达到10^{-14}～10^{-10}g；准确度好，其相对误差小于1%；选择性强，不需经烦琐的分离，样品就可以在同一溶液中直接测定多种元素；分析速度快，PE-5000自动原子吸收光谱仪在35min内能连续测定50个样品中6种元素；仪器比较简单，操作方便等优点。虽然该方法具有这么多的优点，但仍然有不足之处，如原子吸收分光光度法不利于同时测定多种元素，对一些难熔元素测定的灵敏度和精密度都不是很高。

为了克服原子吸收分光光度法的不足，随着对原子吸收分光光度法的深入研究，有关学者不断尝试对这一方法进行改进，来提高原子吸收分光光度法的准确灵敏度。目前，使试样原子化的方法有火焰原子化法和无火焰原子化法，火焰原子化法具有简单、快速、对大多数元素具有较高的灵敏度和检测极限等优点；而无火焰原子化技术发展得也很快，其具有较高的原子化效率、灵敏度和检测极限。

（四）原子荧光光谱法

原子荧光光谱分析（AFS）是继原子发射光谱分析（AES）和原子吸收光谱分析（AAS）之后发展起来的一种新的痕量元素的分析方法。现在，已成为现代原子光谱学中三大分支（AES、AAS、AFS）之一。原子荧光光谱分析法是以原子在辐射能激发下发射的荧光强度进行定量分析的发射光谱分析法，但所用仪器与原子吸收光谱法相近。原子荧光光谱分析法具有很高的灵敏度，校正曲线的线性范围广，能进行多元素同时测定等优点。

目前应用较多的是高效液相色谱法、微波消解、蒸气发生等与原子荧光光谱法结合测定食品中的金属元素等。

蒸气发生—原子荧光光谱法（VG-AFS）和冷蒸气原子荧光光谱法（CVAFS）是一种新的联用分析技术，也是目前原子荧光光谱分析领域中最有实用价值的分析技术。它将蒸气发生进样技术与无色散原子荧光光谱测定的特点完美结合。蒸气发生进样技术在常温常压下即可将试样溶液用强还原剂转化成气态形式的共价氢化物、单质气态汞原子或挥发性化合物，无须特殊高温，即可将其在瞬间原子化，目前可测元素已扩大到11种（AS、Sb、Bi、Se、Te、Pb、Sn、Ge、Hg、Zn和Cd）。

利用蒸气发生进样技术可使待测元素与大量的基体相分离，从而大大减少了基体干扰。而且因为是气体进样，极大地提高了进样效率；由载气（Ar）将生成的氢化物或挥发性化合物导入氢火焰中原子化，而氢氢火焰在原子荧光光谱分析中具有很高的荧光效率和较低的背景，而且上述所有被测元素的主要共振荧光谱线均介于190～300nm之间，正好是无色散原子荧光光谱仪日盲光电倍增管灵敏度最好的波段。因此，它与蒸气发生—原子吸收光谱法（VG-AAS）相比，具有仪器结构简单、灵敏度高、线性范围宽、气相干扰少、适合于多元素分析等的特点，目前，VG-AFS分析技术已越来越受到分析工作者的重视。

三、生物检测技术

“在食品加工以及销售的过程中，由于各方面因素影响，食品易遭受各种污染。该技术主要是通过化学试剂和食品当中的相关生物产生反应，达到检测的目的，生物检测技术在食品检测当中的应用非常普遍。”①

（一）免疫学检测技术

抗原与抗体的结合反应是一切免疫测定技术的最基本原理。在此基础上结合一些生化或理化方法作为信号显示或放大系统即可建立免疫测定法，如放射免疫测定法、酶免疫测定法、荧光免疫测定法等。人们一直在不断寻找新的显示方法应用于免疫检测技术，其方法学研究和实际应用十分活跃。

一个成功的免疫测定法必备三个要素：性能优良的抗体、灵敏和专一性的标记物和高效的分离手段。

抗原与抗体的结合反应依靠局部（抗原决定簇和抗体结合位点）的分子间作用力结合的特性进行。其作用力主要有氢键、范德华力、盐键、疏水相互作用。形成稳定的作用力要求抗体结合位点和抗原决定簇的空间结构高度互补，而且其接触表面基团分布要两相配合。

现有的主要免疫测定法按照是否使用标记物分为标记免疫测定法和非标记免疫测定法，后者又称为经典免疫测定法（主要包括凝集反应法、沉淀反应法、免疫浊度法和免疫电泳法）；按反应介质分为均相或非均相（免疫复合物需分离后检测）免疫测定法；按反应状态分为平衡态或非平衡态免疫测定法；按照标记物种类，标记免疫测定法又分为放射性标记测定法和非放射性标记测定法（主要包括酶联免疫吸附测定法、荧光免疫测定法、时间分辨荧光免疫测定法、化学发光免疫测定法、胶体金免疫测定法和流动注射免疫测定法等）。

经典免疫测定法灵敏度较低，在残留分析中极少应用。放射性标记测定法因辐射污染和试剂寿命等问题已逐渐被淘汰。非放射性免疫测定法种类繁多，发展较快，包括各种酶免疫测定法、荧光免疫测定法、化学发光免疫测定法、脂质体免疫测定法等。非均相方法需要经过免疫复合物分离步骤，适用范围广泛；均相方法不要分离，易实现自动化，但灵敏度不如非均相方法，标记物易受样品基质的影响，适用范围小。

（二）PCR检测技术

PCR又称聚合酶链式反应，是一项体外扩增DNA的方法。应用该方法可使极微量的特

① 邢丽君．食品检测技术存在的问题及解决措施探讨 [J]. 中国食品工业，2022（04）：128.

定DNA片段在几小时内迅速扩增至百万倍，因而一经问世便在短短的数年内得到了迅速发展和实际应用，并在原有基础上结合各种生化分子生物学技术衍生出了许多改良技术。

PCR是依据DNA模板的特性，模仿体内的复制过程，在体外合适的条件下以单链DNA为模板，以人工设计和合成的寡核苷酸为引物，利用热稳定的DNA聚合酶沿着从引物延5-3方向掺入单核苷酸以特异性地扩增DNA片段的技术。整个反应过程通常由20～40个PCR循环组成，每个循环由高温变性—低温复性—适温延伸三个步骤组成：高温时DNA变性，氢键打开，双键变成单键，作为DNA扩增的模板；低温时寡核苷酸引物与单链DNA模板特异性的互补结合即复性；然后在适宜的温度下DNA聚合酶以单链DNA为模板沿着从引物5’端到3’端的方向掺入单核苷酸，使引物延伸合成模板的互补链，经过多个变性—复性—延伸的PCR循环，就使得DNA片段得到有效的扩增，通常情况下，单一拷贝的基因经过25～30个循环可扩增100～200万个拷贝。

最初的PCR是用大肠杆菌DNA聚合酶I的Klenow片段进行，但Klenow片段在高温下迅速失活，因此每一份反应都需要加一份新酶，这不仅麻烦，往往还导致产量低、产物长短不一等现象。之后人们采用从嗜热细菌分离的耐热TaqDNA聚合酶才解决了这一问题，现在天然的TaqDNA聚合酶或经基因工程重组生产的TaqDNA聚合酶在高温下都很稳定，故在整个过程中不需要添加新的TaqDNA聚合酶，从而使PCR技术迅速发展起来。

（三）转基因食品检测技术

转基因食品（GMF或GM食品）指以转基因生物为直接原料进行加工生产的食品原料、食品和食品添加剂，包括转基因植物食品、转基因动物食品和转基因微生物食品三大类。所谓转基因生物，是利用DNA重组技术将供体的外源基因导入受体生物（包括植物、动物、微生物等）并得以表达，从而使受体生物获得可稳定遗传的新性状，实现其在形状、营养品质、消费品质等方面向人们所需要目标的转变，这种经遗传改造过的受体生物称为遗传修饰生物（GMO）或转基因生物。

转基因食品的检测技术主要应用于对食品中转基因成分的定性和定量检测，即对转基因成分进行筛选和转基因成分的含量测定两个方面。从目前发展来看，转基因食品的检测技术根据检测的直接对象可分为以下三类。

第一，对所导入外源基因表达出来的特殊性状直接进行鉴定。这种方法最简单，但只适用于对极少数的转基因食品原料进行初步筛选，如富含β-胡萝卜素的转基因“金色稻米”、低糖高甜玉米等。绝大多数转基因生物所表达的性状是无法通过非分子生物学技术进行准确的检测鉴定的。如转基因植物中的抗虫、抗病、耐旱等性状体现在作物漫长的生长过程中，缺乏衡量的依据，无法用于实验室检测。

第二，对外源基因表达产物——蛋白质进行鉴定。以蛋白质为基础的检测方法包括酶联免疫吸附分析（ELISA）、层析、双向电泳及免疫印迹方法、试纸条法等。其中最常用的是ELISA方法和试纸条法。

第三，以所导入的外源基因的特定DNA序列为检测对象的检测技术。是以核酸为基础，通过使用聚合酶链式反应技术发展建立起来的一套检测方法。如今以蛋白质为基础和以核酸为基础的检测技术发展较成熟，目前已广泛应用于转基因食品的检测监控，此外，近几年发展的环介导等温扩增法和生物芯片检测技术具有无可比拟的优点和广阔应用前景。

1.ELISA技术与转基因食品检测

ELISA基本原理是建立在抗体抗原免疫学反应的基础上。抗体抗原反应是一种非共价键特异性吸附反应，即通常情况下，抗原只和它自己（或具有相同抗原决定簇）诱导产生的抗体发生反应，因此具有高度特异性，但抗体抗原反应虽然产生肉眼可见的凝集反应，但灵敏度太低，需要大量的抗体和抗原，稳定性受环境影响较大而且反应条件受限，故现在仍未获得推广使用。ELISA测定一般在酶联板或膜进行，一次检测需要4h左右。

另一种利用抗原抗体反应的检测方法叫试纸条法，是预先将特异的抗体交联到试纸条上，当固定在纸上的抗体和特异抗原结合，再和有颜色的特异抗体发生反应，就会形成带有颜色的“三明治”结构并固定在试纸上，如反应中不存在抗原，则没有颜色。由此，ELISA可显示待测抗原的存在或含量。例如，要分析待测抗原A，则需要A的抗体“抗A”——第一抗体，第一抗体通常不与酶连接，不能直接测定，故常需制备抗A的抗体“抗抗A”——第二抗体，第二抗体不仅能特异识别并结合第一抗体，而且被共价连接上有催化活性的酶分子，此即酶标抗体，酶分子能专一催化底物生成容易检测的产物，比如，有颜色、可发荧光等，从而使待测抗原得到定性或定量检测。因此，ELISA可分为直接法和间接法两种，两者的根本区别在于酶分子标记的是第一抗体还是第二抗体，其中标记第二抗体的间接法特异性高，所以得到更广泛的应用。

ELISA分析法必须具备待检测的间定相抗原或抗体、酶标记的抗原或抗体、酶作用的底物三种试剂，且满足两个前提条件：①待检测的抗原或抗体能够结合到不溶性载体表面并保持活性；②标记酶能与抗原或抗体结合并同样保持各自生物活性。对于蛋白质尤其是外源基因表达的蛋白质，不一定都有相对应的抗原或抗体，因此ELISA的使用仍有局限性。

ELISA分析的基本步骤包括：①将抗原Ag或抗体Ab结合到固相载体平板的孔里；②待测溶液的特殊抗原或抗体结合到敏化载体表面；③加入酶标抗体使之与抗原或抗体化合物相结合；④结合物通过标记酶催化底物的颜色改变而被检测；⑤通过最后溶液的颜色深浅对待测抗原或抗体进行定量分析。

2.PCR技术与转基因食品的检测

基于DNA生物合成的分子生物学原理而发明的聚合酶链式反应（PCR）技术是目前转基因食品检测的主流方法。利用与外源基因序列互补的特定引物对转基因食品中的外源DNA序列进行PCR扩增后分析，可以对转基因食品进行定性及定量分析。

（1）PCR技术对转基因食品的定性检测

PCR利用核酸DNA聚合酶、引物和4种脱氧单核苷酸在试管内完成模板DNA的快速复制，每轮复制包括变性（DNA模板双链以及DNA模板与引物之间在94℃高温变性成单链）、退火（55℃引物与模板上特定互补区结合成双链）、延伸（72℃在DNA聚合酶作用下利用4种单核苷酸从引物结合位点沿模板DNA合成互补新链），如此循环往复，使模板DNA在短时间内以指数倍扩增。因此，理论上讲，只要有一个模板分子存在就可以通过PCR扩增将其放大到可以检测的水平。

通过PCR技术可以简便快速地从微量生物材料中以体外扩增的方式获得大量特定的核酸，并且有很高的灵敏度和特异性。目前，基于GMO特异外源DNA片段的定性PCR筛选方法已广泛应用于转基因生物及食品的检测，采用实时荧光PCR技术更可以直接对各种品系的转基因植物进行定性鉴别。目前已有多个国家将PCR技术作为本国食品法规中对转基因食品检验的标准方法。

（2）PCR检测方法对食品中转基因成分的定量检测

目前，基于GMO特异DNA片段的PCR定性方法已广泛应用于GMO食品检测，但是随着各国有关GMO标签法的建立和不断完善，对食品中的GMO成分含量的下限已有所规定。因此，在对转基因成分定性检测的基础上发展出了转基因成分的PCR定量检测方法。目前，较为成熟的检测方法主要有半定量PCR法、定量竞争PCR和实时荧光定量PCR法3种。

3.生物芯片与转基因食品检测

就目前转基因食品检测中常用的ELISA和PCR技术而言，最大的不足就是效率低，检测范围窄，无法大规模高通量的同时检测多种转基因成分和样品，尤其在操作员对转基因背景一无所知的情况下，对各种候选待检基因序列或蛋白进行逐一筛查，工作量太大，是不可能实施的。而目前正在研究的转基因产品所涉及的生物品系上万，数量庞大，今后陆续有可能进入商品化生产，因此对进出口产品的检测，迫切需要建立更有效、快速特别是高通量的检测方法体系。而上述问题通过近几年面世的生物芯片技术能得到较好的解决。生物芯片根据所载探针种类分为基因芯片和蛋白质芯片两大类：基因芯片以DNA为探针，依据核酸杂交的原理检测样品中的特定基因序列；蛋白质芯片以蛋白质为探针，依据抗原抗体反应的免疫学原理检测样品中的特定蛋白质。下面以基因芯片为例加以说明。

基因芯片又称DNA微阵列，是指以许多特定的寡核苷酸片段或基因片段为探针，通过将其有规律地排列固定于支持物上形成一个DNA分子阵列。待测的荧光标记样品的基因与芯片上的探针按碱基配对原理进行杂交后，通过激光共聚焦显微镜检测系统等对芯片表面进行扫描，即可获取样品中有关基因的数量和序列等信息。为了提高芯片的利用率，基因芯片技术使用玻璃、硅胶等作为载体，将大量的核酸分子同时固定于载体上，提高了点样的密度和检测灵敏度，同时减少了探针的用量。基因芯片可同时对大量的核酸进行检测分析，与传统的核酸印迹杂交相比，具有高灵敏、高效、低成本、自动化等优点。

按照芯片上所固定的探针的长度，基因芯片可分为寡核苷酸芯片和cDNA芯片。寡核苷酸芯片以寡核苷酸片段为探针，cDNA芯片则以较长的反转录PCR产物为探针。根据用途分类，基因芯片可分为表达谱芯片和检测芯片。表达谱芯片主要用于基因的差异性表达、寻找新基因和研究基因功能，是目前比较成熟、应用也最广泛的一种基因芯片。检测芯片在各种特定基因序列的检测、基因突变和单核苷酸多态性检测中应用较广泛，也可用于进行基因序列的测定和开发用于转基因产品的检测。

基因芯片技术前景可观，特别是转基因产品大量商品化后，将会获得巨大的发展机会，我国开发的转基因产品检测芯片基本上能实现三个内容：确定是否转基因产品、属于哪一种转基因产品、是否为我国已批准的转基因产品。基因芯片通过启动子、终止子、筛选基因与报告基因等通用基因位点来筛选样品是否为转基因产品，通过抗虫基因、耐除草剂、雄性不育与育性、恢复基因等各种物种特定的目的基因及品种特异的边界序列来确定转基因成分属于哪一品种。

使用基因芯片检测时，按常规方法提取纯化样品核酸后，为了提高检验灵敏度，在对样品核酸进行荧光标记时，常需要先对待检靶标DNA进行PCR扩增。目前普遍采用的荧光标记方法有体外转录、PCR、逆转录等。其目的是在以样品为模板合成相应核酸片段过程中掺入带有荧光标记的核苷酸，作为检测信号源。

对样品DNA进行标记后，要进行杂交反应。杂交反应是指荧光标记的样品与芯片上的探针进行杂交产生一系列信息的过程。在合适的反应条件下，各靶基因与芯片上对应的探针将会根据碱基互补配对形成稳定双链，其他未杂交的核酸分子随后被洗去。标记核酸样品必须先变性成单链结构才能参与杂交。因此，在杂交之前需要对标记样品进行变性处理，一般采用高温（95℃～100℃）沸水浴10min，然后采取冰浴骤冷的方法使核酸解螺旋。

影响杂交效果的主要因素包括杂交温度、杂交时间、杂交液的离子种类和强度等。杂交条件以研究目的为基础进行选择，如检测基因的差异性表达需要温度较低、杂交时间较长、严谨性高以及要求样品的浓度较高，以利于增强检测的特异性和对低拷贝基因的检测灵敏度。检测基因突变体和单核苷酸多态性分析时，要先鉴别出单个碱基错配，因而杂交时要求更高的杂交严谨性和更短的杂交时间。此外，还需要考虑探针的GC含量、杂交液的盐浓度、探针与芯片之间连接臂的长度、待检基因的二级结构等各种因素。一般基因芯片产品对适用范围、杂交体系和杂交条件均有较为详尽的说明。

杂交反应后对反应结果进行信号检测。当前主要的检测手段分为荧光法和激光共聚焦显微扫描两种。杂交反应完成后，将芯片插入扫描仪中对片基进行激光共聚焦扫描，停留在芯片上的样品核酸是已与探针发生杂交的，检测时标记在这些核酸上的荧光分子受激发而产生荧光，用带滤光片镜头采集每一点荧光，经光电倍增管或电荷偶合元件转换为电信号，计算机软件将电信号转换为数值，同时将各个基因的数值大小用不同颜色在屏幕上显示出来。荧光分子对激发光、光电倍增管或电荷偶合元件都具有良好的线性响应，因此检测所得的杂交信号值与样品中靶核酸的含量间存在线性关系。

由于芯片上每个探针的序列和位置是既定并且是已知的，因此对每个探针的杂交信号进行比较分析后，最后便能得到样品核酸中检测基因的结构和数量方面的相关信息。

第四节　食品检测的创新技术应用

随着科技的进步，食品检测技术也在不断革新，快速化、信息化、智能化是现代食品检测技术发展的方向。本章主要探讨智能手机在食品检测中的应用、大数据技术在食品检测中的应用、人工智能在食品安全监管中的应用。

一、智能手机在食品检测中的应用

“针对全球日益突出的食品安全问题，如何设计出便捷的检测工具，使消费者能够方便实时地检验食品的品质、验证食品的产地及真伪等信息显得尤为重要。互联网和智能手机的快速发展，以及红外光谱技术在食品分析中的成功应用正在为实时检查提供可能。”[①]近年来，便携式的仪器检测设备受到越来越多的关注。这些设备被广泛应用于医疗保健、环境监测和农业食品部门。智能手机的发明为便携式检测仪器的设计和制作扩展了新的思路。智能手机是现代生活中普遍使用的一种电子产品，它类似于一个集操作系统、内存系统以及高分辨率摄像头于一体的微型计算机。相比于实验室中的分析检测设备，智能手机更加廉价易得。智能手机可取代实验室中一些需要经过培训的专业人员操作

① 张景凯，李美龄，李永祥，等.基于红外光谱的食品安全检测系统的智能手机建设的初步方案[J].食品安全质量检测学报，2013，4（03）：955.

的大型昂贵仪器，用于日常检测当中。

智能手机配备了许多可用无分析和检测的组件，例如，快速多核处理器、摄像头、电池和可视化界面等。除此之外，智能手机的几种无线数据传输模式（移动网络、Wi-Fi、蓝牙）能够将测试结果立即显示给用户或传输到云数据库。然而，智能手机一般需要与其他配件结合才能作为分析检测设备。这种移动分析平台在食品安全检测方面拥有巨大的应用潜力。例如，不同的过敏人群可通过设备的个性化功能来设定自己的过敏原，用于快速现场检测所食用的食物中是否含有该过敏原。此外，农业部门也可以通过这种便携式的移动分析平台现场获取有关作物成熟度和健康状况的数据。随着传感技术和小型化电子技术的发展，这种基于智能手机的移动分析平台将被越来越多地应用于医疗诊断、环境监测和食品评估中。

基于智能手机的食品安全检测仪器主要分为两类：适用于实验室环境的智能手机生物传感器和基于光谱学的便携式小型智能手机传感设备。

（一）实验室智能手机生物传感器

生物传感器是指对生物物质敏感，将生物受体与目标分析物之间产生的可测量的信号以一定形式输出的仪器。生物传感器可实现对目标分析物的直接检测，具有很好的选择性。生物传感器的成本较低，分析速度快，往往在几分钟之内就能给出分析结果，具有小型化和便携性的应用前景，与智能手机结合，可用于现场分析污染物、药物、农药残留物和食源性病原体等。根据仪器的原理，可将这类设备分为以下三种。

1.荧光成像

荧光成像是将荧光染料作为目标生物分子或化学分子的标记物，实现其可视化的过程。基于这种原理的食品安全生物传感器通常利用一个单色光源来产生荧光染料的激发，之后以智能手机的摄像头作为荧光信号的收集和测量仪器。通过使用不同的荧光染料，可实现对特定分子的选择性检测。

2.比色法

比色法常被应用于生物化学中酶、抗体和肽类物质的测定。这种方法的工作原理是测量显色试剂或反应产物在某一特定波长下的吸光程度，吸光量与测试池中试剂的浓度成正比。智能手机的摄像头用于读取实验结果。采用智能手机得到实验结果比肉眼判断更加灵敏和准确。

3.电化学分析

电化学分析是指将溶液作为化学电池的一个组成部分，根据该电池的某种电参数（电阻、电导、电位、电流等）与被测物质的浓度之间存在一定的关系而进行测定的方法。根据测量的电参数的不同，电化学分析方法包括电位法、电流分析法、电导法、电重法、伏安法和库仑法等。电化学分析方法的检测性能好，设备简单并且成本较低，是一种适用于与智能手机联用的现场实时分析方法。

（二）基于光谱学的小型智能手机传感设备

光谱分析是指根据物质的光谱来鉴别物质及确定它的化学组成和相对含量的方法。这种分析方法已经被广泛应用于医疗诊断、食品质量评估、环境监测和药物分析等方面，是一种快速灵敏无损的方法。然而，在工业或实验室中使用的大多数光谱仪设备是庞大而昂贵的，使其一度只能用于实验室分析。近年来，随着电子产品以及制造业的迅速发展，越来越多的便携式光谱仪开始涌现。技术的进步使得一些利用新型微技术如微机电系统、微光机电系统、微镜阵列等的微型光谱仪得以发展。这类微型光谱仪不仅减少了制造成本，缩小了仪器体积，并且分析性能好，能够实现批量生产。

二、大数据技术在食品检测中的应用

大数据技术被称为引领未来繁荣的三大技术变革之一，它必将给食品安全快速检测领域带来重大影响。如何快速准确检测食品生产过程中的有害环节，保障食品安全是所需解决的主要问题，而大数据技术是解决此类问题的重要手段。提高食品安全检测工作效率，使全国食品检验检测信息化系统更加智能化、流程化、透明化，并且实现全国领域的信息共享是大数据在食品安全中应用的一大目标。

大数据的工作流程包括：数据采集与预处理、数据储存与管理、数据分析与挖掘、数据展现与应用。下面将分别介绍这些流程在食品安全检测中的应用。

（一）食品安全中的数据采集

不同类型的数据源都可能包含对食品安全有用的信息，包括现有的管理信息系统中的数据集、各大型数据集等（在线）数据库，社交媒体中关于食品安全的信息数据，基于各类传感器获得的数据，例如，手机中的各类传感器等。下面将介绍各种类型的数据源，以及它们如何被用来为食品安全创造附加价值。

1.传统数据集

随着信息化的普及推进，食品安全体系企事业单位当前都已经建起大大小小各类管理信息系统、在线大型数据集，用于存储和管理相关信息。

2.网络与社交媒体

互联网是一个巨大的信息来源，食品安全机构和食品相关组织已经使用社交媒体与公众就食品安全相关问题进行沟通。食品安全事件被收录到结构化的数据库的同时，也会发布到国际食品安全官方网站。

网络与社交媒体中的数据源超过90%是非结构化的数据，它们分散在网络各处，采用传统方式很难检索，但可以利用大数据技术中的网络爬虫自动爬取所需要的各类信息，并整理入库。通过分析用户在社交媒体上的评论，食品机构将更好地了解他们的受众，并可能发现新的问题。当前正在发展的网络数据挖掘和社会媒体分析有望利用大量数据作为一个食品安全预警系统，以鉴别那些可能发展为危机的潜在健康和食品安全问题。

3.各类传感器（手机）获得的数据

物联网被称为继计算机、互联网之后世界信息产业的第三次浪潮。物联网是指通过射频识别、红外感应器、全球定位系统、激光扫描器等信息传感设备，按约定协议把任何物体通过有线或无线形式相连接，进行信息交换和通信，以实现对物体的智能化识别、定位、跟踪、监控和管理的一种网络。其中，感知层是物联网的感觉器官，主要用于识别物体和采集信息，包括传感器（含RFID）、摄像头、GPS、短距离无线通信、自组织网络和低功耗路由等。传感器是信息化源头，遍布于各个领域，随时随地收集各种信息数据，监测万物变化状态。

智能手机既是多种传感器的载体，也是具备一定存储、传输、计算功能的微型计算机。它的使用越来越广泛，各种各样的应用程序迅速涌现，其中也包括与食品安全和健康有关的应用。当前，用智能手机和其他便携式设备相结合来进行测量的报道层出不穷，收集的数据可以通过手机或通过Wi-Fi连接计算机进行处理，同时也可以传输到数据云或其他数据中心。

（二）数据存储和管理

一般来说，数据存储是通过数据管理系统实现的，如Oracle、Mircosoft SQL Server、MySQL和PostgreSQL等。然而，这样的系统不足以支持大数据处理。在这种情况下，需要比传统系统提供更快的速度、更优的灵活性和更佳的可靠性。因此，对于大数据技术而言，需要采用新一代数据库，即非关系型的数据库。它具有非相关性、开放的资源和横向可扩展性，被称为NoSQL，例如，MongoDB、Cassandra、HBase等。

当前，依托云计算的强大技术，解决了大数据管理中具有挑战性的数据传输与强计算力的难题，它完成大规模数据在数据源、GPU或CPU，以及应用环境之间传输，当前用于处理大数据的传输软件、ETL软件主要有Aspera、Talend等。

（三）数据分析与挖掘

构建完数据源后，数据会被处理分析。分析大数据的方法可分为两类：数据挖掘和机器学习。

推荐系统是利用数据挖掘技术和试探式技术开发的（协同过滤，基于内容的过滤和混合方法）系统，是当前的一个热门应用。它有提取消费者偏好、兴趣或观察行为的信息过滤系统，并能据此提出相应的建议。

机器学习旨在探索一种源于数据而又可以预测数据的算法。在设计算法太复杂或需要从数据中建立模型以进行预测或决策时，机器学习将派上用场。机器学习算法主要包括监督学习、无监督学习和半监督学习等，能有效解决许多特殊的分类问题，如Auto Encoder、Restricted Bolzmann Machine、Bayesian networks、Neural networks等。当前，其中许多技术已经被应用在食品安全应用中，并有望作为食品安全中大数据的主要处理工具。

（四）数据展现与应用

可视化工具可用来分析和呈现大量数据的摘要信息，优缺点各异。最常用的是R和Tableau。R是一种用于科学数据来可视化和分析提供用户自定义图函数和网络画图函数的数据的开源编程语言。对于不需要编程技巧的商业可视化软件，IBM Many Eyes和百度的ECharts是不错的选择。在基因学组方面，Circos已成为基因组染色体可视化的标准，能够在一个循环设计中实现数据可视化并能探索对象或位置之间的关系。

另外，计算机视觉技术也在食品安全方面有所应用。计算机视觉可以简单地理解为用摄像机代替人的眼睛，用软件处理程序代替人大脑完成对目标的区别和鉴定，它对图像的处理可简单归类为三个方面：图像处理、图像分析和图像理解。通过所提供图像的分析，把各个相关性质结合起来进行研究，类似于人脑的思维推理，所得出的结果可对食品质量检测提供借鉴意义。

三、人工智能在食品安全监管中的应用

作为新一轮科技革命的引领性技术，人工智能的快速发展及其推广应用，给各行业领域的转型升级提供了重要契机。在市场监管领域，目前国内已有多地将人工智能技术实际运用于食品安全监管工作中，这些地区依托智能化监管平台对本地的食品安全实施智慧监管，力图通过监管技术手段的持续创新，加速推进地区食品安全治理的现代化转型。“将食品安全与人工智能结合起来，可加强对食品市场的监督和管理，且与当前消费市场的趋势一致，既保障人们的食品安全，满足其对生活质量的追求，又为其提供了更加营养和健康的食品渠道，从而提升人们的幸福感。”①

（一）监管主体多元化

人工智能的技术运用以及智慧监管平台的构建，为多元主体参与食品安全治理提供了

---

① 张成梅，王雅洁，陶衡，等.人工智能与大数据在食品安全信息监管中的应用[J].电子技术与软件工程，2021（6）：153.

便捷、可靠的路径，在实践层面回应了多元主体参与食品安全治理的现实诉求，真正将食品安全多元主体合作共治的理念落到实处。

目前，我国多地市场监管部门探索建立的食品安全智慧共治模式，将政府、企业以及公众这三大核心监管主体全部纳入智慧监管系统，让他们共同参与食品安全的治理。该做法不仅有助于增强食品安全监管的主体力量，弥补单一监管主体监管力量不足的弊端，同时还能通过加强各监管主体间的信息交互，破解因监管信息不对称带来的食品安全共治障碍。食品安全智慧共治模式的建立，改变了过去政府作为唯一食品监管主体的监管格局，便捷的信息获取以及参与渠道，不仅密切了政府与其他监管主体间的相互联系，还极大地激发了各主体参与食品监管的积极性，从而真正实现食品安全的社会“共治共享”。

（二）监管链条贯通化

食品产业涵盖农产品种养殖、生产加工、运输贮藏以及销售、消费等各环节，产品供应链长、风险点多，而且各环节监管信息碎片化，这些原因在客观上给食品安全的全过程监管带来挑战。人工智能技术的兴起及推广应用，推动了食品安全治理的现代化转型。市场监管部门依托人工智能、物联网等新兴技术，构建区域的食品安全智慧监管平台及监管网络体系，实时采集食品生产、运输仓储、销售消费各环节的监管信息，并将这些信息实时上传至智慧监管系统平台，以接受智慧监管系统的远程监管。同时，部分食品安全事项也接受社会公众和其他食品企业的线上监督。食品安全智慧监管体系的建立，将食品生产、流通及消费等诸环节紧密联系起来，不仅使得对食品安全的全产业链监管成为现实，还能更为便捷地对各类食品经营行为、安全风险等展开实时监测与管理。

（三）监管内容拓宽化

相比于传统食品监管，基于智能技术实施的食品安全智慧监管，其监管的内容更加丰富，除了将许多传统食品监管的业务事项从线下搬到线上，更增加了对餐饮后厨、网络订餐、社会舆情等事项内容的监督管理。当然，随着智慧监管模式的进一步成熟，相关的食品监管内容还将进一步得到扩充。

（四）监管机制智能化

食品安全智慧监管，是建立在智能技术基础上的食品监管模式，所以其最显著的特点就是监管机制智能化。在食品安全智慧监管的过程中，从监管信息数据的采集开始，再到数据智能化分析与结果反馈，整个流程都是系统自动完成的，系统只是在执行一种程序化的操作，不需要人为干预。

第三章
果蔬食品与转基因食品的检测

第一节　果蔬质量安全检测

一、天然食品有毒物质的检测

随着科技的发展与生活水平的提高，人们对食品安全问题日益重视。近年来，非人工培植的、未经加工的天然食品越来越受到消费者的青睐。但是，天然的就是安全的吗？实际情况并非如此，在可作为食物的很多有机体中存在着一些对人体健康有害的物质，如果不进行正确加工处理或食用不当，也易造成食物中毒。

（一）概述

由天然食物引起的食物中毒主要有五类。一是人体遗传因素。食品成分和食用量都正常，却由于个别人体遗传因素的特殊性而引起的症状。如有些特殊人群因先天缺乏乳糖酶，不能将牛乳中的乳糖分解为葡萄糖和半乳糖，因而不能吸收利用乳糖，饮用牛乳后出现腹胀、腹泻等乳糖不耐受症状。二是过敏反应。食品成分和食用量都正常，却因过敏反应而发生的症状。某些人日常食用无害食品后，因体质敏感而引起局部或全身不适症状，称为食物过敏。各种肉类、鱼类、蛋类、蔬菜和水果都可以成为某些人的过敏原食物。三是食用量过大。食品成分正常，但因食用量过大引起各种症状。如荔枝含维生素C较多，如果连日大量食用，可引起“荔枝病”，出现饥饿感、头晕、心悸、无力、出冷汗，重者甚至死亡。四是食品加工处理不当。对含有天然毒素的食品处理不当，不能彻底清除毒素，食用后引起相应的中毒症状。例如，鲜黄花菜、发芽的马铃薯等处理不当，少量食用亦可引起中毒。五是误食含毒素的生物。某些外形与正常食物相似，而实际含有有毒成分的生物有机体，被作为食物误食而引起中毒，如毒蕈等。

作为食品原材料的生物中包括植物、动物和微生物，本身也都含有一些天然有毒物质，也叫天然毒素。这些天然毒素是指生物体本身含有的或生物体在代谢过程中产生的某些有毒成分，根据这些毒素的化学组成和结构，存在于果蔬食品中的天然毒素主要有苷类、生物碱、有毒蛋白或复合蛋白、酚类等。

（二）苷类

苷类是糖分子中的环状半缩醛形式的羟基和非糖类化合物分子中的羟基脱水缩合而成的具有环状缩醛结构的化合物，所以苷类又称配糖体或糖苷。苷类一般味苦，可溶于水及醇中，极易被酸或共同存在于植物中的酶水解，水解的最终产物为糖及苷元。苷元化学结构类型不同，所生成的苷的生理活性也不相同。苷类广泛分布于植物的根、茎、叶、花和果实中，其中皂苷和氰苷等常引起食物中毒。

1.皂苷

皂苷又称皂素，是由皂苷元（基本结构为甾体或三萜类物质）和糖、糖醛酸或无机酸形成的一类复杂的苷类化合物，其水容易在振摇时产生大量持久的蜂窝状泡沫，因与肥皂相似而得名。

皂苷广泛存在于植物中，曾有人对104个科中的1730种植物进行分析后发现，有79个科的860种植物含有皂苷。皂苷主要存在于单子叶植物和双子叶植物中，尤以蔷薇科、石竹科、无患子科、薯蓣科、远志科、天南星科、百合科、玄参科和豆科等植物中含量较高，含有皂苷的果蔬类食品主要有菜豆（也叫四季豆）和大豆。食用不当易引起食物中毒，一年四季皆可发生。比如，烹调不当、炒煮不够熟透的豆类，所含皂苷不能完全被破坏，即可引起中毒，主要病症是胃肠炎。潜伏期一般2～4h，表现为呕吐、腹泻（水样便）、头疼、胸闷、四肢发麻，病程为数小时或1～2d。但是恢复快，愈后良好。因此，烹调时应将菜豆充分炒熟，煮透，至青绿色消失、无豆腥味、无生硬感，以破坏其中所含有的全部毒素。

2.氰苷

生氰糖苷是由氰醇上的羟基和D–葡萄糖缩合形成的β–糖苷衍生物，广泛存在于豆科、蔷薇科、稻科等1000余种植物中。生氰糖苷物质可水解生成高毒性的氰氢酸，从而对人体造成危害。氰苷和β–葡萄糖苷酶处于植物的不同位置，当咀嚼或破碎含氰苷的植物食品时，其细胞结构被破坏，使得β–葡萄糖苷酶释放出来，与氰苷作用产生氰氢酸，这便是食用新鲜植物引起氰氢酸中毒的原因。在植物氰苷中与食物中毒有关的化合物主要有苦杏仁苷和亚麻苦苷。

（三）生物碱

生物碱是一类具有复杂环状结构的含氮有机化合物。有毒的生物碱主要有茄碱、秋水仙碱、甜菜碱、烟碱、吗啡碱、罂粟碱、麻黄碱、黄连碱和颠茄碱（阿托品与可卡因）等。生物碱主要分布于罂粟科、茄科、毛茛科、豆科、夹竹桃科等100多种植物中。存在于食用植物中的生物碱主要是龙葵碱、秋水仙碱及吡啶烷生物碱，在医药中常有独特的药理活性，如镇痛、镇痉、镇静、镇咳、收缩血管、兴奋中枢、兴奋心肌、散瞳和缩瞳等作用。

1.龙葵碱

龙葵碱，又名茄碱，广泛存在于马铃薯、西红柿及茄子等植物中，当人体摄入0.2～0.4g时，就能发生严重中毒。马铃薯中的龙葵碱主要集中在芽眼、表皮和绿色部分，如马铃薯中龙葵碱一般含量为2mg/100g～10mg/100g，发芽、皮变绿后可达35mg/100g～40mg/100g，尤其在幼芽及芽基部的含量最多，其中芽眼部位的龙葵碱数量约占生物碱糖苷总量的40%。马铃薯如储藏不当，容易发芽或部分变黑绿色，烹调时又未能除去或破坏龙葵碱，食用后便易发生中毒。其潜伏期为数十分钟至数小时，出现舌、咽麻痒，胃部灼痛及胃肠炎症状；瞳孔散大，耳鸣等症状；重病者抽搐，意识丧失甚至死亡。

检测方法：测定样品中的龙葵碱时，可采用乙酸酸化的乙醇溶液提取，浓缩干燥，用适量5%硫酸溶液溶解残渣得到试液，必要时根据龙葵碱溶于酸而不溶于碱的性质对试液进行纯化。龙葵碱在稀硫酸中可与甲醛作用生成橙红色物质，据此可进行定性分析或采用分光光度法进行定量分析。

2.秋水仙碱

秋水仙碱是不含杂环的生物碱，主要存在于鲜黄花菜等植物中，为黄花菜致毒的主要化学物质。秋水仙碱为灰黄色针状结晶体，易溶于水，对热稳定，煮沸10～15min可充分破坏。秋水仙碱本身并无毒性，但当它进入人体并在组织中被氧化后，迅速生成毒性较大的二秋水仙碱，这是一种剧毒物质，对人体胃肠道、泌尿系统具有毒性并产生强烈的刺激作用。成年人一次摄入0.1～0.2mg秋水仙碱可引起中毒，摄入3～20mg可致死。采用未经处理的鲜黄花菜煮汤或大锅炒食，食后可引起中毒。食用鲜黄花菜时一定要用开水焯，浸泡后，再经充分烹饪，以防中毒。食用干黄花菜较安全。

3.甜菜碱

甜菜碱广泛分布于动物、植物、微生物中。植物是外源性甜菜碱的主要来源，如麦麸、麦胚、菠菜、甜菜等都富含这种生物碱，谷物含量较少，在大多数植物体和海生无脊椎动物以及微生物体内含量较高。甜菜及一些中草药（如地骨皮、枸杞子、黄芪、连翘等）含有较多的甜菜碱。甜菜是甜菜碱含量最高的植物之一，甜菜的糖蜜是甜菜碱的主要来源。甜菜碱分子式为$C_5H_{11}NO_2$，相对分子质量117.15，化学名称为三甲铵乙内酯或三甲基甘氨酸，分子结构比较简单，与氨基酸、甲硫氨酸、胆碱化学结构比较相似，都属于季胺碱类物质。甜菜碱无强吸湿性，无毒，物化性质稳定，耐高温（200℃），熔点为293℃，广泛分布于自然界，易溶于水、乙醇和甲醛，微溶于乙醚。甜菜碱具有良好的理化性状和较好的稳定性及抗氧化能力，耐高温及酸碱；常温下吸湿呈鳞状白色结晶，味甜，具有多种生物学功能。

检测方法归纳起来有化学法、电解法、裂解法、离子交换树脂法、离子排斥提取法、色谱分离法、置换碱金属法等，这里主要介绍两种方法。

一是化学法。将300g甜菜制糖后的母液加热到50℃，在搅拌下加入80g的$CaCl_2$，趁热过滤，在滤液中加入盐酸，在20℃～30℃结晶、分离、干燥，得到纯度为98.8%的甜菜碱粗品。

二是离子交换树脂法。分阳离子和阴离子交换树脂两种，用甜菜制糖后的废液通过强酸性阳离子交换树脂的两个层析柱，然后用NH_4OH处理，制得甜菜碱盐酸盐；阴离子交换树脂法以甜菜碱盐酸盐为原料制备得到甜菜碱，用强碱型阴离子交换去掉Cl^-，通过阴离子交换柱得到甜菜碱的水合物，然后减压浓缩到适当浓度，放冷、析出结晶、过滤、干燥，得到甜菜碱结晶。运用该方法所制备得到的甜菜碱纯度高，且具有操作简便、成本低等优点。

4.烟草碱

烟草碱简称烟碱，是一类生物碱，是衡量烟草品质的重要因素。在烟草中烟碱约占全部生物碱的95%以上。在烟草中，大部分烟碱与柠檬酸或苹果酸结合为盐类而存在于植物体中，以质子态的形式存在，而非质子化的游离态烟碱含量较少，随烟草碱性的增强，非质子化的游离态烟碱含量增加。烟碱又名尼古丁，化学名称为1–甲基–2–（3–吡啶基）吡咯烷，也称四氢吡咯，分子式为$C_{10}H_{14}N_2$，其分子量162.28，沸点246.1℃。由于N–甲基四氢吡咯在吡咯环上的位置不同，可产生一系列的异构体，即α–烟碱、β–烟碱、γ–烟碱。在烟草体内主要为β–烟碱，通常所说的烟碱也是指β–烟碱。

目前对于烟碱提取方法主要有三种：离子交换法、蒸馏法和萃取法。虽然这三种方法都有着不同的优点和缺点，但是随着科技的进步，提取烟碱的方法也向高效、节能等方向改变，但大体上还是属于这三种方法。烟碱可与甲基橙、铬蓝黑、嗅甲酚绿等显色剂反应生成难溶于水的显色络合物，因此可采用络合萃取—分光光度法测定烟碱的含量。

5.罂粟碱

罂粟碱，化学名为1–（3，4–二甲氧基苄基）–6，7–二甲氧基异喹啉，分子式为$C_{20}H_{21}NO_4$。吗啡，化学名为17–甲基–3–羟基4，5A–环氧–7，8–二脱氢吗啡喃–6A–醇，分子式$C_{17}H_{19}NO_3$；可待因，化学名为17–甲基–3–甲氧基–4，5A–环氧–7，8–二去氢吗啡喃-6A-醇，分子式$C_{18}H_{21}NO_3$，这3种化合物在罂粟果壳中含量较高，比较有代表性。罂粟碱为罂粟科植物，在罂粟果壳中含量较高。吸食罂粟果壳及制品可造成吸食者在心理、生理上产生很强的依赖性（成瘾）。近年来，一些不法商贩为招揽生意，在卤制品、火锅底料、烧烤调味料等食品中掺用罂粟果壳，使人吃几次后上瘾，极大地危害人民群众的身体健康。

（四）有毒蛋白或复合蛋白

异体蛋白质注入人体组织可引起过敏反应，某些蛋白质经食品摄入亦可产生各种毒性反应。植物中的胰蛋白酶抑制剂、红血球凝集素、蓖麻毒素、巴豆毒素、刺槐毒素、硒蛋白等均属于有毒蛋白或复合蛋白，处理不当会对人体造成危害。

1.外源凝集素

外源凝集素又称植物红细胞凝集素，是植物合成的一类对红细胞有凝聚作用的糖蛋白。外源凝集素广泛存在于800多种植物（主要是豆科植物）的种子和荚果中，其中有许多种是人类重要的食物原料，如大豆、菜豆、刀豆、豌豆、小扁豆、蚕豆和花生等。

外源凝集素80℃温度下数小时不能使之失活，但100℃温度下1小时可破坏其活性。因此，扁豆等豆类中毒常见于加热不彻底（如开水漂烫后做凉拌菜、冷面料等），而炖食一般不会发生中毒现象。当外源凝集素结合人肠道上皮细胞的碳水化合物时，可造成消化道对营养成分吸收能力的下降，从而造成动物营养素缺乏和生长迟缓。外源凝集素还具有凝聚和溶解红细胞的作用。儿童对大豆血球凝集素较敏感，潜伏期为几十分钟至十几小时。

2.消化酶抑制剂

许多植物的种子和荚果中存在动物消化酶的抑制剂，如胰蛋白酶抑制剂、胰凝乳蛋白酶抑制剂和α-淀粉酶抑制剂。这类物质实质上是植物为繁衍后代，防止动物啃食的防御性物质。豆类和谷类是含有消化酶抑制剂最多的食物，其他如马铃薯、茄子、洋葱等也含有此类物质。豆类中的胰蛋白酶抑制剂和α-淀粉酶抑制剂是营养限制因子，可造成其明显的生长迟缓或停滞。在饮食中含有大量导致胰腺过度分泌的蛋白质，会造成氨基酸的缺乏并伴随生长抑制。其中最常见的是胰蛋白酶抑制剂，它存在于未煮熟透的大豆及其豆乳中，具有抑制胰脏分泌的胰蛋白酶的活性，摄入后影响人体对大豆蛋白质的消化吸收，导致胰脏肿大，抑制生长发育。胰蛋白酶抑制剂对热稳定性较高。在80℃加热温度下仍残存80%以上的活性，延长保温时间，并不能降低其活性。采用100℃处理20min或120℃处理3min的方法，可使胰蛋白酶抑制剂丧失90%的活性。如此热处理失活条件，在大豆食品加工中是完全可以达到的。故食物中大豆胰蛋白酶抑制剂的活性应通过加工工序降低。

二、重金属的检测

重金属污染主要来源于工业的“三废”（废水、废气、固体废弃物）。对人体有害的重金属主要有汞、镉、砷、铅、铬以及有机毒物，这些有害的重金属大多是由矿山开采、工厂加工生产过程，通过废气、残渣等污染土壤、空气和水。土壤、空气中的重金属由作物吸收直接蓄积在作物体内；用被污染的水灌溉农田，也使土壤中的金属含量增多。环境中的重金属通过各种渠道都可对食品造成严重污染，进入人体后可在人体中蓄积，引起人体的急性或慢性中毒。

（一）各种重金属对食品的污染及危害

1.铅的污染

（1）污染途径

铅在自然环境中分布很广，通过排放的工业“三废”使环境中铅含量进一步增加。植物通过根部吸收土壤中呈溶解状态的铅，农作物含铅量与生长期及部位有关，一般生长期长的高于生长期短的，根部含量高于茎叶和籽实。在食品加工过程中，铅可以通过生产用水、容器、设备、包装等途径进入食品。

（2）对人体的危害

食用被铅化物污染的食品，可引起神经系统、造血器官和肾脏等明显的病变。患者可查出点彩红细胞和牙龈的铅线。常见的症状有食欲不振、胃肠炎、口腔金属味、失眠、头痛、头晕、肌肉关节酸痛、腹痛、腹泻或便秘、贫血等。

我国国家标准规定各类食品中铅最大允许含量为（以铅计）：冷饮食品、蒸馏酒、调味品、罐头、火糖、豆制品等为1mg/kg；发酵酒、汽酒、麦乳精、焙烤食品、乳粉、炼乳等为0.5mg/kg；松花蛋3mg/kg；色拉油0.1mg/kg。

2.汞的污染

（1）污染途径

未经净化处理的工业“三废”排放后造成河川海域等水体和土壤的汞污染。水中的汞多吸附在悬浮的固体微粒上而沉降于水底，使底泥中含汞量比水中高7～25倍，且可转化为甲基汞。环境中的汞通过食物链的富集作用导致在食品中大量残留。

（2）对人体的危害

甲基汞进入人体后分布较广。对人体的影响取决于摄入量的多少。长期食用被汞污染的食品，可引起慢性汞中毒的一系列不可逆的神经系统中毒症状，也能在肝、肾等脏器蓄积并透过人脑屏障在脑组织内蓄积。还可通过胎盘侵入胎儿体内，使胎儿发生中毒。严重的造成妇女不孕症、流产、死产或使初生婴儿患先天性水俣病，表现为发育不良、智力减退，甚至发生脑麻痹而死亡。

我国国家标准规定各类食品中汞含量（以汞计）不得超过以下标准：粮食0.02mg/kg，薯类、果蔬、牛奶0.01mg/kg，鱼和其他水产品0.3mg/kg（甲基汞为0.2mg/kg），肉、蛋（去壳）、油0.05mg/kg，肉罐头0.1mg/kg。

3.镉的污染

（1）污染途径

镉也是通过工业“三废”进入环境，例如，丢弃在环境中的废电池已成为重要的污染源。土壤中的溶解态镉能直接被植物吸收，不同作物对镉的吸收能力不同，一般蔬菜含镉量比谷物籽粒高，且叶菜根菜类高于瓜果类蔬菜。水生生物能从水中富集镉，其体内浓度可比水体含镉量高4500倍左右。

（2）对人体的危害

镉也可以在人体内蓄积，长期摄入含镉量较高的食品，可患严重的“痛痛病”（亦称骨痛痛）。症状以疼痛为主，初期腰背疼痛，以后逐渐扩至全身，疼痛性质为刺痛，安静时缓解，活动时加剧。镉对体内Zn、Fe、Mn、Se、Ca的代谢有影响，这些无机元素的缺乏及不足可增加镉的吸收及加强镉的毒性。

我国国家标准规定各类食品中镉含量（以镉计）不得超过以下标准：大米0.2mg/kg，面粉和薯类0.1mg/kg，杂粮0.05mg/kg，水果0.03mg/kg，蔬菜0.05mg/kg，肉和鱼0.1mg/kg，蛋0.05mg/kg。

4.砷的污染

（1）污染途径

砷在自然界广泛存在，砷的化合物种类很多，但As_2O_3是剧毒物质。在天然食品中含有微量的砷。化工冶炼、焦化、染料和砷矿开采后的废水、废气、废渣中的含砷物质污染水源、土壤等环境后再间接污染食品。用含砷废水灌溉农田，砷可在植株各部分残留，其残留量与废水中砷浓度成正比。农业上由于广泛使用含砷农药，导致农作物直接吸收和通过土壤吸收的砷大大增加。

（2）对人体的危害

由于砷污染食品，或者受砷废水污染的饮水而引起的急性中毒，主要表现为胃肠炎症状、中枢神经系统麻痹、四肢疼痛、意识丧失而死亡。慢性中毒表现为植物性神经衰弱症、皮肤色素沉着、过度角化、多发性神经炎、肢体血管痉挛、坏疽等症状。

我国国家标准规定各类食品中砷最大允许含量标准为（以砷计）：粮食0.7mg/kg，果蔬、肉、蛋、淡水鱼、发酵酒、调味品、冷饮食品、豆制品、酱腌菜、焙烤制品、茶叶、糖果、罐头、皮蛋等均为0.5mg/kg，植物油0.1mg/kg，色拉油0.2mg/kg。

5.氟的污染

（1）污染途径

氟以各种化学形态分布于土壤、水及空气中，几乎所有的动植物体内都含有氟。氟化物污染以大气污染最为严重，土壤中主要是无机氟，高氟地区的地下水中含有较高浓度的氟，金属工业生产所排出的“三废”是氟污染的主要来源。尽管在空气中无机氟和有机氟的浓度均很低，但前者使许多动植物遭受明显损害，后者通过影响气象和大气化学而危害生物体。氟具有在生物体内蓄积的特点，进入大气和水体的氟化物，可被人体直接吸收，也可被农作物、牧草、水生生物吸收，通过食物链给人体造成危害。资料表明，所有食品中均含有微量的无机氟，茶叶是含氟最高的食品。在一些高寒山区，气候寒冷潮湿，粮食含水量高，终年用高氟高硫的低质煤烘烤粮食和取暖，造成了食品的直接和间接污染。

（2）对人体的危害

氟气具有刺激性气味，强烈刺激眼、鼻、气管等黏膜，吸入较多蒸气会严重中毒，甚至会造成死亡。氟对人体健康具有双重性，作为人体必需的微量元素，在微量水平时具有预防龋齿的作用；但长期吸入或摄入被氟污染的大气、水和食物，可使氟在体内蓄积，对人体骨骼、肾脏、甲状腺和神经系统造成损害。氟中毒常以氟斑牙、氟骨症及甲状腺肿瘤等症状出现。氟斑牙是较轻症状，即牙齿的牙釉质被破坏，牙齿表面失去光泽并产生灰色斑点。轻度氟骨症仅腰腿疼痛，严重者脊柱前弯畸形、僵直、肢体活动严重受限等，神经根受压迫时，则可发生麻木甚至瘫痪。

我国国家标准规定各类食品中氟最大允许含量标准为（以氟计）：大米、面粉、豆类、蔬菜、蛋类均为1.0 mg/kg，水果0.5 mg/kg，肉类、鱼类2.0 mg/kg，其他1.5 mg/kg。

6.重金属污染的控制措施

健全法律法规，消除污染源，防止环境污染。建立健全工业“三废”的管理制度。废水、废气、废渣必须按规定处理后达标排放。采用新技术，控制“三废”污染物的产生。对于生活垃圾要进行分类回收，集中进行无害化处理。只有消除污染源，才能有效控制有害重金属的来源，将其对食品安全的影响降至最低。

加强化肥、农药的管理。化肥特别是磷、钾、硼肥以矿物为原料，其中含有某些有害元素，如磷矿石中，除含五氧化二磷，还含有砷、铬、铜、钯、氟等。垃圾、污泥、污水用作肥料施入土壤中，也含某些重金属。要合理安全使用化肥和含重金属的农药，减少残留和污染，并制定和完善农药残留限量的标准。

对农业生态环境进行检测和治理，禁止使用重金属污染的水灌溉农田。制定各类食品中有毒有害金属的最高允许限量标准，并加强经常性的监督检测工作。妥善保管有毒有害金属及其化合物，防止误食误用以及人为污染食品。

（二）铅的检测

食品中铅的测定有石墨炉原子吸收光谱法、氢化物—原子荧光光谱法、火焰原子吸收光谱法、二硫腙比色法四种国家标准方法。以下主要对石墨炉原子吸收光谱法、二硫腙比色法进行详细阐述。

1.石墨炉原子吸收光谱法

（1）原理

样品经消化处理后，导入原子吸收分光光度计的石墨炉经原子化，吸收波长283.3 nm的共振线，其吸收量与铅含量成正比，与标准系列比较定量分析。

（2）试剂

①高氯酸—硝酸消化液：高氯酸+硝酸为1：4（体积比）。

②0.5mol/L HNO_3：量取32mL硝酸，加入适量的水中，用水稀释并定容至1000mL。

③20g/L磷酸铵：称取2.0g磷酸铵，用水溶解并定容至100mL。

④硝酸（1：1）：取50mL硝酸慢慢加入50mL水中。

⑤铅标准储备液：精确称取1.000g金属铅（纯度约99.99%）或1.598g的硝酸铅（优级纯），加适量（不超过37mL）硝酸（1：1）使之溶解，移入1000mL容量瓶中，用0.5mol/L HNO_3定容。此溶液每毫升相当于1.0mg的铅。

⑥100μg/mL铅标准使用液：吸取铅标准储备液10.0mL置于100mL的容量瓶中，用0.5mol/L HNO_3溶液稀释至刻度，该溶液每毫升相当于100μg的铅。

（3）主要仪器

原子吸收分光光度计、带石墨炉自动进样系统。

（4）操作方法

①样品处理。

a.样品湿法消化（固体样品）。精确称取均匀样品2.00～5.00g于150mL的三角烧瓶中，放入几粒玻璃珠，加入混合酸10mL。盖一玻璃片，放置过夜。次日于电热板上逐渐升温加热，溶液变成棕红色，应注意防止炭化。如发现消化液颜色变深，再滴加浓硝酸，继续加热消化至冒白色烟雾，取下放冷后，加入约10mL水继续加热至冒白烟。放冷后用去离子水洗至25mL的刻度试管中，用少量水多次洗涤三角瓶，洗涤液并入刻度试管，定容，混匀。

取与消化样品相同量的混合液、硝酸、水，按同样方法做试剂空白试验溶液。

b.样品干法灰化。称取制备好的均匀样品2.00～5.00g置于坩埚中，在电炉上小火炭化至无烟后移入马弗炉中，500℃灰化6～8h后取出，放冷后再加入少量混合酸，小火加热至无炭粒，待坩埚稍凉，加0.5mol/L HNO_3，溶解残渣并移入10～25mL的容量瓶中，再用

0.5 mol/L HNO_3反复洗涤坩埚，洗液并入容量瓶中，并稀释至刻度，混匀备用。取与消化样品相同量的混合酸和硝酸，按同样方法做试剂空白试验溶液。

②系列标准溶液的制备。将铅标准使用液用0.5mol/L HNO_3溶液稀释至1μg/mL，准确吸取1μg/mL的铅标准溶液0.00mL、0.50mL、1.00mL、2.00mL、3.00mL、4.00mL分别置于50mL的容量瓶中，加入0.5mol/L HNO_3至刻度，混匀备用。

③仪器参考条件的选择。测定波长283.3 nm；灯电流5～7 mA；狭缝0.7 nm；干燥温度120℃，20s；灰化温度450℃，20s；原子化温度1900℃，4s；背景校正为氘灯或塞曼效应。其他仪器条件均按仪器说明调至最佳状态。

④标准曲线的绘制。将铅系列标准溶液分别置入石墨炉自动进样器的样品盘上，进样量为10μL，以磷酸二氢铵为基体改进剂，进样量为5μL，注入石墨炉进行原子化，测出吸光度。以标准溶液中铅的含量为横坐标，对应的吸光度为纵坐标，绘制出标准曲线。

⑤样品测定。将样品处理液、试剂空白液分别置入石墨炉自动进样器的样品盘上，进样量为10μL，以20g/L磷酸铵为基体改进剂，进样量小于5μL，注入石墨炉进行原子化，结果与标准曲线比较定量分析。

2.二硫腙比色法

（1）原理

样品经消化后，当pH值为8.5～9.0时，铅离子与二硫腙生成红色络合物，溶于三氯甲烷。加入柠檬酸铵、氰化钾和盐酸羟胺等，防止铁、铜、锌等离子干扰，与标准系列比较定量分析。

（2）试剂

a.氨水（1∶1）。

b.盐酸（1∶1）：量取100mL盐酸，加入100mL水中。

c.1g/L酚红指示液：称取0.10g酚红，用少量多次乙醇溶解后移入100mL容量瓶中并定容至刻度。

d.200g/L盐酸羟胺溶液：称取20.0g盐酸羟胺，加水溶解至50mL，加2滴酚红指示液，加氨水（1∶1），调pH值至8.5～9.0（由黄变红，再多加2滴），用二硫腙-三氯甲烷溶液提取至三氯甲烷层绿色不变，再用三氯甲烷洗两次，弃去三氯甲烷层，水层加盐酸（1∶1）呈酸性，加水至100mL。

e.200g/L柠檬酸铵溶液：称取50g柠檬酸铵溶于100mL水中，加2滴酚红指示剂，加氨水（1∶1），调pH值至8.5～9.0，用二硫腙-三氯甲烷溶液提取数次，每次10～20mL，至三氯甲烷层绿色不变，弃去三氯甲烷层，再用三氯甲烷洗两次，每次5mL，弃去三氯甲烷层，加水稀释至250mL。

f.100g/L氰化钾溶液：称取10.0g氰化钾，用水溶解后稀释至100mL。

g.淀粉指示剂：称取0.5g可溶性淀粉，加5mL水搅匀后，慢慢倒入100mL沸水中，随倒随搅拌，煮沸，放冷备用。

h.硝酸（1：99）：量取1mL硝酸，加入99mL水中。

i.0.5g/L二硫腙–三氯甲烷溶液：称取0.5g研细的二硫腙溶于50mL三氯甲烷中，如不全溶，可用滤纸过滤于250mL分液漏斗中，用氨水（1：1）提取三次，每次100mL，将提取液用棉花过滤至500mL分液漏斗中，用盐酸（1：1）调至酸性，将沉淀出的二硫腙用三氯甲烷提取2～3次，每次20mL，合并三氯甲烷层，用等量水洗涤两次，弃去洗涤液，在50℃水浴上蒸去三氯甲烷。精制的二硫腙置硫酸干燥器中，干燥备用。或将沉淀出的二硫腙用200mL、200mL、100mL三氯甲烷提取三次，合并三氯甲烷层为二硫腙溶液。

j.二硫腙使用液：吸取1.0mL二硫腙溶液，加三氯甲烷至10mL混匀。用1 cm比色杯，以三氯甲烷调节零点，在波长510 nm处测吸光度（A），用下式算出配制100mL二硫腙使用液（70%透光率）所需二硫腙溶液的体积（V）。

k.硝酸–硫酸混合液（4：1）。

l.铅标准溶液：精密称取0.1598g硝酸铅，加10mL硝酸（1：99），全部溶解后移入100mL容量瓶中，加水稀释至刻度。此溶液每毫升相当于1.0 mg铅。

m.铅标准使用液：吸取1.0mL铅标准溶液，置于100mL容量瓶中，加水稀释至刻度。此溶液每毫升相当于10.0μg铅。

（3）主要仪器

分光光度计。

（4）操作方法

①样品处理。

a.样品的湿法消化。

粮食、粉丝、粉条、豆干制品、糕点、茶叶等及其他含水分少的固体食品称取5.00g或10.00g的粉碎样品，置于250～500mL定氮瓶中，先加水少许使湿润，加数粒玻璃珠、10～15mL硝酸，放置片刻，小火缓缓加热，待作用缓和，放冷。沿瓶壁加入5mL或10mL硫酸，再加热，至瓶中液体开始变成棕色时，不断沿瓶壁滴加硝酸至有机质分解完全。加大火力，至产生白烟，待瓶口白烟冒净后，瓶内液体再产生白烟为消化完全，该溶液应澄清无色或微带黄色，放冷。加20mL水煮沸，除去残余的硝酸至产生白烟，如此处理两次，放冷。将冷后的溶液移入50mL或100mL容量瓶中，用水洗涤定氮瓶，洗液并入容量瓶中，放冷，加水至刻度，混匀。定容后的溶液每10mL相当于1.0g样品，相当于加入硫酸1mL。取与消化样品相同量的硝酸和硫酸，按同样方法做试剂空白试验。

蔬菜、水果。称取25.00g或50.00g洗净打成匀浆的样品，置于250～500mL定氮瓶中，加数粒玻璃珠、10～15mL硝酸，以下按固体食品样品处理中从“放置片刻”起依法操作，但定容后的溶液每10mL相当于5g样品，相当于加入硫酸1mL。

酱、酱油、醋、冷饮、豆腐、腐乳、酱腌菜等。称取10.00g或20.00g样品（或吸取10.0mL或20.0mL液体样品），置于250～500mL定氮瓶中，加数粒玻璃珠、5～15mL硝酸。以下按固体食品样品处理中从"放置片刻"起依法操作，但定容后的溶液每10mL相当于2g或2mL样品。

含乙醇饮料或含二氧化碳饮料。吸取10.00mL或20.00mL样品，置于250～500mL定氮瓶中，加数粒玻璃珠，先用小火加热除去乙醇或二氧化碳，再加5～10mL硝酸，混匀后，以下按固体食品样品处理中从"放置片刻"起依法操作，但定容后的溶液每10mL相当于2mL样品。

吸取5～10mL水代替样品，加与消化样品相同量的硝酸和硫酸，按相同方法做试剂空白试验。

含糖量高的食品。称取5.00g或10.00g样品，置于250～500mL定氮瓶中，先加少许水使湿润，加数粒玻璃珠。加10mL硝酸—高氯酸混合后，摇匀。缓缓加入5mL或10mL硫酸，待作用缓和停止起泡沫后，先用小火缓缓加热（糖分易炭化）。不断沿瓶壁补加硝酸—高氯酸混合液，待泡沫全部消失后，再加大火力，至有机质分解完全，冒出白烟，溶液应澄明无色或微带黄色，放冷。以下按固体食品样品处理中自"加20mL水煮沸"起依法操作。

b.样品的干法灰化。

粮食及其他含水分少的食品。称取5.00g样品置于石英或瓷坩埚中，加热至炭化，然后移入马弗炉中，500℃灰化3h，放冷，取出坩埚，加硝酸（1∶1），润湿灰分，用小火蒸干，在500℃灼烧lh，放冷，取出坩埚。加1mL硝酸（1∶1），加热，使灰分溶解，移入50mL容量瓶中，用水洗涤坩埚，洗液并入容量瓶中，加水至刻度，混匀备用。

含水分多的食品或液体样品。称取5.0g或吸取5.00mL样品置于蒸发皿中，先在水浴上蒸干，再按"粮食及其他含水分少的食品"样品灰化中从"加热至炭化"起依法操作。

②系列标准溶液的制备。吸取0.0mL、0.1mL、0.2mL、0.3mL、0.4mL、0.5mL铅标准使用液（相当于0μg、1μg、2μg、3μg、4μg、5μg铅），分别置于125mL分液漏斗中，各加1mL硝酸（1∶9）至20mL。

③仪器参考条件的选择。测定波长510 nm。其他条件均按仪器说明调至最佳状态。

④标准曲线的绘制。在铅系列标准液中各加2mL 200g/L柠檬酸铵溶液、1mL 200g/L盐酸羟胺溶液和2滴酚红指示剂，用氨水（1∶1）调至红色，再各加2mL 100g/L氰化钾溶液，混匀。各加5.0mL二硫腙使用液，剧烈振摇1 min，静置分层后，三氯甲烷层经脱脂棉滤入1 cm比色杯中，以三氯甲烷调节零点，在波长510 nm处测吸光度，各点吸光度减去零管吸光度后绘制标准曲线。

⑤样品测定。吸取消化后的定容溶液和同量的试剂空白液各10.0mL，分别置于125mL分液漏斗中，各加水至20mL。

在样品消化液和试剂空白液中各加2mL 20g/L柠檬酸铵溶液、1mL 200g/L盐酸羟胺溶液和2滴酚红指示剂，用氨水（1：1）调至红色，再各加2mL 100g/L氰化钾溶液，混匀。各加5.0mL二硫腙使用液，剧烈振摇1 min，静置分层后，三氯甲烷层经脱脂棉滤入1 cm比色杯中，以三氯甲烷调节零点于波长510 nm处测吸光度，样品与标准曲线比较定量分析。

（三）汞的测定

食品中汞的测定方法有原子荧光光谱法、冷原子吸收光谱法、二硫腙比色法等三种国家标准，以下主要对原子荧光光谱法做详细阐述。

1.原理

样品经酸加热消解后，在酸性介质中，样品中汞被硼氢化钾或硼氢化钠还原成原子态汞，由载气（氩气）载入原子化器中，在汞空心阴极灯照射下，基态汞原子被激发至高能态，在去活化回到基态时，发射出特征波长的荧光，其荧光强度与汞的含量成正比，与标准系列比较定量分析。

2.试剂

（1）30%过氧化氢。

（2）硫酸—硝酸—水混合酸（1：1：8）：量取10mL硝酸和10mL硫酸，缓缓倒入80mL水中，冷却后小心混匀。

（3）硝酸溶液（1：9）：量取50mL硝酸，缓缓倒入450mL水中，混匀。

（4）5g/L氢氧化钾溶液：称取5.0g氢氧化钾，溶于水中，稀释至1000mL，混匀。

（5）5g/L硼氢化钾溶液：称取5.0g硼氢化钾，溶于5g/L的氢氧化钾溶液中，并稀释至1000mL，混匀，现用现配。

（6）汞标准储备溶液：精密称取0.1354g干燥过的二氯化汞，加硫酸—硝酸—水混合酸（1：1：8）溶解后移入100mL容量瓶中，并稀释至刻度，混匀，此溶液每毫升相当于1 mg汞。

（7）汞标准使用溶液：用移液管吸取汞标准储备液1mL于100mL容量瓶中，用硝酸溶液（1：9）稀释至刻度，混匀，此溶液浓度为10μg/mL。再分别吸取10μg/mL汞标准溶液1mL和5mL于两个100mL容量瓶中，用硝酸溶液（1：9）稀释至刻度，混匀，溶液浓度分别为100ng/mL和500ng/mL，分别用于测定低浓度样品和高浓度样品，制作标准曲线。

3.主要仪器

原子荧光光度计。

4.操作方法

（1）样品处理

①高压消解法。

第一，粮食及豆类等干样。称取经粉碎混匀过40目筛的干样0.2～1.0g，置于聚四氟乙烯塑料内罐中，加5mL硝酸，混匀后放置过夜，再加7mL过氧化氢，盖上内盖放入不锈钢外套中，旋紧密封。然后将消解器放入普通干燥箱中加热，升温至120℃后保持恒温2～3h至消解完全，自然冷却至室温，将消解液用硝酸溶液（1：9）定量转移并定容至25mL。

取与样品消化相同量的硝酸、过氧化氢、硝酸溶液（1：9）的试剂，按同样方法做试剂空白试验。

第二，蔬菜等水分含量高的样品。样品用捣碎机打成匀浆，称取匀浆1.0～5.0g，置于聚四氟乙烯塑料内罐中，加盖留缝于65℃干燥箱中烘至近干，取出，以下按粮食及豆类等干样处理中从“加5mL硝酸”起依法操作。

②微波消解法。

称取0.10～0.50g样品于消解罐中，加入1～5mL硝酸、1～2mL过氧化氢，盖好安全阀后将消解罐放入微波炉消解系统中，根据不同的样品选择不同的消解条件进行消解，至消解完全，用硝酸溶液（1：9）定量转移并定容至25mL（含量低的定容至10mL），摇匀。

（2）系列标准溶液配制

①低浓度标准系列。

分别吸取100ng/mL汞标准使用液0.25mL、0.50mL、1.00mL、2.00mL、2.50mL于25mL容量瓶中，用硝酸溶液（1：9）稀释至刻度，混匀。各自相当于汞浓度1.00ng/mL、2.00ng/mL、4.00ng/mL、8.00ng/mL、10.00ng/mL。此标准系列适用于一般样品测定。

②高浓度标准系列。

分别吸取500ng/mL汞标准使用液0.25mL、0.50mL、1.00mL、1.50mL、2.00mL于25mL容量瓶中，用硝酸溶液（1：9）稀释至刻度，混匀。各自相当于汞浓度5.00ng/mL、10.00ng/mL、20.00ng/mL、30.00ng/mL、40.00ng/mL。此标准系列适用于鱼及含汞量偏高的样品测定。

（3）仪器参考条件的选择

光电倍增管负高压240 V；汞空心阴极灯电流30 mA；原子化器：温度300℃，高度8 mm；氮气流速，载气500mL/min，屏蔽气1000mL/min；测量方式标准曲线法；读数方式，峰面积；读数延迟时间1.0s；读数时间1.0s；硼氢化钾溶液加液时间8.0s；标准溶液或样品液加液体积2mL。

（4）样品测定

①浓度测定方式测定。在开机并设定好仪器条件后，将炉温逐渐升温至所需温度，预热并稳定10～20min后开始测定，连续用硝酸溶液（1∶9）进样，等读数稳定后开始系列标准溶液测定，绘制标准曲线。系列标准溶液测完后转入空白和样品，先用硝酸溶液（1∶9）仔细清洗进样器，使读数基本回零后，测定试剂空白液和样品液，每次测定不同的样品前都应清洗进样器，记录下测量数据。

②仪器自动计算结果方式测定。开机时设定条件和预热后，输入必要的参数，即样品量（g或mL）、稀释体积（mL）、进样体积（mL）、结果的浓度单位、系列标准溶液各点的重复测量次数、系列标准溶液的点数（不计零点）、各点的浓度值。首先将炉温逐渐升温至所需温度，预热稳定10～20min后开始测定，连续用硝酸溶液（1∶9）进样，等读数稳定后开始系列标准溶液测定，绘制标准曲线。在转入测定样品前，先进入空白值测量状态，先用样品空白消化液进样，让仪器取平均值作为扣除的空白值，随后即可依次测定样品。测定完毕后，选择打印测定结果。

（四）镉的测定

食品中镉的测定方法有石墨炉原子吸收光谱法、原子吸收光谱法、原子荧光法、比色法等四种国家标准。下面对原子吸收光谱法和比色法进行详细介绍。

1.原子吸收光谱法

（1）原理

样品经处理后，在酸性溶液中镉离子与碘离子形成络合物，并经4–甲基–2–戊酮萃取分离，导入原子吸收仪中，原子化以后，吸收228.8 nm共振线，其吸收量与镉含量成正比，与标准系列比较定量。

（2）试剂

4–甲基–2–戊酮（MIBK，又名甲基异丁酮）。

磷酸（1∶10）。

盐酸（1∶11）：量取10mL盐酸加到适量水中并稀释至120mL。

盐酸（5∶7）：量取50mL盐酸加到适量水中并稀释至120mL。

混合酸：硝酸与高氯酸按3∶1混合。

硫酸（1∶1）。

碘化钾溶液（250g/L）。

镉标准溶液：准确称取1.0000g金属镉（99.99%），溶于20mL盐酸（5∶7）中，加入2滴硝酸后，移入1000mL容量瓶中，以水稀释至刻度，混匀。贮于聚乙烯瓶中。此溶液每毫升相当于1.0 mg镉。

镉标准使用液：吸取10.0mL镉标准溶液，置于100mL容量瓶中，以盐酸（1：1）稀释至刻度，混匀，如此多次稀释至每毫升相当于0.20μg镉。

（3）主要仪器

原子吸收分光光度计。

（4）操作方法

①样品处理。

a.谷类。去除其中杂物及尘土，必要时除去外壳，磨碎，过40目筛，混匀。称取5.00～10.00g置于50mL瓷坩埚中，小火炭化至无烟后移入马弗炉中，500℃±25℃灰化约8h后，取出坩埚，放冷后再加入少量混合酸，小火加热，不使之干涸，必要时加少许混合酸，如此反复处理，直至残渣中无碳粒，待坩埚稍冷，加10mL盐酸（1：11），溶解残渣并移入50mL容量瓶中，再用盐酸（1：11）反复洗涤坩埚，洗液并入容量瓶中并稀释至刻度，混匀备用。

取与样品处理相同量的混合酸和盐酸（1：11）按同一操作方法做试剂空白试验。

b.蔬菜、瓜果及豆类。取可食部分洗净晾干，充分切碎或打碎混匀。称取10.00～20.00g置于瓷坩埚中，加1mL磷酸（1：10），小火炭化，以下按①从“至无烟后移入马弗炉中”起依法操作。

②萃取分离。吸取25mL（或全量）上述制备的样液及试剂空白液，分别置于125mL分液漏斗中，加10mL硫酸（1：1），再加10mL水，混匀。吸取0mL、0.25mL、0.50mL、1.50mL、2.50mL、3.50mL、5.00mL镉标准使用液（相当0μg、0.05μg、0.1μg、0.3μg、0.5μg、0.7μg、1.0μg镉），分别置于125mL分液漏斗中，各加盐酸（1：1）至25mL，再加10mL硫酸（1：1）及10mL水，混匀。于试样溶液、试剂空白液及镉标准溶液中各加10mL碘化钾溶液250g/L，混匀，静置5min，再各加10mL MTBK，振摇2 min，静置分层约0.5h，弃去下层水相，以少许脱脂棉塞入分液漏斗下颈部，将MIBK层经脱脂棉滤至10mL具塞试管中，备用。

③测定。将有机相导入火焰原子化器进行测定，测定参考条件：灯电流6～7 mA，波长228.8 nm，狭缝0.15～0.2 nm，空气流量5 L/min，氘灯背景校正（也可根据仪器型号，调至最佳条件），以镉含量对应浓度吸光度，绘制标准曲线或计算直线回归方程，试样吸收值与曲线比较或代入方程求出含量。

2.比色法

（1）原理

样品经消化后，在碱性溶液中镉离子与6-溴苯并噻唑偶氮萘酚形成红色络合物，溶于三氯甲烷，与标准系列比较定量。

（2）试剂

三氯甲烷。

二甲基甲酰胺。

混合酸：硝酸–高氯酸（3∶1）。

酒石酸钾钠溶液（400g/L）。

氢氧化钠溶液（200g/L）。

柠檬酸钠溶液（250g/L）。

镉试剂：称取38.4 mg 6–溴苯并噻唑偶氮萘酚，溶于50mL二甲基甲酰胺，贮于棕色瓶中。

镉标准溶液：精确称取1.000g金属镉（纯度约99.99%），转移到20mL盐酸（5∶7）中，滴加2滴硝酸，移入1000mL容量瓶中，用水定容。此溶液每毫升相当于1 mg的镉。

镉标准使用液：吸取镉标准储备液10.0mL置于100mL的容量瓶中，用盐酸（1∶11）溶液稀释定容，混匀。逐次稀释，使每毫升镉标准使用液相当于1μg镉。

（3）主要仪器

分光光度计。

（4）操作方法

①样品处理。称取5.00～10.00g试样置于150mL锥形瓶中，加入15～20mL混合酸（如在室温放置过夜，则次日易于消化），小火加热，待泡沫消失后，可慢慢加大火力，必要时再加少量硝酸，直至溶液澄清无色或微带黄色，冷却至室温。取与消化样品相同量的混合酸、硝酸铵同一操作方法做试剂空白试验。

②测定。将消化好的样液及试剂空白液用20mL水分数次洗入125mL分液漏斗中，以氢氧化钠溶液（200g/L）调节至pH值为7左右。吸取0.0mL、0.5mL、1.0mL、3.0mL、5.0mL、7.0mL、10.0mL镉标准使用液（相当0.0μg、0.50μg、1.0μg、3.0μg、5.0μg、7.0μg、10μg镉），分别置于125mL分液漏斗中，再各加水至20mL。用氢氧化钠溶液（200g/L）调节至pH值为7左右。

于样品消化液、试剂空白液及镉标准液中依次加入3mL柠檬酸钠溶液（250g/L）、4mL酒石酸钾钠溶液（400g/L）及1mL氢氧化钠溶液（200g/L），混匀。再各加5.0mL三氯甲烷及0.2mL镉试剂，立即振摇2 min，静置分层后，将三氯甲烷层经脱脂棉滤于试管中，以三氯甲烷调节零点，于1 cm比色杯在波长585 nm处测吸光度。各标准点减去空白管吸收值后绘制标准曲线。

（五）砷的测定

食品中砷的测定主要有银盐法、砷斑法和硼氢化物还原比色法，下面对银盐法和砷斑法进行介绍。

1.银盐法

（1）原理

样品经消化后，以碘化钾、氯化亚锡将高价砷还原为三价砷，然后与锌粒和酸产生的新生态氢生成砷化氢，经银盐溶液吸收后，形成红色胶态物，与标准系列比较定量。

（2）试剂（除特别注明外，所用试剂为分析纯，水为去离子水）

硝酸。

硫酸。

盐酸。

氧化镁。

无砷锌粒。

硝酸-高氯酸混合溶液（4：1）：量取80mL硝酸，加20mL高氯酸，混匀。

硝酸镁溶液（150g/L）：称取15g硝酸镁，溶于水中，并稀释至100mL。

碘化钾溶液（150g/L）：贮存于棕色瓶中；

酸性氯化亚锡溶液：称取40g氯化亚锡，加盐酸溶解并稀释至100mL，加入数颗金属锡粒。

盐酸（1：1）：量取50mL盐酸，加水稀释至100mL。

乙酸铅溶液（100g/L）。

乙酸铅棉花：用乙酸铅溶液（100g/L）浸透脱脂棉后，压除多余溶液并使疏松，在100℃以下干燥后，贮存于玻璃瓶中。

氢氧化钠溶液（200g/L）。

硫酸（6：94）：量取6.0mL硫酸，加于80mL水中，冷后再加水稀释至100mL。

二乙基二硫代氨基甲酸银—三乙醇胺—三氯甲烷溶液：称取0.25g二乙基二硫代氨基甲酸银，置于乳钵中，加少量三氯甲烷研磨，移入100mL量筒中，加入1.8mL三乙醇胺，再用三氯甲烷分次洗涤乳钵，洗液一并移入量筒中，再用三氯甲烷稀释至100mL，放置过夜。滤入棕色瓶中贮存。

砷标准溶液：准确称取0.1320g在硫酸干燥器中干燥过的或在100℃干燥2h的三氧化二砷，加5mL氢氧化钠溶液（200g/L），溶解后加25mL硫酸（6：94），移入1000mL容量瓶中，加新煮沸冷却的水稀释至刻度，贮存于棕色玻塞瓶中。此溶液每毫升相当于0.10 mg砷。

砷标准使用液：吸取1.0mL砷标准溶液，置于100mL容量瓶中，加1mL硫酸（6：94），加水稀释至刻度。此溶液每毫升相当于1.0μg砷。

（3）主要仪器

可见分光光度计。

（4）操作方法

①样品处理。

a.湿法消化。称取样品适量，置于250～500mL定氮瓶中，先加水少许使之湿润，加数粒玻璃珠、10～15mL硝酸（或硝酸-高氯酸混合液），放置片刻，小火缓缓加热，待作用缓和，放冷。沿瓶壁加入5mL或10mL硫酸，再加热，至瓶中液体开始变成棕色时，不断沿瓶壁滴加硝酸（或硝酸—高氯酸混合液）至有机质分解完全。加大火力至产生白烟，待瓶内液体再产生白烟为消化完全，该溶液应澄清无色或微带黄色，放冷。加20mL水煮沸，除去残余的硝酸至产生白烟，如此处理两次，放冷。定容到50mL或100mL。

b.干法消化。称取样品适量，置于坩埚中，加1g氧化镁及10mL硝酸镁溶液，混匀，浸泡4h。于低温或水浴上蒸干，用小火炭化至无色后移入马弗炉中加热至550℃，灼烧至完全灰化，冷却后取出。加5mL水湿润灰分，再缓缓加入盐酸（1：1），然后将溶液移入50mL容量瓶中，坩埚用盐酸（1：1）洗涤5次，洗液合并入容量瓶中，加盐酸（1：1）至刻度。同时做试剂空白试验。

②测定。吸取一定量的消化后的样品溶液和同样量的试剂空白液，分别置于150mL锥形瓶中，补加硫酸总量为5mL，加水至50～55mL。吸取砷标准使用液0.0mL、2.0mL、4.0mL、6.0mL、8.0mL、10.0mL，分别置于150mL锥形瓶中，加水至40mL，再加10mL硫酸（1：1）。在各锥形瓶中，各加3mL碘化钾溶液（150g/mL）、0.5mL酸性氯化亚锡溶液，混匀，静置15 min。各加3g锌粒，立即分别塞上装有乙酸铅棉花的导气管，并使管尖端插入盛有4mL银盐溶液的试管液面下，在常温下反应45 min后，取下试管，加三氯甲烷补足4mL。用1 cm比色杯，以零管调节零点，于波长520nm处测吸光度，绘制标准曲线。以样品吸光度从标准曲线查出砷的含量。

2.砷斑法

（1）原理

样品经消化后，以碘化钾、氯化亚锡将高价砷还原为三价砷，然后与锌粒和酸产生的新生态氢生成砷化氢，再与溴化汞试纸生成黄色至橙色的色斑，与标准砷斑比较定量。

（2）试剂

同银盐法试剂，除了二乙基二硫代氨基甲酸银-三乙醇胺-三氯甲烷溶液。溴化汞-乙醇溶液（50g/L）：称取25g溴化汞，用少量乙醇溶解后，再定容至500mL。

溴化汞试纸：将剪成直径2 cm的圆形滤纸片在溴化汞乙醇溶液（50g/L）中浸渍1h以上，保存于冰箱中，临用前取出置暗处阴干备用。

（3）主要仪器

①玻璃测砷管。全长18 cm，上粗下细，自管口向下至14 cm一段的内径为6.5mm，自此以下逐渐狭细，末端内径为1～3 mm，近末端1 cm处有一孔，直径2 mm，狭细部分紧密插入橡皮塞中，使下部伸出至小孔恰在橡皮塞下面。上部较粗部分装放乙酸铅棉花，长5～6 cm，上端至管口处至少3 cm，测砷管顶端为圆形扁平的管口上面磨平，下面两侧各有一钩，为固定玻璃帽用。

②玻璃帽。下面磨平，上面有弯月形凹槽，中央有圆孔，直径6.5 mm。使用时将玻璃帽盖在测砷管的管口，使圆孔互相吻合，中间夹一溴化汞试纸光面向下，用橡皮圈或其他适宜的方法将玻璃帽与测砷管固定。

（4）操作方法

①样品处理同银盐法。

②吸取一定量样品消化后定容的溶液（相当于2g粮食，4g蔬菜、水果，4mL冷饮，5g植物油，其他样品参照此量）及同量的试剂空白液分别置于测砷瓶中，加5mL碘化钾溶液（150g/L）、5滴酸性氯化亚锡溶液及5mL盐酸（样品如用硝酸-高氯酸-硫酸或硝酸-硫酸消化液，则要减去样品中硫酸毫升数；如用灰化法消化液，则要减去样品中盐酸毫升数），再加适量水至35mL（植物油不再加水）。

吸取0.0mL、0.5mL、1.0mL、2.0mL砷标准使用液（相当于0μg、0.5μg、1μg、2μg砷），分别置于测砷瓶中，各加5mL碘化钾溶液（150g/L）、5滴酸性氯化亚锡溶液及5mL盐酸，再加水至35mL（测定植物油时加水至60mL）。

于盛样品消化液、试剂空白液及砷标准溶液的测砷瓶中各加3g锌粒，立即塞上预先装有乙酸铅棉花及溴化汞试纸的测砷管，于25℃放置1h，取出样品及试剂空白的溴化汞试剂纸与标准砷斑比较。

第二节　转基因食品检测

一、转基因食品的核酸水平检测技术

转基因食品加工原料的生物体内含有导入的外源DNA，因此可以直接利用分子生物学技术“寻找”被导入的外源DNA序列。目前，根据核酸水平检测转基因食品主要有聚合酶链式反应（Polymerase Chain Reaction，PCR）技术、核酸杂交技术和基因芯片技术等。

（一）聚合酶链式反应

聚合酶链式反应（PCR）技术是美国科学家Muilis于1983年发明的一种在体外快速扩增特定基因或DNA序列的方法，又称为基因的体外扩增法。其基本原理是：根据已知的待扩增的DNA片段序列，人工合成与该DNA两条链末端互补的两段寡核苷酸引物，以dNTP（dATP、dTTP、dCTP和dGTP）4种脱氧核苷酸为底物，在聚合酶的作用下，经过高温变性、低温退火和适温延伸3步反应作一个周期，反复循环，在体外将待检测DNA片段迅速特异性扩增（一般基因经21～30个循环可扩增上百万倍）。PCR反应是目前检测食品中转基因成分最为成熟和广泛应用的方法，具有高灵敏性、高特异性和高效性等特点。根据检测目的可将PCR方法分为定性PCR法和定量PCR法。

1.定性PCR法

一般而言，为了使转入作物体内的外源基因能够发挥人们所期望的作用，在对生物体进行转基因的过程中除载入外源基因序列，还要构建启动子、终止子、选择标记基因和报告基因等通用元件。因此，根据所选择要扩增目标基因片段的位置差别，PCR检测策略主要有：通用元件筛选PCR检测（screen PCR）、基因特异性PCR检测（gene special PCR）、构建特异性的PCR检测（construct specific PCR）和转化特异性PCR检测（event special PCR）。

通用元件筛选PCR只针对通用启动子、终止子以及抗性基因等设计引物进行PCR。可用作目的基因转入其他物种的基因种类繁多，但据统计由于绝大部分转基因作物体内含有转录启动子CaMV35s、果实特异性表达启动子TFM7、转录终止子NOS和抗生素抗性基因NPTⅡ等基因元件，因此通过对35s启动子、果实特异性表达启动子TFM7、NOS终止子、NPTⅡ等基因的检测，可以获得几乎所有的转基因产品筛选检测结果，鉴定出食品中是否含有转基因成分。但这种筛选PCR的特异性低，因为不同转基因作物可用相同元件，所以需要采取进一步的鉴定才能达到定性效果。

基因特异性PCR检测的引物是根据转入的外源编码基因部分而设计的，具有针对外源基因序列的特异性，而构建特异性PCR检测的引物是根据外源基因与上述通用元件之间连接部分的序列而设计的，特异性相对较高、转化特异性PCR（又称品系特异性PCR）的引物是根据外源基因与载体基因组之间的连接部位序列而设计的，较前面几种PCR具有更高特异性，但需要了解目标转基因生物较完整的全基因组序列信息。定性PCR按扩增序列的多寡可分为标准PCR和多重PCR。

（1）标准PCR法

标准PCR即通过针对一段目标基因设计引物，将其加入含有dNTP和DNA聚合酶的反应体系中，以该段目标基因为模板在特定条件下进行高温变性、低温退火和适温延伸反应，实现对目标基因片段扩增的一般过程。

我国有关部门对部分转基因作物核酸水平的定性检测发布了相关样品制备与检测标准，如农业部发布的《转基因植物及其产品DNA提取和纯化》（农业部1485号公告4—2010）、《转基因植物及其产品检测大豆定性PCR方法》（NY/T675—2003）、国家质量监督检验检疫总局发布的《大豆中转基因成分定性PCR检测方法》（SN/T1195—2003）、《转基因成分检测玉米检测方法》（SN/T1196—2012）、《油菜籽中转基因成分定性PCR检测方法》（SN/T1197—2003）、《转基因成分检测马铃薯检测方法》（SN/T1198—2013）等，这些标准对有关转基因作物的PCR定性检测做了方法规范并给出明确判断标准。

标准PCR检测过程主要有以下几个环节：

①从转基因作物或食品中提取DNA。根据待测样品材料的不同，可以选用CTAB法、SDS法、Wizard法或试剂盒等不同的方法来提取样品中的DNA，对植物样品中DNA的提取一般选用CTAB法。CTAB法提取DNA的具体操作步骤为：

a.称取100mg匀碎的样品于1.5mL EP管中，加入500μLCTAB缓冲液涡旋混匀，然后65℃孵育1h（中间每隔10min上下混匀一次）。

b.冷却后，加入等体积的氯仿于EP管中，混匀30s后静置3min，以12000g离心15min直至液相分层。

c.取上清液，再次加入等体积的氯仿，混匀后静置3min，然后12000g离心5min。

d.取上清液（避开中间层，其中含有蛋白质，影响下游试验）于新EP管中，加入等体积异丙醇，-20℃或4℃沉淀1h，然后12000rpm离心15min，弃上清。

e.将0.5mL75%乙醇加入含有沉淀的EP管中，混匀后离心10min，弃上清，洗涤2～3次后，在通风橱中晾干沉淀物（DNA），再加入100μL65℃预热的ddH2O溶解沉淀的DNA。

②对待检样品中的靶标DNA设计引物。转基因食品检测的PCR扩增体系中，能否准确地检测到外源基因，引物的设计是非常关键的因素。引物设计可根据上述转基因食品PCR扩增策略选择目标基因序列来设计引物，只有高效而专一性强的引物才能用于样品中待检测模版DNA序列的精确检测。若选择筛选PCR来起始鉴定，由于转基因食品中转入序列含有35s启动子、NOS终止子、NPTⅡ等元件，所以这些序列可以作为转基因检测的靶标，可针对上述元件序列设计PCR扩增的特异性引物，然后通过PCR扩增筛选检测待检样品中转入的DNA序列。要得到特异性强的扩增产物，转基因作物PCR检测中引物的设计要遵循一般的引物设计原则：

a.引物设计的范围最好在模板cDNA的保守区内设计。

b.引物长度一般为15-30bp。引物长度过长会导致其延伸温度大于74℃，不利于

TaqDNA聚合酶进行反应。

c.引物GC含量在40%～60%。上下游引物的GC含量不能相差太大。

d.引物的退火温度Tm值在55℃～65℃最佳。

e.引物中四种碱基的分布最好是随机的，尤其3′端不应超过3个连续的G或C，引物自身及引物之间不应存在互补序列或有连续4个碱基的互补，否则引物自身会折叠成发夹结构（Hairpin）。这种二级结构会因空间位阻而影响引物与模板的复性结合。

f.引物3′端不能选择A，最好选择T。否则引物错配的引发效率会大大升高。

g.引物的5′端可以修饰，而3′端不可修饰。因为引物的延伸是从3′端开始的，不能进行任何修饰。引物5′端修饰包括：加酶切位点；标记生物素、荧光等；引入蛋白质结合DNA序列；引入启动子序列等。

h.引物5′端和中间ΔG值应该相对较高，而3′端ΔG值较低。ΔG值反映了双链结构内部碱基对的相对稳定性，ΔG值越大，则双链越稳定。而引物3′端的ΔG值过高，容易在错配位点形成双链结构并引发DNA聚合反应。

③PCR扩增待检样品中的靶标DNA。在PCR扩增管中对转基因样品进行PCR扩增反应。以已知的待扩增的DNA片段序列为模板，以dNTP4种脱氧核苷酸为底物，掺入人工合成的引物，在聚合酶的作用下，构建PCR扩增反应体系，在PCR仪中设置高温变性、低温退火和升温延伸反应程序，经过95℃高温变性解旋DNA模板双链，低温退火（退火温度由引物对确定）使两引物与模板单链对应片段互补结合，升温至约72℃适温延伸等3步反应作一个周期，使目的基因扩增一倍，反复循环，每次循环的产物都能成为下一个循环的模板。因此，PCR的产物量以指数方式增长，经过21～30个循环，可将目的片段扩增106倍。

④PCR产物的凝胶电泳鉴定。通过琼脂糖凝胶电泳分析，将PCR产物展现。一般根据DNA Marker分子质量确定扩增片段的分子质量，若扩增片段的分子质量与理论上推断的应该产生的片段分子质量相同，则基本上可以初步说明被检测对象基因组中含有外源基因，否则即为不含有外源基因片段的非转基因产品。准确判断转入序列是否为已知转基因序列，还需对扩增片段序列进行测序、比对。

⑤PCR产物的酶切鉴定。一般为了避免假阳性结果的出现，需要进一步对PCR产物回收后进行限制性酶切分析，以确保实验结果的准确性，阳性判断标准是扩增片段能否被相应酶酶切以及酶切片段长度是否与引物设计时构建的酶切目的片段的理论长度一致。

⑥结果判断。若满足下列条件，就能确定待检测的目标序列是转入的转基因序列。第一，PCR扩增的DNA片段长度与引物设计所控制的DNA理论长度一致；第二，测序结果显示PCR扩增产物序列与理论序列或阳性对照序列一致；第三，酶切片段序列与预期理论序列一致。标准PCR反应属于核酸变温循环扩增技术，一般需要经历高温变性、退火结合

和延伸3个温度梯度，昂贵的精密热循环仪器必不可少，这就给一线检验工作者检测造成了很大不便。等温扩增技术作为解决这一问题最直接的方案，已经取得了很大的应用突破。等温扩增是扩增反应保持反应温度不变的广义PCR技术。等温扩增最大的特点在于不需要温度变化，简易加热装置即可满足要求，在较短的反应时间内即可完成反应。目前等温扩增技术主要包括环介导等温扩增（loopmedi atedisother malamplification，LAMP）、链置换扩增（strand displacement amplification，SDA）、切口酶扩增（nicking endonuclease mediated amplification，NEMA）、依赖核酸序列的扩增技术（nucleic acid sequence based amplification，NASBA）、依赖解旋酶的等温扩增（helicase dependent amplification，HDA）等。其中环介导等温扩增技术在转基因检测中已经有很多应用，是一项已经成熟的技术手段，与标准PCR相比，其特异性提高、反应速度加快、样本处理简化、扩增可实现多重化，能满足现场检测的要求，该项技术正向着微型化、集成化、自动化方向发展。

（2）多重PCR法

目前，人们发现单纯通过检测CaMV35s、NOS和NPTⅡ等元件的PCR检测法可能会出现假阳性结果，原因是自然界中某些植物和土壤微生物体内也被发现含有CaMV35s和NOS基因元件，因此需要用其他方法进行进一步的确认。研究表明，利用该多重PCR反应体系，在一次PCR反应中可检测CaMV35s启动子、NPTⅡ基因、GUS基因、NOS启动子、NOS终止子、EPSPS基因和CpTI基因7种基因，能有效地检测如大豆和烟草中的转基因成分，检测低限达1个拷贝。多重PCR技术可以在同一反应试管中同时针对多个靶位点进行PCR检测，由于各对引物在扩增时存在一定的竞争性，从而可以降低假阳性出现的概率。

多重PCR经过单一的扩增即可同时获得多个所需的DNA序列，明显减少了检测反应次数，大大节省了时间和精力，但要获得高效率的多重PCR，则需整体考虑并需要多步尝试以优化反应条件，尤其在引物设计上对不同引物的退火温度不能差距太大。

2.定量PCR法

目前，许多国家为了让人们更多地了解转基因食品，保证转基因食品的安全性，要求对转基因食品强制实施标签制度。标签中不仅要求列出转基因成分，而且还要对转基因成分进行定量。近年来发展起来的用于定量检测食品中的转基因成分的PCR方法以竞争性定量PCR（QuantitatⅣecompedtⅣe PCR，QPCR）、实时荧光定量PCR（Real timePCR，RT PCR）和数字PCR（digitalPCR，dPCR）三大技术为主。

（1）竞争性定量PCR法

竞争性定量PCR是先构建与待检测基因相同扩增效率与特点的DNA片段，然后在同一反应体系中竞争相同的引物与底物，待PCR反应结束后进行琼脂糖凝胶电泳检测，以竞争模板的稀释度和电泳结果绘制标准曲线，最终依据标准曲线计算待测基因的含量。该方法需要构建理想的内标物，这是竞争性定量PCR法的难点也是关键点，反应体系中含有内标物，大大减小实验室间的检测误差。

（2）实时荧光定量PCR法

实时荧光定量PCR（RT PCR）是在常规PCR的基础上发展而来的新技术，也是定量检测食品中转基因成分最常用的方法。其基本原理是在PCR反应体系中添加荧光基团，利用荧光基团只与双链DNA结合的特点，定量标记新合成DNA双链，荧光基团的数量随着PCR扩增而不断增加，DNA拷贝数随反应循环数而呈指数增加，直至反应达到一个平台期。PCR反应过程中荧光信号的积累用相关的计算机软件记录，从而实时监测反应中每一循环扩增产物量的变化，计算每一个反应管中荧光信号达到设定Ct值（Cyclethreshold，Ct）所经历的循环数，然后根据Ct值与模板初始浓度在指数增长期呈现对应线性关系对食品中的转基因成分进行定量分析。

RT PCR所使用的标记物主要分为两类，一类是利用荧光染料来实时监控扩增产物的增加，如TSYBRgreen工检测法；另一类是利用与靶序列特异性结合的探针来指示扩增产物的增加，常用的方法有TaqMan探针法。SYBRgreen工染料成本最低，该染料可以与双链的DNA分子产生特异性的结合，荧光信号随着PCR反应的进行逐渐增大。这种方法具有成本低、灵敏度相对较高的优点。Taqman探针可以与目的片段特异性结合，探针5′端的荧光报告基团和3′端标记的荧光淬灭基团会被Taq扩增酶的外切活性切开从而产生荧光信号。目前Taqman荧光探针使用最为广泛，其特异性和高灵敏度都得到了充分验证，许多国家和行业标准中均使用Taqman探针法检测。

（3）数字PCR

数字PCR（dPCR）是一种分子生物学与统计学结合的检测方法。dPCR通过将样品进行大倍稀释，使得反应孔中的模板分子不超过一个。在传统PCR条件下扩增后，产生荧光信号的反应孔即代表样品的具体含量。如果样品浓度过高导致每孔中不止一个分子，根据泊松概率分布（Poisson distribution）也可计算出样品的浓度或者拷贝数。这种不依赖扩增曲线和标准曲线的定量方法已经在拷贝数变化分析、基因分型、单细胞基因表达等领域取得一定突破。目前dPCR技术更多地应用于医学诊断方面，已成为临床应用方面最具潜力的诊断技术之一。对于转基因检测来说，获得样品中外源基因的拷贝数是定量检测的关键。因为不需要标准物质，数字PCR能够真正实现样品的绝对定量。目前数字PCR主要包括芯片数字PCR（chip digital PCR，cdPCR）和微滴数字PCR（droplet digital PCR，ddPCR）。cdPCR由美国Fluidigm公司开发，通过将样品分散到数万个微孔中实现扩增反应。芯片法的最大优势在于通量极高，而且芯片结果可以直接通过探针反映的荧光信号计数，从而达到绝对定量的目的。ddPCR目前主要由美国BioRad公司开发，其基本原理是将扩增体系分散为无数个小液滴，这些液滴被油状液体包裹形成小油滴，小油滴在传统PCR扩增程序下完成扩增并检测探针荧光信号。这种方法较芯片法成本更低，而且液滴百万级数目足够保证实验的准确性，适合科研及检测工作者使用。两种dPCR虽然各有缺陷，在转基因检测的研究方面还处于起始阶段，但dPCR不依赖标准物质定量的显著特点能从原理上为核酸定量提供保证。

（二）核酸杂交技术法

核酸杂交技术是一种用于检测DNA或RNA分子的特定序列（靶序列）的分子生物学的标准技术，具体可以分为Southern杂交法和Northern杂交法。其检测基本原理为：将单链的DNA或RNA固定到固定相上，然后加入单链被标记过的探针DNA，一定条件下使探针分子与目标DAN分子碱基配对，再检测探针和目标DNA形成的杂合分子。

1. Southern杂交法

Southern杂交法的靶目标是DNA，是一种鉴定特异的DNA序列的杂交方法。其分析检测过程是先从待测样品中提取DNA，再经琼脂糖凝胶电泳分离后转移到硝酸纤维素或尼龙膜等固相支持物上，然后用标记的特异性探针与结合在膜上的转基因成分进行杂交反应，最后通过放射白显影或化学反应等方法来判断待测样品中是否含有靶标DNA。该方法能够有效用于转基因成分的检测，比如，对Bt玉米中基因cry1Ab片段和编码ADP葡萄糖焦磷酸化酶的内源基因sh2片段的检测。但使用Southem杂交法检测转基因食品的前提是要清楚转入的外源基因序列，同时待检样品要具有一定的纯度，基因组中转基因成分也要求较高丰度。

2. Northern杂交法

Northern杂交法是一种从转录水平检测转基因食品的检测方法，即其靶目标是RNA，是一种鉴定特异的RNA序列的杂交方法，Northern杂交的基本原理和反应步骤与Southern杂交基本相同，区别在于：Northern杂交对象是从食品中提取的特定外源基因DNA的转录产物mRNA，可直接经琼脂糖凝胶电泳分离后转移到合适的固相支持物上进行杂交检测而不需要用限制性内切酶进行消化。Northern杂交法适用于检测鲜活动物或植物性食品，原因是RNA化学性质较DNA活跃，从食品中提取总RNA的过程中RNA极易被降解，其含量和质量也与食品的新鲜程度、完整性和深加工的程度有关。另外，Northern杂交信号的强弱与mRNA的丰度有关。由于上述原因，目前应用Northern杂交法检测转基因食品并不普遍。

（三）基因芯片法

基因芯片是20世纪90年代中期发展起来的一项新的生物技术，采用微加工和微电子技术将大量经人工设计的基因片段有序地、高密度地排列在玻璃片或纤维膜等载体上而得到的一种信息检测芯片，其本质是脱氧核糖核酸微阵列，又称DNA芯片或DNA微阵列。基因芯片法的特点是自动化程度高、灵敏度高、特异性强、操作简便、高通量、检测效率高、假阳性率低和检测成本相对较低。自1991年第一块基因芯片被成功研制出以来，就迅速发展并逐步被应用于转基因食品定性与定量检测。

基因芯片的检测过程是将待测的DNA通过PCR扩增、体外转录等技术掺入标记分子后，利用碱基互补配对原则，与位于芯片上的DNA探针杂交，再通过激光共聚焦扫描成像检测等扫描系统检测探针分子杂交信号强度，最后以计算机技术对信号进行综合分析来获得样品中大量基因序列及表达信息，以对其进行定性及定量。

近几年，可视化技术的发展改变了传统芯片技术对结果的判断方法，形成了可视芯片技术。与传统生物芯片技术相比，可视芯片技术具有可视的芯片表面特征，可直接用肉眼观察芯片杂交信号，无须使用昂贵的荧光扫描设备。可视基因芯片的基本原理是目标分子和芯片表面的探针杂交后，在酶的催化下产生沉淀，沉淀在芯片表面沉积，改变了芯片的厚度，从而改变了反射在芯片表面上的光的波长，致使芯片上的颜色发生改变，进而对结果做出判断。该技术不仅具有传统基因芯片技术的优势与特点，而且由于其检出限可达0.01pmol / L，可以同时一次检出多种转基因作物，并摆脱了对荧光扫描仪的依赖，检测优势明显，现已有成功应用于转基因作物的检测案例。

二、转基因食品的蛋白质水平检测技术

目前，蛋白质水平的转基因检测的有效方法还是利用免疫化学分析技术对转基因食品中外源蛋白的检测，而该方法的理论基础是抗原和抗体间的特异性结合。通过制备出抗转基因食品中外源基因表达蛋白（抗原）的特异性单克隆抗体或多克隆抗体，并对抗体的特异性和效价进行评估，从而建立起对外源基因表达蛋白的特异性定性和定量检测方法。定量检测主要应用于转基因作物的研究阶段，而定性检测主要是对加工产品的检测。本节将对蛋白质免疫印迹法（Western bloting，WB）、酶联免疫吸附测定（enzyme linked immuno sorbent assay，ELISA）、免疫试纸条法、蛋白质芯片技术等检测方法进行介绍。

（一）免疫印迹法

蛋白质免疫印迹法（WB）的原理与Southern杂交和Northern杂交的原理不同，Westernbloting是以免疫学中抗原与抗体的特异性结合为基础，利用蛋白质电泳的方法将目标蛋白从待测样品的混合物中分离出来，并将其转移到固体支持物上，用已标记的抗体作探针与目标蛋白杂交，标记物可以是放射性元素、酶、荧光素或化学发光物质等，然后根据标记物不同选择不同的检测方法，最终实现对目的蛋白的定性检测。蛋白免疫印迹法将蛋白质电泳分离技术、抗原抗体特异性结合和标记物敏感性识别技术结合起来，具有很高的灵敏性。但该技术的关键是制备出针对目标蛋白的特异性抗体。由于该方法采用变性凝胶电泳，即可以消除蛋白溶解、蛋白凝聚和非目标蛋白与靶蛋白共沉淀等问题，因此

Westernbloting印迹法是检测复杂混合物中特异蛋白质的最有力的工具之一。Westernbloting印迹法步骤如下：

（1）从植株细胞中提取目的蛋白，将其溶解于含去污剂和还原剂的溶液中；

（2）利用SDS PAGE电泳技术对蛋白质按分子量大小进行分离，获得分离的不同蛋白质条带；

（3）将已分离的各蛋白条带原位转移到固相载体（硝酸纤维膜或尼龙膜）上；

（4）将膜在高浓度蛋白质（如牛血清白蛋白）溶液中温浴，目的是封闭非特异性位点；

（5）随后依次与一抗结合，洗涤后结合二抗，根据二抗结合的标记物选择检测方法。目前，Westernbloting印迹法在转基因食品检测中应用较广泛。例如，对抗草甘膦大豆中CP4合成酶的成功检测，检测限可达到0.5%～1.0%；还有对转基因水稻中增强水稻抗病性的稻瘟菌蛋白激发子的检测。Westernbloting印迹法检测技术分辨率高，检出限低，可以从植物细胞总蛋白质中检出50ng的特异蛋白质，检测相当灵敏。但是，Westernbloting印迹法操作步骤复杂，检测费用较高，不能满足快速、大量样品的检测，而且该方法只能检测已知的转基因表达蛋白，也不适合定量分析。

（二）酶联免疫吸附试验法

酶联免疫吸附试验法（ELISA）是在1971年由Engvall和Perlmannn首次报道，当时是用于定量测定免疫球蛋白G（IgG），随后该项技术被广泛应用于多种检测领域。ELISA是将抗原抗体反应的高度特异性和酶的高效催化特性相结合建立的一种免疫分析方法。制备与相应的抗原（转基因食品中的外源蛋白）相结合的抗体，与相应的抗原（转基因食品中的外源蛋白）结合后，利用酶标记抗体的酶催化活性，作用于酶反应底物，使底物发生颜色反应，颜色变化的深浅程度在一定范围内和抗原量呈线性关系，然后借助于比色等对抗原做出定性和定量判断。ELISA检测法必须有3种试剂：固定相抗原或抗体、酶标记的抗体或抗原和酶作用底物。ELISA检测法可分为直接法和间接法，以间接法最为常用。

间接ELISA检测的简要步骤如下：

（1）待检蛋白（抗原）样品溶液的制备及预处理；

（2）将抗原或抗体包被到固相载体平板的微孔中；

（3）待测溶液的特异抗体或抗原结合到包被于载体表面的对应抗原或抗体上；

（4）酶标记抗体与一抗或抗原相结合；

（5）结合物通过酶标记物使底物颜色发生改变；

（6）通过对溶液颜色变化的深浅程度进行比色来定量。

目前，一些转基因食品的ELISA检测方法已较为成熟，如对转基因大豆GTS4032中的

CP4EPSPS蛋白、Yieldgard玉米中Bt蛋白、转基因玉米加工的食品中Cry1A（b）蛋白、Star link玉米的Cry9c蛋白、T25和TC1507玉米的PAT蛋白等的ELISA检测。《GB/T19495.8—2004，转基因产品检测蛋白质检测方法》提供了大豆转CP4EPSPS基因成分的ELISA检测方法。间接ELISA方法中最为经典的是双抗体夹心法，双抗夹心ELISA法适用于对未知抗原的检测。

ELISA建立在抗原抗体特异性结合的基础上，对转基因食品中外源基因表达蛋白进行检测分析，具有特异性强的特点；同时酶促反应具有将抗原抗体反应信号放大的作用，灵敏度较高，用间接ELISA法可成功地检测出食品中含量低于2mg/L的蛋白质；可以同时高通量处理很多样品，在一个微孔板上能大批量检测，也因此降低了检测成本；该方法操作简单，降低了样品制备的复杂性，是一种理想的检测方法。目前，已有商品化的ELISA检测试剂盒用于对转基因食品的检测，可满足对转基因食品的快速、大批量检测。

但是该方法也有缺点，由于导入的外源基因表达的蛋白质表达水平较低或食品经热处理易导致蛋白质变性、降解或失活，导致该法检测能力下降，易出现假阴性，因此这种技术也只适用于对食品原材料的检测，不适于精细加工食品转基因蛋白检测；待检样品基质的复杂性对检测结果的准确度也有干扰，如表面活性剂（皂角苷）、酚化物、脂肪酸、内源磷酸（酯）酶，均可抑制或降低抗原与抗体的特异性相互作用；针对特定转基因表达蛋白的抗体制备难度大，目前商品化的转基因蛋白的单克隆抗体极少。因此，利用ELISA技术只能检测少数转基因食品，而且每一种试剂盒只检测一种特定转基因产物，不能实现有多种混合成分的样品的快速检测。

（三）免疫试纸条法

试纸条法是ELISA方法的另一种形式，以硝化纤维为固相载体，将特异的抗体交联到试纸条上和有颜色的物质上，当抗原与纸上抗体特异结合后，再与有颜色的特异性抗体相互反应，形成“三明治结构”，并带有颜色，将其在试纸条上固定，若样品提取液中无抗原，则不显颜色。

试纸条法简便、快速，一般只需5～10min即可获得检测结果。目前，许多公司已研制出特异的免疫试纸条，可检测转基因作物中特异表达的靶蛋白。如针对Monsanto公司转基因Roundup Ready大豆和油菜CP4EPSPS蛋白的检测的试纸条、Star link玉米的Cry9c蛋白检测试纸条等。但由于一种试纸条只能检测一种目的蛋白质，而转基因食品种类繁多，每种转基因食品都要开发和建立专门检测试剂和方法，因此应用试纸条方法检测转基因食品仍有局限性。

（四）蛋白质芯片技术

蛋白芯片技术原理与基因芯片技术原理相似，蛋白芯片技术是利用抗原与抗体特异性结合，在蛋白质水平上对靶蛋白、配体及抗体检测，弥补了基因芯片技术的不足。其步骤主要是：通过将大量的蛋白质试剂或检测探针固定在玻片、硅胶、硝酸纤维膜（NC）或聚偏二氟乙烯（PVDF）膜等载体上，组成密集的阵列，从样品中提取靶蛋白，将靶蛋白提取液同蛋白芯片一起孵育，当经荧光标记的靶蛋白与芯片分子发生结合反应时，其荧光强度利用电荷偶联照相系统或激光扫描系统进行检测，利用特定软件分析检测信号，即可检测靶蛋白及其含量。虽然蛋白芯片在诸如医学等领域的研究与应用取得了一些进展，但与基因芯片技术相比，蛋白芯片技术起步较晚，无论在芯片制备还是在检测应用等方面都存在一些需要解决的问题，如固定于载体表面特异外源蛋白易失去原有的空间构象从而失去活性；另外，一般样品中目标蛋白的含量较低，所以该方法的检测灵敏度低，需要发展信号放大技术来解决这一不足。因此，到目前为止，该方法在转基因食品的检测领域应用较少。

三、其他转基因食品检测技术

（一）组学分析技术

组学技术是对一类个体系统集合的分析技术，主要包括转录组学、蛋白组学、代谢组学等技术。目前，组学技术已经在转基因食品分析中取得一定应用。蛋白组学是指研究一个细胞在特定时间和特定环境下所有蛋白质表达的技术。蛋白组学是对某一生物或细胞在特定生理病理状态下表达的所有蛋白质的特征、数量和功能进行系统性的研究，能在细胞整体水平上阐明生命现象的本质和活动规律。转录组学研究的则是细胞在某一功能状态下表达的全部基因总和。转录组学研究能够获得外源基因表达的信息以及外源基因插入后受体基因组表达的情况，对评价转基因食品的非期望效应有重要意义。代谢组学研究的对象是细胞在特定时间和条件下的所有小分子代谢物质。通过对这些物质的定性定量检测，可以准确获得代谢物质的内外因变化应答规律。应用组学技术研究小分子物质可以了解食品在体内的消化途径以及外源基因表达产物引起何种变化。

组学分析的主要目的在于评价样品的非期望效应（unintended effects），从而能够正确地进行转基因食品危害识别（hazard identification）。组学分析可以避免常规评价方法（动物喂养实验）灵敏性差、耗时长及统计误差等问题。组学技术作为一项新兴的技术，因其通量高、客观、无选择性的技术优点，已经被越来越多的科研工作者关注并使用。但是，组学技术分析对象没有形成全面的联系，容易造成错误分析结果或对评价系统造成影响，同时组学研究的数据量和成本也是不能忽视的因素。

（二）光谱学分析技术

转基因光谱学技术主要为近红外光谱检测。近红外光谱穿透力强，不需要对转基因食品进行预处理或基因组提取；能够表征基因结构变化所带来的构型变化，进而可以通过C—O键、C—H键、C—N键等数据变化看出基因表达的差异。近红外光谱分析技术利用光谱图和模拟软件对已知样品建库，样品信息库中包含了经过误差校正的大量不同来源的转基因与非转参照样品的数据，是生物信息学较为简单的模型。虽然转基因光谱学检测的准确性还有待考证，但这不能磨灭其简单快速的优势在无损检测方向所做出的贡献。鉴于消费者对转基因食品的安全问题格外关注，光谱学和组学分析一样，都关注于转基因食品的非期望效应，这也是分析检测技术在评价期望效应的基础上的一种补充。

组学分析技术和光谱学分析技术需要付出更多的时间和精力，采集足够多的数据量；同时，对成本的要求也是不容忽视的因素。因此，目前国内外对转基因食品检测技术的研究主要集中在DNA和蛋白两个水平上。

转基因食品直接关系到人们的身体健康和经济利益，随着国内外对转基因食品检测技术研究的深入和人们对转基因食品检测技术要求的提高，迫切需要发展快速、准确、简便、高效、低消耗和适用面广的转基因检测技术。除以上介绍的技术和方法，依据分子水平检测转基因食品还有一些其他方法，如巢式定性PCR法、PCRELISA法、mRNA差异显示法、微卫星分子标记法和同工酶分析法等，这些方法都各有优缺点，需要不断地加以改进和完善，有时需要配合其他检测方法（包括非分子生物学技术方面的方法）来加以验证。

转基因食品的检测技术是转基因食品安全性评价和管理的必备手段，而转基因食品的检测方法有多种，并非任何一种检测方法对某种转基因食品的检测都行之有效。转基因食品检测主要针对的是转基因原料或产品的转基因成分，因此对插入的外源基因的全部信息及其表达产物对人体健康和环境的影响是监管者或消费者必须清楚的，这就对转基因食品的分析检测技术提出了更高的要求。应该根据食品种类和加工类型的不同，以及食品中可能含有的转基因片段的不同，选择最有效的检测方法。同时，随着基因工程技术的发展，更方便、有效、快速、准确的检测方法也正在逐步地建立起来。

第四章 食品样品的采集与制备

第一节 食品检测的基础知识

一、食品检测的安全知识

在化学实验中，经常使用各种化学药品和仪器设备，以及水、电、煤气，还会经常遇到高温、低温、高压、真空、高电压、高频和带有辐射源的实验条件和仪器，若缺乏必要的安全防护知识，会造成生命和财产的巨大损失。所以化学实验安全知识及防护教育是非常重要的。

（一）化学试剂、药品的正确使用及安全防护

（1）开启易挥发液体试剂的瓶塞时，瓶口不能对着眼睛，以免瓶内蒸汽喷出造成伤害。

（2）使用危险药品要特别谨慎小心，严守操作规程。实验后的残渣、废液应倒入指定容器内，特别是有毒危险品，应处理后倒入废液缸。

（3）使用可燃气体时，要严禁烟火。若需点燃，则必须检查气体的纯度。

（4）浓酸、浓碱具有腐蚀性，要防止将它们沾在皮肤或衣物上。废酸应倾入酸缸，禁止往酸缸中倾倒碱液，防止酸碱中和放出大量的热引发危险。

（5）活泼金属钠、钾等不要与水接触或暴露在空气中，应保存在煤油内，取用时要用镊子。

（6）白磷有剧毒，并能烧伤皮肤，切勿与人体接触；在空气中易自燃，应保存在水

中，取用时要用镊子。

（7）有机溶剂易燃，使用时一定要远离火源，用后应把瓶塞塞严，放在阴凉的地方。当因有机溶剂引起着火时，应立即用沙土或湿布扑灭，火势较大可用灭火器，但不可用水扑救。

（8）汞是化学化验室的常用物质，易挥发，毒性大，进入人体内不易排出，易形成积累性中毒；高汞盐（如$HgCl_2$）0.1～0.3g可致人死亡；室温下汞的蒸汽压为0.0012mmHg，比安全浓度标准大100倍。

汞的安全使用：①化验室要通风良好；手上有伤口，切勿接触汞；汞不能直接暴露于空气中，其上应加水或其他液体覆盖；任何剩余量的汞均不能倒入下水槽中；②储汞容器必须是结实的厚壁器皿，且器皿应放在瓷盘上；装汞的容器应远离热源；③若汞掉在地上、台面或水槽中，应尽可能用吸管将汞珠收集起来，再用能形成汞齐的金属片（Zn，Cu，Sn等）在汞掉溅处多次扫过，最后用硫黄粉覆盖，使汞变成硫化汞。

（9）有些废液不能互相混合，如：过氧化物与有机物；硝酸盐和硫酸；硫化物和酸类；MnO_2、$KMnO_4$、$KClO_3$等不能与浓盐酸混合；挥发性酸与不挥发性酸；易燃品和氧化剂；磷和强碱（产生PH_3）；亚硝酸盐和酸类（产生亚硝酸）。

（二）仪器使用安全事项

（1）试管装液体时，不应超过容积的1/2，若需加热，则不应超过1/3。加热时要用试管夹，加热前先把外壁擦干，再使其均匀受热，以防炸裂；加热时，试管与台面夹角为45°，不要对着人，更不得对着试管口观察；先加热试管中液体的中上部，再将加热部位慢慢下移，最后加热液体下部，并不断摇动试管，以使管内液体受热均匀，防止局部过热，液体喷出；加热固体时，管口略向下倾斜，铁夹夹在距管口1/3处。用酒精灯的外焰加热，不能使试管底部接触灯芯，以防引起试管破裂。

（2）烧杯加热前，外壁擦干，垫石棉网；用玻璃棒搅拌时，不要触碰杯壁。

（3）烧瓶加热前，外壁擦干，垫石棉网；加热时用铁架台固定，液体的量应为容量的1/3～2/3；煮沸、蒸馏时要加几粒沸石或碎瓷片。

（4）坩埚可放在铁三脚架的泥三角上用火焰直接加热，加热时用坩埚钳均匀转动，取放时也要用坩埚钳夹持。夹持高温坩埚时，应将坩埚钳适当预热。

（5）酒精灯的酒精量不超过容积的2/3，否则燃烧过程中，酒精受热膨胀，造成溢出，发生事故；也不得少于容积的1/3，否则灯壶内酒精蒸气过多，易引起爆炸；严禁用燃着的酒精灯去点燃另一酒精灯，严禁向燃着的酒精灯添加酒精，严禁用嘴吹灭酒精灯。灯颈若有炸纹，应停止使用。使用过程中，严禁摇晃酒精灯。酒精灯燃着的时间不宜过长，否则灯体过热，可能引起爆炸。万一酒精灯倒翻，酒精洒在桌面上引起燃烧时，应立即用湿布盖住火焰或撒沙土扑灭。

（6）在容易引起玻璃器皿破裂的操作中，如减压处理、加热容器等，要戴上安全眼镜。用“柔和”的本生（Bunsen）灯火焰加热玻璃器皿，可避免因局部过热而使玻璃破碎。移取热的玻璃器皿时应戴上隔热手套。

（7）不要使用有缺口或裂缝的玻璃器皿，这些器皿轻微用力就会破碎，应弃于破碎玻璃收集缸中。拿取大的试剂瓶时，不要只取颈部，应用一只手托住底部，或放在托盘架中。

（8）连接玻璃管或将玻璃管插在橡胶塞中时，要戴厚手套。塞子不要塞得太紧，否则难以拔出。如果需要严格密封，可使用带有橡胶塞或塑料塞的螺口瓶。破碎的玻璃器皿要小心地彻底清除，戴上厚手套用废纸包起来，丢在指定的废物缸里。

（9）化学实验常用到高压储气钢瓶和一般受压的玻璃仪器，使用不当，会导致爆炸，需掌握有关常识和操作规程。

（10）使用辐射源仪器的安全防护。

化学化验室的辐射，主要是指X射线，长期反复接受X射线照射，会导致疲倦，记忆力减退，头痛，白细胞降低等。

防护的方法就是避免身体各部位（尤其是头部）直接受到X射线照射，操作时需要屏蔽，屏蔽物常用铅、铅玻璃等装置。

二、化学检测的方法

（一）常用的分析方法

1.化学分析法

化学分析法是以化学反应为基础的分析方法。主要有滴定分析法和重量分析法。

（1）滴定分析法

滴定分析法是根据滴定过程中与被测组分反应所需滴定剂（标准溶液）的体积和浓度确定待测组分含量的一种化学检验方法。滴定分析法可分为酸碱滴定法、沉淀滴定法、配位滴定法、氧化还原滴定法。

（2）重量分析法

重量分析法是化学检验方法中最经典的方法，通常根据反应产物的质量来确定被测组分的含量。重量分析法可分为沉淀重量法、气化法（挥发法）、电解重量法。

2.仪器分析法

仪器分析法是以物质的物理性质和物理化学性质为基础的分析方法，也称为物理分析法或物理化学分析法。因为这类化学检验方法都要用到较特殊的仪器设备，所以通常称为仪器分析法。主要分为光学分析法、电化学分析法、色谱分析法。

（1）光学分析法

光学分析法是以物质的光学性质为基础的化学检验方法。主要有分子光谱法（如比色法、紫外可见分光光度法、红外光谱法、分子荧光及磷光分析法等）、原子光谱法（如原子吸收光谱法、原子发射光谱法）、激光拉曼光谱法、化学发光分析法等。

（2）电化学分析法

电化学分析法是以物质的电化学性质为基础的化学检验方法。主要包括电位分析法、电导分析法、电解分析法、库仑分析法和极谱法等。

（3）色谱分析法

色谱分析法是以物质的物理及化学性质为基础的一种分离与分析相结合的化学检验方法。主要有气相色谱法、液相色谱法和离子色谱法等。

近年来，随着科学技术的发展，质谱法、核磁共振波谱法、X射线、电子显微镜分析法及毛细管电泳等仪器分析法已成为强大的化学检验手段。

仪器分析法具有快速、灵敏、自动化程度高和分析结果信息量大等特点，适用于微量组分的分析，能较理想地完成化学分析法所不能解决的检测任务，所以备受人们的青睐。但仪器分析设备一般都比较精密、复杂、昂贵，且操作要求严格；试样的处理、试液的配制、分析方法准确性的校验等，仍需要通过化学法完成。因此，化学分析法是基础，仪器分析法是发展方向。两种方法必须互为补充、相互配合，以满足灵敏、准确、自动化、快速的现代化学检验的要求。

3.无机分析法和有机分析法

无机分析法的对象是无机化合物，有机分析法的对象是有机化合物。无机化合物种类繁多，在无机分析法中通常要求鉴定试样是由哪些元素、离子、原子团或化合物组成的，以及各组分的含量是多少。在有机分析法中，虽然组成有机化合物的元素种类不多，但由于有机化合物的结构复杂，其种类已达千万种以上，故检测方法不仅有元素分析，还有官能团分析和结构分析。

4.常量组分分析法、微量组分分析法和痕量组分分析法

按被测组分含量分类，可将化学检验方法分为常量组分分析法（质量分数>1%）、微量组分分析法（质量分数为0.01%～1%）和痕量组分分析法（质量分数<0.01%）。

5.常量分析法、半微量分析法、微量分析法和超微量分析法

按照所取试样的量分类，可将化学检验方法分为常量分析法（固体试样质量 >0.1g，液体试样质量 >10mL）、半微量分析法（固体试样质量为 0.01 ～ 0.1g，液体试样质量为 1 ～ 10mL）、微量分析法（固体试样质量为 0.1 ～ 10mg，液体试样质量为 0.01 ～ 1mL）和超微量分析法（固体试样质量 <0.1mg，液体试样质量 <0.01mL）。

6.例行分析法、快速分析法和仲裁分析法

例行分析法又称常规分析法，是一般化学检验室对日常生产中的原材料和产品所进行的分析检验。

快速分析法主要为控制生产的正常进行所做的分析检验。这种分析检验要求速度快，准确度达到一定要求即可。

仲裁分析法是当不同检验单位对同一试样得出不同的化学检验结果，并由此发生争议时，由权威机构用公认的标准方法进行的准确分析，用于裁判原化学检验结果的准确性。仲裁分析法对化学检验的方法和结果都要求有较高的准确度。

7.分别测定法、系统分析法和连续测定法

分别测定法是对试样中待测的某一组分单独称样进行测定的化学检验方法。常用于试样中指定的某一组分的测定。

系统分析法是称取一份试样制成溶液，然后根据各被测组分的含量分别取一定量的试液进行的测定。可用于一种试样中多种组分的测定。

连续测定法是用同一试液逐次测定各个组分的化学检验方法。

（二）常用的检测方法

化学检验中常用的化学分析法为滴定分析法和重量分析法。

滴定分析法是用滴定管将标准溶液滴加到被测物质溶液中，直到标准溶液与被测物质恰好反应完全，根据标准溶液的浓度及滴定消耗的体积、被测物质的摩尔质量，计算被测物质的含量的方法。依据反应的类型可分为酸碱滴定法、沉淀滴定法、配位滴定法及氧化还原滴定法。

重量分析法又叫称量分析法，是将被测组分与试样中其他组分分离，转化为一定的称量形式后进行称量，根据称得的物质的质量计算被测组分的含量。依据被测组分的分离方法可分为沉淀重量法、气化法及电解重量法。其中沉淀重量法应用较多。

下面对酸碱滴定法、沉淀滴定法、配位滴定法、氧化还原滴定法及沉淀重量法分别进行详细介绍。

1.酸碱滴定法（中和法）

以酸碱中和反应为基础的容量分析法称为酸碱中和法（亦称酸碱滴定法）。其原理是以酸（碱）滴定液，滴定被测物质，以指示剂或仪器指示终点，根据消耗滴定液的浓度和毫升数，可计算出被测物质的含量。

2.氧化还原滴定法

以氧化还原反应为基础的容量分析法称为氧化还原滴定法。氧化还原反应是反应物间发生电子转移。

3.配位滴定法（络合滴定法）

以络合反应为基础的容量分析法，称为络合滴定法。其基本原理是乙二胺四乙酸二钠液（EDTA）能与许多金属离子定量反应，形成稳定的可溶性络合物，依此，可用已知浓度的EDTA滴定液直接或间接滴定，用适宜的金属指示剂指示终点。根据消耗的EDTA滴定液的浓度和毫升数，可计算出被测物的含量。

4.沉淀滴定法——银量法

以硝酸银液为滴定液，测定能与Ag反应生成难溶性沉淀的一种容量分析法。其原理是以硝酸银液为滴定液，测定能与Ag+生成沉淀的物质，根据消耗滴定液的浓度和毫升数，可计算出被测物质的含量。

5.沉淀重量法

（1）操作分析过程

沉淀重量法是利用试剂与被测组分反应，生成难溶化合物沉淀，经过溶解、沉淀、过滤、洗涤、烘干或灼烧、称量，最后由称得的质量计算被测组分含量。

其主要操作过程为：

①溶解：根据试样的性质选择适当的溶剂，将试样制成溶液，对于不溶于水的试样，一般采用酸溶法、碱溶法或熔融法。

②沉淀：加入适当的沉淀剂，与待测组分迅速定量反应生成难溶化合物沉淀即“沉淀形式”。

③过滤和洗涤：过滤使沉淀与母液分开，根据沉淀性质的不同，过滤沉淀时常采用无灰滤纸或玻璃砂芯坩埚。洗涤沉淀是为了除去不挥发的盐类杂质和母液；洗涤时要选择适当的洗液，以防沉淀溶解或形成胶体。洗涤沉淀要采用少量多次的洗法。

④烘干和灼烧：烘干可除去沉淀中的水分和挥发性物质，同时使沉淀组成达到恒定。烘干的温度和时间应随沉淀不同而异。灼烧不仅可以除去沉淀中的水分和挥发性物质，还可使初始生成的沉淀在高温下转化为组成恒定的沉淀。灼烧温度一般在800℃以上。以滤纸过滤的沉淀，常置于瓷坩埚中进行烘干和灼烧。若沉淀需加氢氟酸处理，应改用铂坩埚。使用玻璃砂芯坩埚过滤的沉淀，应在电烘箱中烘干。

⑤称量到达恒重：烘干或灼烧后称量的物质称为“称量形式”，称得“称量形式”的质量即可计算分析检验结果。不论沉淀是烘干或灼烧，其最后称量必须达到恒重。即沉淀反复烘干或灼烧经冷却称量，直至两次称量的质量相差不大于0.2mg。

（2）沉淀重量法对沉淀的要求

对“沉淀形式”的要求：

①沉淀溶解度要小，以保证被测组分沉淀完全，沉淀溶解损失不超过0.0002g。

②沉淀必须纯净，不应混进沉淀剂或其他杂质。

③沉淀要易于过滤和洗涤。因此，在进行沉淀操作时，要控制沉淀条件，得到颗粒大的晶形沉淀，对定形沉淀，尽可能获得结构紧密的沉淀。

④沉淀要便于转化为合适的“称量形式”。

（3）影响沉淀溶解度的因素

①同离子效应

沉淀反应达到平衡后，若加入过量的沉淀剂，增大与沉淀组成相同的离子的浓度，以减小沉淀的溶解度。这一效应称为同离子效应。

②盐效应

在难溶电解质的饱和溶液中，加入其他易溶强电解质，使难溶电解质的溶解度比同温度时在纯水中的溶解度增加的现象，称为盐效应。

③酸效应

溶液的酸度对沉淀溶解度的影响，称为酸效应。

④配位效应

在进行沉淀反应时，若溶液中存在能与沉淀的离子形成配合物质的配位剂，则反应向沉淀溶解的方向进行，沉淀溶解度会增大，这种现象称为配位效应。

在沉淀重量法中，加入过量的沉淀剂，利用同离子效应，可以减小沉淀的溶解度。但沉淀剂不能过量。否则会产生盐效应，使沉淀的溶解度增大。对弱酸盐沉淀，要控制溶液的酸度，以避免酸效应的影响。选择辅助试剂时，要注意配位效应对沉淀溶解度的影响。

（4）影响沉淀纯度的因素

引起沉淀不纯的原因主要有共沉淀现象和后沉淀现象。

在进行沉淀反应时，溶液中某些可溶性杂质会同时被沉淀带下而混杂于沉淀中，这种现象称为共沉淀。共沉淀现象包括表面吸附、吸留和包藏、形成混晶，主要是由于表面吸附引起的。

沉淀析出之后，在沉淀与母液一起放置的过程中，溶液中某些杂质离子可能慢慢沉淀到原沉淀上，这种现象称为后沉淀。

在沉淀过程中，当沉淀剂的浓度比较大、沉淀剂加入比较快时，沉淀迅速，则先被吸附在沉淀表面的杂质离子，来不及离开沉淀表面而被包藏在沉淀内部，称为吸留现象。当杂质离子与沉淀的构晶离子的半径相近，晶体结构相似时，它们就会生成混晶。

在沉淀重量法中，要合理选择沉淀剂，控制沉淀条件，防止共沉淀现象和后沉淀现象的发生，以得到容易过滤和洗涤的纯净沉淀物。

第二节 食品样品的采集

食品分析的一般程序为：样品的采集、制备和保存，样品的预处理，成分分析，分析数据处理及分析报告的撰写。什么是样品的采集呢？所谓采样就是从整批产品中抽取一定量具有代表性样品的过程。食品采样的目的在于检验试样感官性质上有无变化，食品的一般成分有无缺陷，加入的添加剂等外来物质是否符合国家的标准，食品的成分有无掺假现象，食品在生产运输和储藏过程中有无重金属、有害物质和各种微生物的污染以及有无变化和腐败现象。由于我们分析检验时采样很多，其检验结果又要代表整箱或整批食品的结果，所以样品的采集是我们分析检验的重要环节，也是第一步。采集的样品必须代表全部被检测的物质，否则以后样品处理及检测计算结果无论如何严格准确也没有任何价值。

一、采样的原则和程序

（一）采样的原则

采样是食品分析的关键。正确采样，必须遵守以下两个原则：

第一，采集的样品要均匀、有代表性，能反映全部被测食品的组成、质量和卫生状况。对此，样品的数量应符合检验项目的需要。

第二，采样过程中要设法保持原有的理化指标，防止成分逸散或带入杂质。对此，理化检验取样一般使用干净的不锈钢工具，包装常用聚乙烯、聚氯乙烯等材料，并经过硝酸-盐酸（1+3）溶液浸泡，以去离子水洗净，晾干备用；样品如为罐、袋、瓶装者，应取完整的未开封的原包装，如为冷冻食品，应保持在冷冻状态。

同类食品或原料，由于品种、产地、成熟期、加工或保藏条件不同，其成分和含量会有相当大的差异。甚至同一分析对象、不同部位的成分也会有一定的差异。因此若从大量、成分不均匀的被检物质中采集到能代表全部的分析样品，必须有恰当、科学的方法。

（二）采样的程序

正确的采样应按以下程序进行：

1.采样前了解食品的详细情况

了解该批食品的原料来源、加工方法、运输和储存条件及销售中各环节的状况；审查所有证件，包括运货单、质量检验证明书等资料。

2.现场检查

观察整批食品的外部情况，即有包装的要注意包装的完整性，无包装的要进行感官检验，发现包装不良或有污染时需打开包装进行检查。

3.采样

采样过程分为检样、集中和均样三个步骤。从分析物料的各个部分采取的少量样品称为检样；将这些检样集中综合在一起称为原始样品；原始样品经适当处理，再取其中部分供检验用称为均样。在检样过程中要注意质量相差较大的样品不能放在一起作原始样品。

二、采样的方法

采样有纯随机采样、类型抽样、等距抽样、定比例抽样等不同方法。纯随机采样，即按随机原则从大批物料中抽取部分样品。在操作时，应使所有物料的各个部分都有被抽到的机会。类型抽样，也称分层抽样，即将总体中个体按其属性特征分为若干类型或层，然后从各类型或层中随机抽取样本，而不是从总体中直接抽取样品。等距抽样，即将总体中各个体按存放位置顺序编号，然后以相等距离或间隔抽取样本。定比例抽样，即将产品按批量定出抽样百分比。

具体采样的方法，应视分析对象的性质而异。

（一）固体（散粒状）样品的采取

1.有完整包装（袋、箱等）的物料

可用双套回转取样管插入容器中，回转180° 取出样品，每一包装须由上、中、下三层取出三份检样，把许多检样混合起来成为原始样品，用四分法将原始样品做成平均样品。四分法具体程序是：将原始样品混合均匀后放在清洁的玻璃板上，压平成厚度在3cm以下的圆台形料堆，在料堆上画对角线，将其分成四份，取对角的两份混合，再如上分为四份，取对角的两份。如此操作直至取得所需数量。

2.无包装的散堆物料

先将散堆物料划分为若干等体积层，再在每层的中心和四角用取样器取样，然后按四分法获取均样。

（二）液体样品的采取

在取样前须充分混合，可采用混合器混合或用由一容器转移到另一容器的方法混合或摇动包装，混合后用长形管或特制采样器，采用虹吸法分层采样，每层500mL左右，充分混匀后分取缩减到所需量。

（三）不均匀固体样品的采取

像鱼、肉、果蔬等食品，由于其各部位极不均匀，个体大小及成熟程度差异大，取样可按下述方法进行：

（1）肉类可从不同部位取样，经混合后代表该只动物情况；或从一只或多只动物的同一部位取样，混合后代表某一部位的情况。

（2）水产品类若个体较小可随机取多个样品，捣碎混匀后分取缩减到所需量；个体较大的可从多个个体上切割少量可食部分混匀后分取缩减到所需量。

（3）果蔬类个体较小的随机取若干整体粉碎混匀后缩分到所需数量；个体较大的可按个体大小的组成比例及成熟度，选取若干个体，对每个个体按生长轴纵剖成四份或八份，取对角线两份捣碎混匀后缩分到所需量。

（四）小包装样品的采取

一般按照生产批号或者班次随机连同包装一起取样。同一批号取样件数，250g以上的包装不得少于6个，250g以下的包装不得少于10个；同一班次取样，取样数为1/3000，尾数超过1000的增取1罐，但是每天每个品种取样数不得少于3罐。

三、采样的要求

（1）凡是接触样品的工具、容器必须清洁，以免污染样品。

（2）样品包装应严密，以免样品中水分和易挥发性成分发生变化。

（3）样品应一式三份，分别供检验、复检及备查使用，每份样品的质量一般不少于0.5kg。

（4）样品的运送和分析都应尽快进行，以免样品放置过久，其成分易挥发或破坏，甚至会引起样品的腐败变质，影响检验结果。

（5）样品应贴上标签，注明各项事宜（样品名称、批号、采样地点、日期、检验项目、采样人、样品编号等）。

（6）性质不相同的样品切不可混在一起，应分别包装，并分别注明性质。

第三节　食品样品的制备与保存

一、样品的制备

在食品检测中，针对国家标准较多、检测项目较杂、样品又多种多样，单一样品对于不同检测项目的制备方法有不同要求，需要一套完整的制样方法，明确制样过程中的关键控制点，避免交叉污染，确保样品的代表性，保证检验检测结果的准确性。可以根据国家食品安全监督抽检实施细则对样品进行分类，确定检测项目；然后根据国家标准确定对应制样方法。

样品在制样过程中要尽可能保持样品原有的化学组成和性质不发生变化，确保检测样品的代表性。无论何种样品都应该立即测定，如果不能立即测定，必须按照相关标准规定的方法加以妥善保存或进行预处理。下面根据不同检测项目对制样方法进行分析。

（一）理化检测样品制备方法

样品的制备方法一般使用搅拌、粉碎、研磨或捣碎，使检验样品充分混匀，也可使用研钵、万能粉碎机、破壁机、绞肉机等进行均匀化处理。经常检测的项目有蛋白质、脂肪、水分、酒精等，需要取可食用部分进行制样，在制样过程中应防止制样设备高温引起水分流失和长时间敞口放置引起易挥发组分流失。含水量高的固体样品可以使用低温低速方式进行磨碎；常温有黏性不易打碎的固体样品（如奶糖等）可以冷冻后再使用粉碎机打碎；液体样品（如鲜牛奶等）为避免分层和杂质影响检测结果需要进行均质处理。选择合适的方法取有代表性的足量样品进行制备。制备后的样品，湿样品应非常均匀细腻，干样品粒度应符合要求，并按照样品规定的保存方式保存或在-18℃环境中密封保存。

（二）光谱食品样品的制备方法

元素及污染物测定时，样品中泥沙等杂质会对检测结果产生较大影响，应该先将泥沙清理干净，上机检测时所需样品量较少，在样品制备过程中应该尽可能保证样品有代表性。固体样品取可食用部分可以使用高速粉碎机进行粉碎，含气的液体样品应该先排气再均质。样品制备后在聚乙烯容器中密封，按照样品规定的保存方式保存或在-18℃环境中保存。

GB5009.269-2016《食品安全国家标准 食品中滑石粉的测定》中明确其独立的样品制备方法：

（1）挂面、腐竹等干试样，用粉碎机粉碎，混匀，装入洁净容器，密封。

（2）湿面等混试样，烘干后用粉碎机粉碎，混匀，装入洁净容器，密封。

（3）瓜子、干果等带壳试样，用粉碎机带壳粉碎，混匀，备用。

（4）凉果、糖果、胶姆糖等高含糖、柔软、黏着试样，用冰箱冷冻后研钵研碎，混匀，装入洁净容器。

（5）梅子等带核试样，去核后粉碎，混匀，装入洁净容器，密封。食品中污染物含量测定：对于含有调料包（含粉、酱、油、菜等调料包）的产品，将面饼或米线、粉丝等与调料包充分混合后粉碎匀浆，备用。

（三）色谱食品样品的制备方法

取可食用部分进行样品制备，但是GB2763-2019《食品安全国家标准食品中农药最大残留限量》中明确说明桃等多种水果测定部位为全果（去柄和果核）残留量计算应计入果核的重量。具体需要根据检测样品和检测项目来确定样品制备方法。

对于采样量较大的粮食加工品等样品使用四分法缩分取适量样品进行制备。哺乳动物肉类（海洋哺乳动物除外）制样时选择肉（去除骨），包括脂肪含量小于10%的脂肪组织进行制样。检测五氯酚酸钠时，避免使用木质砧板，防止木制品带入杂质影响检测结果准确性。坚果与籽类检测食品添加剂要求需带壳制样。GB2763-2019《食品安全国家标准食品中农药最大残留限量》中对样品测定部位规定得比较详细，例如鲜食玉米检测农药残留量测定部位为玉米粒和轴，水果（核果类）残留量计算应计入果核的重量等。样品制备后应避免样品的反复冻融使残留农药降解。

随着我国居民生活水平日益提高，食品安全也成为人们关注的重点。食品国家安全标准日趋完善，新标准新方法不断更新，需要食品相关行业人员不断学习进步。样品制备是食品检测的关键步骤，决定样品的代表性，直接影响实验结果的准确性，想要深入了解样品制备需要学习大量国家标准，在样品制备过程中要严格按照国家标准要求进行，减小由量变引起的质变。

二、样品的保存

制备好的样品应尽快分析，如不能马上分析，则需要妥善保存。保存的目的是防止样品发生受潮、挥发、风干、变质等现象，确保其成分不发生任何变化，故保存时应遵循以下原则：

（1）防止污染。凡是接触样品的器具、手必须干净清洁，不应带入新的污染物，应密封。

（2）防止丢失。某些待测成分易挥发、降解或不稳定，可结合这些物质的特性与检验方法加入某些溶剂与试剂，使待检成分处于稳定状态。

（3）防止水分变化。防止样品中水分蒸发或干燥的样品吸潮。前者可先测其水分，保存烘干样品，然后再折算成新鲜样品中的含量；后者可存放在密封的干燥器中。

（4）防止腐败变质。动物性食品极易腐败变质，应采取适当方法以降低酶活性及抑制微生物生长繁殖。

针对不同性质的样品应采取不同的保存方法。如将制备好的样品装入具磨口塞的玻璃瓶中，置于暗处；易腐败变质的样品应在低温冰箱中保存；或放入无菌密闭容器（如聚乙烯袋）中保存；或在容器中充入惰性气体置换出容器中的空气等。

将采集的样品分三份，按要求分析检验和复核检验之后，还有一份样品需保留一个月左右，以备复查。保留期限从签发报告单算起，易变质食品不宜保留。一般应有专用的样品室或样品柜，存放的样品应按日期、批号、编号摆放，以便查找。

第五章
微生物与食品微生物检验

第一节　常用微生物培养基的制备

一、培养基概述

培养基是经人工配制而成并适合于不同微生物生长繁殖或积累代谢产物的营养基质，是研究微生物的形态构造、生理功能以及生产微生物制品等的物质基础。由于各种微生物所需要的营养物质不同，所以培养基的种类很多，但无论何种培养基，都应当具备满足所要培养的微生物生长代谢所必需的营养物质。配制培养基不但需要根据不同微生物的营养要求，加入适当种类和数量的营养物质，也要注意一定的碳氮比（C/N），还要调节适宜的酸碱度（pH值），保持适当的氧化还原电位和渗透压。

（一）配制培养基的基本原则

1.营养物质的选择

所有的微生物生长繁殖都需要培养基中含有碳源、氮源、无机盐、生长因子等，但不同的微生物对营养物质的需求是不一样的。因此，在配制培养基时，首先要考虑不同微生物的营养需求。如果是自养型的微生物则主要考虑无机碳源；异养型的微生物除主要提供有机碳源，还要考虑加入适量的无机矿物质元素；有些微生物在培养时还需加入一定的生长因子，如在培养乳酸细菌时，要求在培养基中加入一些氨基酸和维生素等才能使其很好地生长。因此，必须视具体情况，根据微生物的特性和培养目标选择营养物质。

2.注意营养物质的浓度及配比

只有培养基中营养物质的浓度合适微生物才能生长良好。营养物质浓度过低，不能满足微生物生长需要，浓度过高则可能对微生物生长起抑制作用。如培养基中高浓度的糖类、无机盐、生长因子不仅不能促进微生物生长，反而会有抑制作用。另外，培养基中营养物质的配比也直接影响微生物的生长繁殖及代谢产物的积累，尤其是碳氮比（C/N）影响最明显，如细菌、酵母菌细胞的C/N为5/1，而霉菌细胞C/N约为10/1。

不同的微生物菌种要求不同的C/N比，同一菌种，在不同的生长时期也有不同的要求。一般在发酵工业，在配制发酵培养基时对C/N比的要求比较严格，因为C/N比例对发酵产物的积累影响很大。总之，培养基营养越丰富对菌体生长越有利，尤其是氮源要丰富。

3.保证适宜的环境

培养基不仅要满足微生物所需的各种营养物质，还需要保证其他生活条件，如酸碱度、渗透压、pH值等必须控制在一定范围内，才能满足不同微生物的生长繁殖或积累代谢产物。不同类型的微生物的生长繁殖或积累代谢产物的最适pH值条件各不相同。一般来说，大多数细菌的最适pH值在7.0～8.0，放线菌要求pH值在7.5～8.5，酵母要求pH值在3.8～6.0，霉菌适宜的pH值在4.0～5.8。另外，微生物在生长代谢过程中，由于营养物质被分解和代谢产物的形成与积累，可引起pH值的变化，对大多数的微生物来说，主要是由于酸性产物使培养基pH值下降，这种变化往往影响微生物的生长和繁殖。所以在配制培养基中需加一些缓冲剂来维持培养基pH值的相对恒定。常用的缓冲剂有磷酸盐类或碳酸钙缓冲剂。

4.培养基中原料的选择

配制培养基时，应尽量利用廉价且易获得的原料作为培养基的成分，特别是发酵工业中，培养基用量大，选择培养基的原料时，除了必须考虑容易被微生物利用以及满足工艺要求，还应考虑经济价值。尤其是应尽量减少主粮的利用，采用以副产品代用原材料的方法。如微生物单细胞蛋白的生产中主要是以纤维水解物、废糖蜜等代替淀粉、葡萄糖等。大量的农副产品如麸皮、米糠、花生饼、豆饼、酒糟、酵母浸膏等都是常用的发酵工业培养基的原料。

（二）培养基的类型

1.根据营养成分划分

（1）天然培养基

天然培养基指利用天然的有机物配制而成的培养基，例如牛肉膏、麦芽汁、豆芽汁、麦曲汁、马铃薯、玉米粉、麸皮、花生饼粉等制成的培养基。天然培养基的特点是配制方便、营养全面而丰富、价格低廉，适合于各类异养微生物生长，并适用于大规模培养微生物。缺点是成分复杂，不同单位生产或同一单位不同批次所提供的产品成分都不稳定，一般自养型微生物不能在这类培养基上生长。

（2）合成培养基

合成培养基是由化学成分完全了解的物质配制而成的，也称化学限定培养基，如高氏1号培养基和查氏培养基就属于此种类型。此类培养基优点是成分精确、重复性较强，一般用于实验室进行营养代谢、分类鉴定和菌种选育等工作。缺点是配料复杂，微生物在此类培养基上生长缓慢、成本较高，不适宜用于大规模的生产。

（3）半合成培养基

用一部分天然的有机物作为碳源、氮源及生长因子等物质，并适当补充无机盐类，这样配制的培养基称为半合成培养基，如实验室中使用的马铃薯蔗糖培养基就属于半合成培养基。此类培养基用途最广，大多数微生物都能在此类培养基上生长。

2.根据物理状态来划分

（1）液体培养基

把各种营养物质溶于水中，混合制成水溶液，调节适当的pH值，成为液体状的培养基质。液体培养基培养微生物时，通过搅拌可以增加培养基的通气量，同时使营养物质分布均匀，有利于微生物的生长和积累代谢产物。常用于大规模工业化生产和实验室观察微生物生长特征及应用方面的研究。

（2）固体培养基

在液体培养基中加入一定量的凝固剂，如琼脂（1.5%～2.0%）、明胶等煮沸冷却后，使其凝成固体状态。常作为观察、鉴定、活菌计数和分离纯化微生物的培养基。

（3）半固体培养基

在液体培养基中加入少量的凝固剂（0.5%～0.8%的琼脂）则成半固体状的培养基。常用来观察微生物的运动特征、分类鉴定及噬菌体效价滴定等。

3.根据用途划分

（1）加富培养基

根据某种微生物的生长要求，加入有利于这种微生物生长繁殖而不适合其他微生物生长的营养物质配制而成的培养基称为增殖培养基或加富培养基。这种培养基常用于菌种分离筛选。

（2）鉴别培养基

根据微生物代谢特点，通过指示剂的显色反应，以鉴定不同种类的微生物的培养基，称为鉴别培养基。

（3）选择培养基

为了将某种微生物从混杂的微生物群体中分离出来，根据不同种类微生物的特殊营养要求或对某种化学物质的敏感性不同，在培养基中加入特殊的营养物质或化学物质以抑制杂菌的生长，而促进某种待分离菌的生长，这类培养基叫选择培养基。

二、常用微生物培养基制备实践

（一）平板计数琼脂培养基的配制

1.实验试剂、设备和材料

试剂：胰蛋白胨、酵母浸膏、葡萄糖、琼脂、1mol/L NaOH、1mol/L HCl、蒸馏水。

设备和材料：高压蒸汽灭菌锅、恒温培养箱、试管、三角瓶、烧杯、量筒、玻璃棒、天平、牛角匙、pH试纸（pH值为7.0 ± 0.2）、棉花、纱布、棉线、牛皮纸、记号笔、1mL吸管、牙签等。

2.操作步骤

（1）棉塞的制作（或直接用硅胶塞）

棉塞可以防止杂菌污染，保证通气良好。因此，棉塞质量的优劣对实验的结果有很大影响。正确的棉塞要求形状、大小、松紧与试管口（或三角瓶口）完全适合。过紧则妨碍空气流通，操作不便；过松则达不到滤菌的目的。加塞时，应使棉塞长度的1/3在试管口外，2/3在试管口内。做棉塞的棉花要选纤维较长的，一般不用脱脂棉做棉塞，因为其容易吸水变湿，造成污染，而且价格较贵。

此外，在微生物实验和科研中，往往要用到通气塞。所谓通气塞，就是几层纱布（一般8层）相互重叠而成，或是在两层纱布间均匀铺一层棉花而成。这种通气塞通常加在装有液体培养基的三角瓶口上。经接种后，放在摇床上进行振荡培养，以获得良好的通气促进菌体的生长或发酵。

（2）称取药品

平板计数琼脂培养基是一种应用最广泛和最普通的细菌基础培养基。其配方如下：胰蛋白胨5.0g、酵母浸膏2.5g、葡萄糖1.0g、琼脂15.0g、蒸馏水1000mL、pH值7.0 ± 0.2。按培养基配方比例依次准确地称取酵母浸膏、胰蛋白胨、葡萄糖放入烧杯中。胰酵母浸膏常用玻璃棒挑取，放在小烧杯或表面皿中称量，用热水溶化后倒入烧杯。也可放在称量纸上，称量后直接放入水中，稍微加热，酵母浸膏便会与称量纸分离，然后立即取出纸片。蛋白胨很容易吸潮，在称取时动作要迅速。另外，称药品时严防药品混杂，一把牛角匙用于一种药品，或称取一种药品后，洗净，擦干，再称取另一药品，瓶盖也不要盖错。

（3）溶化

在上述烧杯中先加入少于所需要的水量，用玻璃棒搅匀，然后，在石棉网上加热使其溶解，或在磁力搅拌器上加热溶解。待药品完全溶解后，补加水约到所需总体积。配制固体培养基时，将称好的琼脂放入已溶的药品中，再加热溶化，最后补足所损失的水分。在琼脂溶化过程中，应控制火力，以免培养基因沸腾而溢出容器；同时需要不断搅拌，以防琼脂烧焦。配制培养基时，不可用铜或铁锅加热溶化，以免离子进入培养基中，影响细菌生长。制备用三角瓶盛固体培养基时，一般也可先将一定量的液体培养基分装于三角瓶中，然后直接按1.5%的量将琼脂分别加入各三角瓶中，灭菌和加热溶化可同步进行，以节省时间。

（4）调节pH值

在未调pH值前，先用精密pH试纸测量培养基的原始pH值。如果偏酸，用滴管向培养基中逐滴加入1mol/LNaOH，边加边搅拌，并随时用pH试纸测其pH值，直到pH值达到7.0±0.2。反之，用1mol/L HCl进行调节。

对一些要求pH值较精确的微生物，其pH值的调节可用酸度计进行（使用方法可参考有关说明书）。

pH值不要调过头，以免回调而影响培养基内各离子的浓度。配制pH值低的琼脂培养基时，若预先调好pH值并在高压蒸汽下灭菌，则琼脂因水解不能凝固。因此，应将培养基的成分和琼脂分开灭菌后再混合，或在中性pH值条件下灭菌后，再调整pH值。

（5）过滤

趁热用滤纸或多层纱布过滤，以利于某些实验结果的观察。一般无特殊要求的情况下，这步可以省去（本实验无须过滤）。

（6）分装

按实验要求，可将配制的培养基分装入试管内或三角烧瓶内。

①液体分装 分装高度以试管高度的1/4左右为宜。分装三角瓶的量则根据需要而定，一般不超过三角瓶容积的一半为宜。如果用于振荡培养，则根据通气量的要求酌情减少。有的液体培养基在灭菌后，需要补加一定量的其他无菌成分，如抗生素等，装量一定要准确。

②固体分装 分装试管的装量不超过管高的1/5，灭菌后制成斜面。分装三角瓶的量以不超过三角瓶容积的一半为宜。

③半固体分装 分装一般以试管高度的1/3为宜，灭菌后垂直待凝。

分装过程中注意不要使培养基沾在管（瓶）口上，以免沾染棉塞而引起污染。

（7）加塞

培养基分装完毕后，在试管口或三角瓶口上塞上棉塞（或泡沫塑料塞或试管帽等），以阻止外界微生物进入培养基内而造成污染，并保证有良好的通气性能。

（8）包扎、灭菌

加塞后，将全部试管用棉绳捆好，再在棉塞外包一层牛皮纸，以防止灭菌时冷凝水润湿棉塞，其外用一道麻绳扎好。用记号笔注明培养基名称、组别、配制日期。三角瓶加塞后，外包牛皮纸，用麻绳以活结形式扎好，使用时容易解开。同样用记号笔注明培养基名称、组别、配制日期（有条件的实验室，可用市售的铝箔代替牛皮纸，省去用绳扎，而且效果好）。

将上述培养基、分装好的生理盐水、移液管、平皿，以121℃高压蒸汽灭菌20min。

（9）搁置斜面

将灭菌的试管培养基冷至50℃左右（以防斜面冷凝水太多），将试管口端搁在玻璃棒或其他合适高度的器具上，搁置的长度以不超过试管总长的1/2为宜。

（10）无菌检查

将已灭菌的培养基放入37℃的恒温培养箱中培养24～28h，以检查灭菌是否彻底。

3.注意事项

称药品用的牛角匙不要混用；称完药品要及时盖紧瓶盖；调pH值时要小心操作，避免回调；不同培养基各有配制特点，要注意具体操作。

（二）高压蒸汽灭菌锅的使用

高压蒸汽灭菌法适用于培养基、无菌水、工作服等物品的灭菌。

实验室中常用的高压蒸汽灭菌锅有立式、卧式和手提式等。

（1）加水。将内层灭菌桶取出，再向外层锅内加入适量的水，以水面与三脚架相平为宜。

（2）装料。将装料桶放回锅内，装入待灭菌的物品。注意不要装得太挤，以免妨碍蒸汽流通而影响灭菌效果。三角烧瓶与试管口端均不要与桶壁接触，以免冷凝水淋湿包口的纸而透入棉塞。

（3）加盖。将盖上与排气孔相连接的排气软管插入内层灭菌桶的排气槽内，摆正锅盖，对齐螺口。然后以同时旋紧相对的两个螺栓的方式拧紧所有螺栓，使螺栓松紧一致，以免漏气，并打开排气阀。

（4）排气。接通电源，待水煮沸后，水蒸气和空气一起从排气孔排出。一般认为，当排出的气流很强，并有嘘声时，表明锅内空气已排净（沸后约5min）。

（5）升压。当锅内空气排净时，即可关闭排气阀，压力开始上升。

（6）保压。当压力表指针达到所需压力刻度时，控制热源，开始计时，并维持压力至所需时间。本实验采用121℃灭菌20min。

（7）降压。达到所需灭菌时间后，关闭热源，让压力自然下降到零后，打开排气阀。放净余下的蒸汽后，再打开锅盖，取出灭菌物品，倒掉锅内剩水。如果压力未降到零时打开排气阀，就会因锅内压力突然下降，使容器内的培养基因内外压力不平衡而冲出烧瓶口或试管口，造成棉塞沾染培养基而发生污染。

（8）无菌检查。将已灭菌培养基于37℃培养24h，若无杂菌生长，即可待用。

第二节　影响微生物生长的理化因素

一、水分

水分对维持微生物的正常生命活动是必不可少的。干燥会造成微生物因失水而停止代谢甚至死亡。不同的微生物对干燥的抵抗力是不一样的，细菌的芽孢抵抗力最强，霉菌和酵母菌的孢子也具较强的抵抗力。

影响微生物干燥抵抗力的因素较多。高温干燥时，微生物容易死亡；在低温下干燥时，其抵抗力强。因此，干燥后存活的微生物若处于低温下，可用于保藏菌种。干燥的速度快，微生物抵抗力强；缓慢干燥时，微生物死亡多。微生物在真空干燥时，再加保护剂（血清、血浆、肉汤、蛋白胨、脱脂牛乳）于菌悬液中，分装在安瓿内，低温下可保持长达数年的生命力。食品工业中常用干燥方法保藏食品。

二、渗透压

大多数微生物适于在等渗的环境中生长。若置于高渗溶液（如20%NaCl）中，水将通过细胞膜进入细胞周围的溶液中，造成细胞脱水而引起质壁分离，使细胞不能生长甚至死亡；若将微生物置于低渗溶液（如0.01%NaCl）或水中，外环境中的水从溶液进入细胞内引起细胞膨胀，甚至破裂致死。一般微生物不能耐受高渗透压，因此，食品工业中利用高浓度的盐或糖保存食品，如腌渍蔬菜、肉类及果脯蜜饯等，糖的浓度通常在50%～70%，盐的浓度为5%～15%，在二者浓度相等的情况下，盐的保存效果优于糖。有些微生物耐高渗透压的能力较强，如发酵工业中鲁氏酵母。另外，嗜盐微生物（生活在含盐量高的海水中）可在15%～30%的盐溶液中生长。

三、辐射

电磁辐射包括可见光、红外线、紫外线、X射线和γ射线等，均具有杀菌作用。在辐射能中无线电波的波长最长，对生物的作用最弱；红外辐射波长在800～1000nm，可被光合细菌作为能源；可见光部分的波长为380～760nm，是蓝细菌等藻类进行光合作用的主要能源；紫外辐射的波长为136～400nm，有杀菌作用。可见光、红外辐射和紫外辐射的最强来源是太阳，由于大气层的吸收，紫外辐射与红外辐射不能全部达到地面；而波长更短的X射线、γ射线、β射线和α射线（由放射性物质产生），往往引起水与其他物质的电离，对微生物有害，故被作为一种灭菌措施。

波长为265～266nm的紫外线杀菌力最强，其杀菌机理是复杂的。细胞原生质中的核酸及其碱基对紫外线吸收能力强，吸收峰为260nm，而蛋白质的吸收峰为280nm，当这些辐射能作用于核酸时，便能引起核酸的变化，破坏分子结构，主要是对DNA的作用，最明显的是形成胸腺嘧啶二聚体，妨碍蛋白质和酶的合成，引起细胞死亡。紫外线的杀菌效果，因菌种及生理状态而异，照射时间、距离和剂量的大小也有影响。由于紫外线的穿透能力差，不易透过不透明的物质，即使一薄层玻璃也会被滤掉大部分，在食品工业中适于厂房内空气及物体表面消毒，也有用于饮用水消毒的。适量的紫外线照射，可引起微生物的核酸物质DNA结构发生变化，培育新性状的菌种。因此，紫外线常作为诱变剂用于育种工作中。

四、pH值

微生物生长的pH值范围极广，一般为2～8，有少数种类还可超出这一范围，事实上，绝大多数种类都生长在pH值为5～9的环境中。

不同的微生物都有其最适生长pH值和一定的pH范围，即最高、最适与最低三个数值。在最适pH范围内微生物生长繁殖速度快；在最低或最高pH值的环境中，微生物虽然能生存和生长，但生长非常缓慢而且容易死亡。一般霉菌能适应的pH值范围最大，酵母菌适应的范围较小，细菌适应的范围最小。霉菌和酵母菌生长最适宜pH值都在5～6，而细菌的生长最适宜pH值在7左右。一些最适宜生长pH值偏于碱性范围内的微生物，称嗜碱性微生物，如硝化菌、尿素分解菌、根瘤菌和放线菌等；有的不一定要在碱性条件下生活，但能耐较碱性的条件，称耐碱微生物，如若干链霉菌等。生长pH值偏于酸性范围内的微生物也有两类：一类是嗜酸微生物，如硫杆菌属等；另一类是耐酸微生物，如乳酸杆菌、醋酸杆菌、许多肠杆菌和假单胞菌等。

五、氧气

氧气对微生物的生命活动有着重要影响。专性好氧菌要求必须在有分子氧的条件下才能生长，有完整的呼吸链，以分子氧作为最终氢受体，细胞有超氧化物歧化酶和过氧化氢酶。绝大多数真菌和许多细菌都是专性好氧菌，如米曲霉、醋酸杆菌、荧光假单胞菌、枯草芽孢杆菌和蕈状芽孢杆菌等。兼性厌氧菌在有氧或无氧条件下都能生长，但有氧的情况下生长得更好。有氧时进行呼吸产能，无氧时进行发酵或无氧呼吸产能。细胞含SOD和过氧化氢酶。许多酵母菌和许多细菌都是兼性厌氧菌，例如酿酒酵母、大肠杆菌和普通变形杆菌等。微好氧菌只能在较低的氧分压下才能正常生长的微生物，也通过呼吸链以氧为最终氢受体而产能，例如霍乱弧菌、一些氢单胞菌、拟杆菌属和发酵单胞菌属。耐氧性厌氧菌，可在分子氧存在时进行厌氧呼吸的厌氧菌，即生长不需要氧，但分子氧存在对其也无毒害；不具有呼吸链，仅依靠专性发酵获得能量；细胞内存在SOD和过氧化物酶，但没有过氧化氢酶。一般乳酸菌多数是耐氧菌，如乳链球菌、乳酸乳杆菌、肠膜明串珠菌和粪链球菌等，乳酸菌以外的耐氧菌如雷氏丁酸杆菌。厌氧菌，其特征是分子氧的存在有毒害作用，即使是短期接触空气，也会抑制其生长甚至使其死亡；在空气或含10% CO_2的空气中，在固体或半固体培养基的表面上不能生长，只能在深层无氧或低氧化还原势的环境下才能生长；其生命活动所需能量是通过发酵、无氧呼吸、循环光合磷酸化或甲烷发酵等提供；细胞内缺乏SOD和细胞色素氧化酶，大多数还缺乏过氧化氢酶。常见的厌氧菌有罐头工业的腐败菌，如肉毒梭状芽孢杆菌、嗜热梭状芽孢杆菌、拟杆菌属、双歧杆菌属以及各种光和细菌和产甲烷菌等。一般绝大多数微生物都是好氧菌或兼性厌氧菌，厌氧菌的种类相对较少，但近年来已发现越来越多的厌氧菌。

六、化学消毒剂

有重金属盐类、有机化合物、氧化剂等。

（一）重金属盐类

重金属盐类对微生物都有毒害作用，其机理是金属离子容易和微生物的蛋白质结合而发生变性或沉淀。汞、银、砷的离子对微生物的亲和力较大，能与微生物酶蛋白的—SH结合，影响其正常代谢。汞化合物是常用的杀菌剂，杀菌效果好，用于医药业中。重金属盐类虽然杀菌效果好，但对人有毒害作用，所以严禁用于食品工业中的防腐或消毒。

（二）有机化合物

对微生物有杀菌作用的有机化合物种类有很多，其中酚、醇、醛等能使蛋白质变性，是常用的杀菌剂。

酚及其衍生物（苯酚又称石炭酸），杀菌作用是使微生物蛋白质变性，并具有表面活性剂作用，破坏细胞膜的通透性，使细胞内含物外溢。酚浓度低时有抑菌作用，浓度高时有杀菌作用，2%～5%的酚溶液能在短时间内杀死细菌的繁殖体，杀死芽孢则需要数小时或更长的时间。许多病毒和真菌孢子对酚有抵抗力。适用于医院的环境消毒，不适于食品加工用具以及食品生产场所的消毒。

醇类是脱水剂、蛋白质变性剂，也是脂溶剂，可使蛋白质脱水、变性，损害细胞膜而具杀菌能力。75%的乙醇杀菌效果最好，其原因是高浓度的乙醇可使菌体迅速脱水，其表面蛋白质凝固，形成了保护膜，阻止了乙醇分子进一步渗入。乙醇常用于皮肤表面消毒，实验室用于玻棒、玻片等用具的消毒。醇类物质的杀菌力随着分子量的增大而增强，但分子量大的醇类水溶性比乙醇差，因此，醇类中常用乙醇作消毒剂。

甲醛是一种常用的杀细菌与杀真菌剂，杀菌机理是与微生物蛋白质的氨基结合而使蛋白质变性致死。市售的福尔马林溶液就是37%～40%的甲醛水溶液。0.1%～0.2%的甲醛溶液可杀死细菌的繁殖体，5%的甲醛可杀死细菌的芽孢。甲醛溶液可作为熏蒸消毒剂，对空气和物体表面有消毒效果，但不适宜于食品生产场所的消毒。

（三）氧化剂

氧化剂杀菌的效果与作用的时间和浓度成正比，杀菌的机理是氧化剂放出游离氧作用于微生物蛋白质的活性基团（氨基、羟基和其他化学基团），造成代谢障碍而死亡。

氯具有较强的杀菌作用，其机理是使蛋白质变性。氯气常用于城市生活用水的消毒，饮料工业用于水处理工艺中杀菌。

漂白粉中有效氯为28%～35%。当浓度为0.5%～1%时，5min可杀死大多数细菌，5%的漂白粉在1h内可杀死细菌芽孢。漂白粉常用于饮用水消毒，也可用于蔬菜和水果的消毒。

过氧乙酸是一种高效广谱杀菌剂，能快速地杀死细菌、酵母、霉菌和病毒。据报道，0.001%的过氧乙酸水溶液能在10min内杀死大肠杆菌，而0.005%的过氧乙酸水溶液只需5min；杀死金黄色葡萄球菌（0.005%过氧乙酸）需要60min，但提高浓度为0.01%只需2min；0.04%浓度的过氧乙酸水溶液，在1min内杀死99.99%的蜡状芽孢杆菌；0.5%的过氧乙酸可在1min内杀死枯草杆菌。能够杀死细菌繁殖体过氧乙酸的浓度，足以杀死霉菌和酵母菌。过氧乙酸对病毒的灭菌效果也好，是高效、广谱和速效的杀菌剂，并且几乎无毒，使用后即使不去除，其也会分解为醋酸、过氧化氢、水和氧。过氧乙酸既适用于一些食品包装材料（如超高温灭菌乳、饮料的利乐包等）的灭菌，也适于食品表面的消毒（如水果、蔬菜和鸡蛋），以及食品加工厂工人的手、地面和墙壁的消毒以及各种塑料、玻璃制品和棉布的消毒。用于手消毒时，只能用浓度低于0.5%的溶液，才不会对皮肤产生刺激和腐蚀。

第三节　食品微生物检验

一直以来，人们对食品安全问题关注的重点都在添加剂和微生物两大类上。其中，微生物广泛存在于食品生产、运输、销售等各个环节，会对产品造成污染，严重影响食品的质量。食品微生物检验是衡量食品安全的一项重要指标，也是判断食品能否食用的科学依据，主要包含样品采集、制备、检验等工作，通过分析食品中微生物的种类与含量，判定食品的安全性。食品检验样品采集与制备是微生物检验的重要前提，也是保障检验报告结果准确性的关键，做好样品的采集与制备工作，严格把控食品微生物检测的各个环节，可显著减少检测失效现象发生。

一、食品微生物检验影响因素

（一）环境与设施

食品微生物检验中样品采集、保存、制备、运输及检验等环节所处的空间场所，必须严格遵循无菌实验室的建设要求，设置专门的人流和物流通道，降低无关人员的通过率，从空间层面降低人员、环境对检测活动的影响。检验样品所使用的各类仪器设备，如光学设备、恒温设备、生物技术设备等，也必须严格按照相关规定来配置，由专业人员负责，避免其受到各种微生物的污染。运输期间，运输环境和设备也会对食品微生物检验结果产生影响，例如，农产品等保质期较短的样品，未以妥善的方式送至检验室，导致样品腐烂、污染；部分需要冷藏和冷冻的特殊样品，未全程进行冷链运输，导致样品发生质变等。

（二）人为因素

人为因素，主要包含检验人员的专业性、职业道德两方面内容。专业性，即检验人员专业素养、技术水平、操作经验等，检验人员必须熟悉GBT4789系列技术规范及标准，掌握不同设备仪器的操作方法。若个人专业水平不佳，操作失误会导致样品失效。职业道德层面主要体现在检验人员的工作态度上，要求检验人员能够以认真负责、科学严谨的态度对待检验工作。若人员职业素养低下，对工作敷衍了事，可能会出现样品资料填写不全、填写有误、缺少重要存储资料等情况，增加检验工作的潜在风险，导致检验结果存疑。

二、食品微生物检验样品采集工作要点

（一）确定样品采集标准

在采集样品之前，要做好各项准备工作，明确样品采集的标准及要求，具体包括以下几点：

（1）提取样品前，仔细检查证件信息，确定是否与所采样品一致。

（2）严格检查使用工具，对采集中要用到的物品进行高温杀菌处理，确保灭菌消毒合格，采样过程中无任何污染物混入。

（3）采用随机抽取的方式采样，对可疑的样品进行重新采集。

（4）在样品容器上贴上标签，注明样品的名称、来源、数量、采集人员信息等内容，贴在醒目位置，便于查看。

（5）样品采集过程中，避免受空气、水、光照等因素的影响。

（6）详细记录并保存样品采集各个环节的有关信息，包括样品采集地点图式、样品采集完整程序、环境与设备条件等。

（7）完善样品采集计划，确保样品能代表整个批次产品的质量，保证采集抽取的概率一致。

（二）科学设置采样点

食品微生物检验样品采集过程中，采样点会直接影响整体采集质量。采样点应当覆盖食品原材料生产及销售的各个环节，通过检验明确具体是哪一环节导致食品受到微生物污染。从当前的采样情况看，食品微生物检验样品采集点主要分为三类：

（1）食品原料取样：检测样品为食品生产原料，包括企业购入原料、辅料、添加剂、水等。

（2）食品生产线取样：为食品生产关键环节，主要包括半成品、未成形原胚、加工台面、产品加工仪器等，通过生产线取样确定微生物污染来源，为了解食品生产安全提供重要的信息支持。

（3）食品仓储取样：对运输、存储过程中的食品进行采样，通过检验了解保质期内食品中微生物的情况。

（三）应用适宜采样方法

不同类型、不同状态食品的保存方式存在差异，因此在采集样品过程中，需要依照具体情况采取相应的采样方法。首先，针对包装类食品，要先检查食品包装是否完整，尽量取原包装，检验之前不能打开，避免在采集过程中污染样品。对于液体类包装食品，采样前需要用无菌棒均匀搅拌包装内的液体，使其达到均质状态，使用虹吸法对多个部位不同深度进行采样，并充分混合样品，确保采集样品的代表性；对于冷冻类包装食品，同样需要对多个部位进行采样，且采样过程中食品始终保持冷冻状态，还要确保采样食品属于同一批次、数量适中，满足食品微生物检验的要求。其次，非包装食品具有特殊性，包含现场制作的散装食品，采样需要具有针对性和及时性，遵循“三层五点”的采样原则，即在表层、中层、下层中五个点进行采样，将采集到的样品放进不同的样品容器中，实现生产过程中食品检测批次的合理划分。同时，还可以根据食品状态进行采样，液体食品在采样前需要充分混合，实现均质采样。固体食品进行采样时，采取多个抽取点、小样品的方式采集样品，并单独保存和处理。最后，针对空气样品，可直接使用沉降法或过滤法进行取样。其中，沉降法可检验空气中的细菌含量，精准判断空气中悬浮微生物的含量。

（四）做好样品密封与保存工作

样品采集完毕后，要对样品及包装物进行密封处理，从取样地点至送达无菌实验室，整个过程尽量减少人员与样品的接触频次，保障样品的可靠性。一般情况下，样品密封处理时采用特质粘胶将包装物密封口封住，放入特定容器内保存，在容器外明显位置处粘贴标注信息。样品送到实验室正式检验之前，需要根据食品性质的不同来存储待测，对一些无法立即检测的样品，必须将其放入冰柜或冰箱内保存，做好样品标识。对于容易腐烂的样品，需要设置 0℃~4℃的存储条件。对于冷冻类食物，进入实验室后继续维持-18℃的存储条件，防止因存储条件不当而导致食品变质。

三、食品微生物检验样品制备工作要点

（一）明确样品制备要求

样品制备过程的规范与否直接影响着检验结果的准确性，所有样品制备过程必须严格遵循无菌的操作要求，根据食品物理状态、微生物抑制性等因素的差异采取相应的制备方式。样品制备过程中，操作人员必须严格按照各类食品相应的制备作业指导书来进行操作，设置双份制样品标识，避免标识在制备过程中受到破坏。制备过程中，重点关注样品的温度变化，避免样品温度过高；选择适宜的加工方式；确保样品处于均匀混合状态；将

制备和检验分类，屏蔽企业相关信息，避免受到误导。

（二）选择样品制备方法

依据样品的特点采取不同的制备方式。以液体样品制备为例，充分摇匀使液体内微生物分布均匀，用灭菌吸管吸取25mL液体样品，与225mL生理盐水或蒸馏水均匀混合后形成1：10的样品稀释液。对于固体类食物，则需要使用捣碎均质法、剪碎振摇法、研磨法、整粒振摇法四种处理方法，如将样品捣碎均匀混合后，从中称取25g样品投入稀释液的无均质中均匀混合；其目的是将样品与稀释液充分混合，做好样品检验的准备工作。

（三）特殊样品制备

一些食物本身具有特殊属性，在进行样品制备时，应根据其特点进行操作。若液体样品为酸性食品，需要使用灭菌后10%的$NaCO_3$来调节酸碱度，直至pH值为中性后再进行检验；若液体样品中含有CO_2，应当先将样品倒入杀菌消毒后的小瓶内，用灭菌纱布将瓶口盖住，轻微摇晃，直至不再有气泡产生时再进行检验；对于高脂肪样品，则需要按照脂肪水平，在稀释液中加入适量的聚山梨醇酯，加快样品的乳化速度；对于冷冻类食品，在实验室18℃~27℃的环境下，需要在3h 内快速制备检验，避免食品变质导致检验结果不准确；若食品样品为洋葱、大蒜等高抑制物质或酸碱性食品、腌渍食品，需要使用缓冲蛋白胨水或其他稀释液进行处理。

综上所述，食品微生物检验是保障食品安全的关键环节，在面对具有广泛性、随机性的微生物时，为确保检验结果的精准性和代表性，需要重视并做好样品的采集与制备工作，确保全程无菌操作，避免样品受到污染。检验人员应当提高自身的专业水平和职业素养，确定样品采集标准、科学设置采样点、应用适宜采样方法、做好样品密封与保存工作，在严格条件下完成样品制备工作，防止样品出现污染和变质，确保最终检验结果的客观性和公正性。

四、检验方法

（一）传统检测法

传统检验法包括显微镜直接计数法、间接（活菌）计数法、聚合酶链式反应（Polymerase Chain Reaction，PCR）检测法。显微镜直接计数法是将样品处理后放在显微镜下观察微生物的种类，并计数。间接（活菌）计数法是将样品稀释后再培养，培养基表面的一个菌落来源于样品的一个活菌，统计平板上的菌落数，计算样品的大概活菌数量，可以测定奶制品等食品中的细菌等微生物的含量。PCR 检测技术是将一段 DNA 作为模板，在 DNA 聚合酶和核苷酸底物作用下扩增该段 DNA 至足够数量，进行结构和功能分析，可以对转基因大豆、玉米等农作物中的微生物进行定性、定量分析。

（二）分析化学技术

不同微生物的化学组成、代谢产物不同，可据此判断微生物的种类。分析化学技术可用于碳水化合物、食品添加剂等检测，常用的方法有气相色谱法、气质联用技术、液质联用技术和高效液相色谱法。

（三）免疫分析检测技术

免疫分析检测技术根据技术特点可以分为3种：①免疫荧光技术需特异性荧光抗体与抗原标本反应，再干燥、封片、镜检即可。②免疫层析技术用化学法将小分子偶联到大分子上，固定到硝酸纤维素膜上后进行检测。③免疫磁珠分离技术是在样品中添加磁珠后混合，再添加高梯度磁场让磁珠与样品分离，移除样品，得到磁珠标记和未标记细胞组分。免疫分析检测技术常用于冷冻猪肉、牛奶等食品中沙门氏菌、大肠埃希菌、单核细胞增生李斯特菌和金黄色葡萄球菌等微生物的检验。

（四）生物传感器检测技术

生物传感器检测技术将生物受体复合物与物理化学传感器连接，用以观察并判断微生物的种类，如微生物传感器、免疫传感器、酶传感器和DNA杂交传感器等，常用于肉类鲜度的评定和食品中大肠杆菌、沙门氏菌等微生物的检验。

（五）分子生物学技术

（1）核酸探针技术利用碱基互补配对的原则进行检测，先用特异的基因探针与样品DNA进行杂交，形成互补序列后检测目标 DNA。

（2）基因芯片技术是将基因探针固定在载体上，当溶液中的核酸序列与基因芯片上核酸探针产生互补配对时，可以获得一组与探针序列完全互补的序列，重组出靶核酸序列。

（3）放射检验技术是标记培养基中碳源的碳，当使用培养基培养细菌时，会消耗碳，根据碳来确定样品中微生物的种类、数量，通常用于食品中的副溶血性弧菌、李斯特菌、沙门氏菌、霍乱弧菌和鸭疫中的默氏杆菌等致病菌的检测。

（六）其他技术

（1）抗体检验技术中最常用的是酶联免疫吸附法。食品微生物检验可利用人工抗体与抗原发生反应，产生复合物，通过比色法测得结果，此法常用于检测食品样品中的金黄色葡萄球菌含量。

（2）不同分子的导电性能存在差异，电导分析法可通过溶液导电率大小来测出某些微生物的含量，得出检测结果，食品检验中比较常用的是Mathus系统。

（3）商品化快速检验技术中ATP生物发光法可以通过ATP与荧光物质的结合进行细胞鉴定；染色成像计数法可以通过荧光过滤膜观察细胞颜色，判断细胞的活性，绿色的为死细胞，橙色的为存活细胞。

五、质量控制要点

食品微生物检验涉及的环节较多，任何一个环节存在纰漏或不足都将直接影响检验质量。食品检验全步骤主要涉及检验人员、检验技术、环境和样品的采样及保存等，要确保食品检验质量，需要从这些方面入手。

（一）检验人员

检验人员的综合素质直接影响检验质量，要对检验人员进行培训，培训内容包括基础理论、基本技能、质量标准、法律法规、检验新技术和质量管理等。基础理论培训可以巩固检验人员的理论知识；基本技能培训可以强化检验人员的操作水平；质量标准培训可以让检验人员熟悉各项操作要求，保证检验操作符合标准；法律法规培训可以让检验人员熟悉行业相关法律法规政策，增强法律风险意识；检验新技术培训可以让检验人员掌握新技术，不断提高检验技术水平。

（二）检验技术

食品微生物检验方法众多，如显微镜直接计数法、PCR检测技术、核酸探针技术、基因芯片技术和流式细胞技术等。不同方法的适用范围、准确度存在差异，检验人员需要熟悉各类检验技术的适用范围，在不同种类的食品检验中选择适宜的检验技术。例如，显微镜直接计数法适用于酵母菌、霉菌孢子等观察计数；PCR 检测技术方便快捷、成本低，但操作严格、易受污染、定量困难，在食品检验中适用于大肠杆菌、沙门氏菌、李斯特菌和草鱼肠道细菌等检测；核酸探针技术特异性强、灵敏度高，但操作要求高、工作量大、成本高、不能检测毒素，在食品检验中适用于金黄色葡萄球菌、大肠杆菌等检测；基因芯片技术灵敏度、特异度较高，但成本高、操作复杂，在食品检验中适用于肠出血性大肠埃希氏菌、志贺氏菌等检测；流式细胞术检测速度快、检测指标多，但容易受食品基质的影响，主要适用于益生菌检测、微生物活性检测、致病菌检测等。

（三）环境

实验室环境要干净、无菌、温度适宜，避免杂菌生长形成污染影响检验结果。实验室需限制闲杂人员进入，避免外界污染源进入室内；定期检测工作台、物品表面、空气中的病原菌含量，定期消毒；室内不可堆放杂物，以免形成消毒死角；每次实验前需要检查水浴锅、高压灭菌锅、培养箱和微生物限度检验仪等仪器设备的运行情况，确保仪器正常运行是保证检验质量的前提；每次检测结束后必须清洁工作台表面等，用专门的器皿装剩余培养基、杂物，防止形成污染源。

（四）样品的采样和保存

不同的样品采样方法、保存方法、检验要求存在差异。在采样之前，采样人员要检查相关证件，准备好无菌的注射器、剪刀、铲子和样品袋等采样工具。采用随机采样方式，若样品被污染要第一时间重新采样。采样后，将样品装入专用容器中密封保存，保证样品从采样地点到实验室的过程中不被污染，贴好标签，记录采样时间、地点、人员。取样后，对于容易变质的样品，如畜肉、鱼类、乳制品和新鲜蔬菜瓜果等，要密封后低温冷藏保存，防止变质。检验人员要根据样品进行检验，贝类要在6h内检验，其他可在3d 内进行检验，未进行检验的样品要做好储存，防止交叉感染、变质，冷冻的样品要防止融化。

（五）仪器设备

食品微生物检验需要借助多种仪器设备，仪器设备的性能、精密度以及检验人员的仪器操作是否规范都会影响检验结果的准确性，做好仪器设备的管理是食品微生物检验质量控制的关键所在。仪器设备要定期做好维护工作，包括日维护、周维护、月维护等，记录维护情况，以保持仪器良好的性能，保障检验结果的准确性。在检验前，检验人员要检查仪器设备的性能、精密度，做好调试，确保仪器无异常。在检验过程中，检验人员要按照仪器设备的使用说明书规范使用仪器设备。例如，使用高压灭菌器灭菌时，加入的灭菌物要符合相关规定要求；培养箱中不可放入过冷、过热的物品，避免影响培养箱性能；冰箱要每天监测温度，温度浮动在1℃内，每季度检查消毒情况，确保平均菌落数<103CFU・mL–1；干热灭菌箱要定期校准，每半年检查一次灭菌效果。

（六）标准菌株的管理

标准菌株在食品微生物检验中起到与样本对照的作用，具有可追溯的遗传学特性，标准菌株的管理会直接影响检验结果的判读，影响检验结果的准确性和科学性。因此，标准菌株管理是食品微生物检验质量控制的重要内容，标准菌株要通过正规途径购买，可以选择国内外认可的菌种保藏机构购买。购买后的菌株要按照要求进行管理，由技术负责人、微生物室负责人双人双锁管理，放在加锁的冰箱内，并做好标准菌株的分类存放。标准菌株要详细登记菌种名称、编号、数量、分离日期和动物致病力等信息，菌种传代要在5代以内，防止交叉感染。定期检查标准菌株的活性，要做好不符合要求、失去活力的菌株的灭菌处理，防止污染，并需注明销毁原因及情况。传代后的菌株，要检查形态、菌落、毒性等，每移种3次就需要做一次全面的鉴定，对于污染和变异的菌株，要做好灭菌处理。

食品检验与食品安全息息相关，通过食品检验可以了解食品是否存在质量问题，食品微生物检验方法众多，不同检验方法的准确度、优缺点、适用范围等存在差异，需检验人员在检验时选择适宜的检验技术。加强对食品检验的质量控制对保障食品安全至关重要，需加强对检验人员、检验技术、环境、样品的采样及保存的管理，提高食品微生物检验质量。

第六章
农副食品的感官鉴别

第一节　食品的感官评定技术

一、食品感官评定的概念

食品感官评定由来已久，但真正意义上的感官检验还只是近几十年发展起来并逐步完善的。在食品的可接受性方面，它的可靠性、可行性、不可替代性逐步为人们所认识。

各种食品都具有一定的外部特征，消费者习惯上都凭感官来决定商品的取舍。所以，作为食品不仅要符合营养和卫生的要求，还必须能为消费者所接受。其可接受性通常不能由化学分析和仪器分析结果来下结论。因为用化学分析和仪器分析方法虽然能对食品中各组分的含量进行测定，但并没有考虑组分之间的相互作用和对感官的刺激情况，缺乏综合性判断。

一般认为食品感官检验是依靠人的感官感觉，即味觉、嗅觉、视觉、触觉和听觉，对食品的色泽、风味、气味、组织状态、硬度等外部特征进行评价的方法。

目前被广泛接受和认可的定义源于1975年美国食品科学技术专家学会（Sensory Evaluation of the Institute of Food Technologists）的说法：食品感官评定是用于唤起、测量、分析和解释产品通过视觉、嗅觉、触觉、味觉和听觉对食品感官品质所引起反应的一门科学。

感官评定的原理和实践包括定义中所提及的四种活动如下：

（1）唤起（evoke）。它提出了感官评定应该在一定的控制条件下，制备和处理样品，以使偏见因素最小这一原则。它指明样品应是随机的，感官评定应在专门的检验室完成，所有评价程序尽可能不影响检验人员感觉器官的正常发挥。

（2）测量（measure）。感官评定是一门定量的科学，通过采集数据在产品性质和人的感知之间建立起合理的、特定的联系，应考虑精度、准确度、敏感性，而避免错误的结论。

（3）分析（analyze）。适当的数据分析是感官检验的重要组成部分。通过人的感官而产生的数据有时不完全一致，同时检验人员之间也不尽相同，这就需要利用数理统计方法对测量数据进行分析评价。

（4）解释（interpret）。这一过程是对结果的解释。它是基于数据、分析，所作出的合理判断。

感官评定不仅仅是一种经验，它包含的内容和实际功能要广阔得多，它强调过程和结果的科学性和准确性。感官检验可以为产品提供直接的、可靠的、便利的信息，可以更好地把握市场方向、指导生产，它的作用是独特的、不可替代的。随着我国经济的发展，感官检验的作用日益凸显。

二、食品感官评定的应用和方法

《中华人民共和国食品卫生法（试行）》第四条规定："食品应当无毒、无害，符合应当有的营养要求，具有相应的色、香、味等感官性状。"第七条规定了禁止生产经营的食品，其中第一项有："腐败变质、油脂酸败、霉变、生虫、污秽不洁，混有异物或者其他感官性状异常，可能对人体健康有害的食品。"这里所说的"感官性状异常"指食品失去了正常的感官性状，而出现的理化性质异常或者微生物污染等在感官方面的体现，或者说是食品发生不良改变或污染的外在警示。同样，"感官性状异常"不单单是判定食品感官性状的专用术语，而且是作为法律规定的内容和要求而严肃地提出来的。

感官检验用于鉴别食品的质量，各种食品的质量标准中都定有感官检验指标，如外形、色泽、滋味、气味、均匀性、浑浊程度、有无沉淀及杂质等。这些感官指标往往能反映出食品的品质和质量的好坏，当食品的质量发生了变化时，常引起某些感官指标也发生变化。因此，通过感官检验可判断食品的质量及其变化情况。总之，感官检验在食品生产中的原材料和成品质量控制、食品的贮藏和保鲜、新产品开发、市场调查等方面具有重要的意义和作用。

食品感官检验的方法很多。目前公认的感官检验的方法有三大类，每一类又有不同的目标和具体的方法（见表6–1）。

表6-1感官评定方法分类

方法名称	核心问题	具体方法
区别检验法	产品之间是否存在差别	成对比较法，3点检验、2-3点检验、A-非A检验、五中取二检验
描述检验法	产品的某项感官特性如何	风味剖面法、定量描述分析法
情感试验法	喜爱哪种产品或对产品的喜爱程度如何	快感检验

最简单的区别检验仅仅是试图回答两种类型产品间是否存在不同，这类检验包括多种方法，如成对比较检验、3点检验、2-3点检验、A-非A检验、五中取二检验等。这一类检验已在实践中获得广泛采用，得到普遍应用的原因是数据分析简单，二项式分配的统计表格提供了正确反应的最小数，感官技术人员仅仅需要计算正确回答的数目，借助于该表格就可以得到一个简单的统计结论，从而可以简单而迅速地报告结果。

第二类是对产品感官性质感知强度量化的检验方法，这些方法主要是进行描述分析。它包括两种方法，第一种方法是风味剖面法，主要依靠经过训练的评价小组。这一方法首先对小组成员进行全面训练以使他们能够分辨一种食品的所有风味特点，使之达成一致意见形成对产品的风味和风味特征的描述词汇、风味强度、风味出现的顺序、余味和产品的整体印象。第二种方法称为定量描述分析法，也是首先对评价小组成员进行训练，确定了标准化的词汇以描述产品间的感官差异之后，小组成员对产品进行独立评价。描述分析法已被证明是最全面、信息量最大的感官评定工具，它适用于表述各种产品的变化和食品开发中的研究问题。

第三类感官检验方法主要对产品的好恶程度进行量化，也称作快感或情感法。快感检验是选用某种产品的经常性消费者75～150名，在集中场所或感官检验较方便的场所进行。

最普通的快感标度是示于下列的9点快感标度，这也是已知的喜爱程度的标度。这一标度已得到普及。样品被分成单元后提供给评价小组（一段时间内一个产品），要求评价小组表明他们对产品标度的快感反应。

样品编号×××

□极端喜欢

□非常喜欢

□一般喜欢

□稍微喜欢

□既不喜欢，也不厌恶

□稍微厌恶
□一般厌恶
□非常厌恶
□极端厌恶

三、感官检验的种类

按检验时所利用的感觉器官，感官检验可分为视觉检验、嗅觉检验、味觉检验和触觉检验。

（一）视觉检验

视觉检验即用肉眼观察食品的形态特征，在感官检验中，视觉检验占有重要位置，几乎所有产品的检验都离不开视觉检验。如观察色泽可判断肉制品色泽是否正常；观察可检验有无杂质等。

视觉检验不宜在灯光下进行，因为灯光会给食品造成假象，给视觉检验带来错觉。检验时应从外向里检验，先检验整体外形，如肉制品包装是否有破损或胀袋现象，再检验内容物，然后再给予评价。

（二）嗅觉检验

嗅觉是辨别各种气味的感觉，人的嗅觉非常灵敏，有时用一般方法和仪器不能检测出来的轻微变化，用嗅觉检验可以发现。如鱼、肉蛋白质的最初分解和油脂的开始酸败，其理化指标变化不大，但敏感的嗅觉可以觉察到有氨味和哈喇味。

气味是由食品中散发出来的挥发性物质，它受温度的影响较大，温度低时挥发慢，气味轻；反之则气味浓。因此在进行嗅觉检验时，可把样品稍加热，或取少许样品于洁净的手掌上摩擦，再嗅检。

嗅觉器官长时间受气味浓的物质刺激会疲劳，灵敏度降低，因此，检验时应由轻气味到浓气味的顺序进行，检验一段时间后，应休息一会。

（三）味觉检验

味觉是由舌面和口腔内味觉细胞（味蕾）产生的，基本味觉有酸、甜、苦、咸四种，其余都是由基本味觉组成的混合味觉。味觉还与嗅觉、触觉等其他感觉有联系。味蕾的灵敏度与食品的温度有密切关系，味觉检验的最佳温度为20℃ ~ 40℃，温度过高会使味蕾麻木；温度过低亦会降低味蕾的灵敏度。

味觉检验前不要吸烟或吃刺激性较强的食物，以免降低感觉器官的灵敏度。检验时取少量被检食品放入口中，细心品尝，然后吐出（不要咽下），用温水漱口。若连续检验几种样品，应先检验味淡的，后检验味浓的食品，且每品尝一种样品后，都要用温水漱口，以减少相互影响。对已有腐败迹象的食品，不要进行味觉检验。

（四）触觉检验

触觉检验主要是借助手、皮肤等器官的触觉神经来检验某些食品的弹性、韧性、紧密程度等，以鉴别其质量。如对谷物可以抓起一把，凭手感评价其水分；对肉类，根据其弹性可判断品质和新鲜程度。此外，在品尝食品时，除了味觉，还有脆性、黏性、弹性、硬度、冷热、油腻性和接触压力等触感。

进行感官检验时，通常先进行视觉检验，再进行嗅觉检验，然后进行味觉检验及触觉检验。

四、感官检验的基本要求

（一）实验室要求

感官检验实验室应远离其他实验室，要求安静、隔音和整洁，不受外界干扰，无异味，具有令人心情愉快的自然色调，给检验人员以舒适感，使其注意力集中。

（二）检验人员的选择

进行感官检验时，偏爱型感官检验和分析型感官检验的目的不同，对检验人员的要求也不同。偏爱型检验人员的任务是对食品进行可接受性评价，这类检验员可由任意的未经训练的人组成，人员以不少于100人为宜，这些人必须在统计学上能代表消费者总体，以便保证试验结果的代表性和可靠性。分析型检验人员的任务是鉴定食品的质量，这类检验人员必须具备一定的条件并经过挑选测试。必备条件是：年龄在20～50岁；男女不限；不嗜烟酒；健康状况良好；感觉器官健全；对食品感官鉴定工作有兴趣，愿意合作；无食品偏爱习惯，具有良好的分辨能力；有责任心，工作专心；对感觉内容有确切的表达能力。

（三）样品的准备

（1）样品数量。每种样品应有足够的数量，保证有三次以上的品尝次数，以提高所得结果的可靠性。

（2）样品温度。视该食品的饮食习惯而定。

（3）盛放器皿。应洁净无异味，色泽、大小应一致，条件允许时，尽可能使用一次性纸制或塑料器皿。

（4）时间的选择。感官检验宜在饭后2～3h内进行，避免过饱或饥饿状态。要求在检验前30min不得吸烟，不得吃强刺激性食物。

第二节　常见农副食品的感官鉴别

一、谷物类及其制品鉴别

（一）谷物类感官检验

我国市场常见谷物种类有小麦、大豆、玉米、大米、小米、绿豆、蚕豆等数十种，消费量最大、应用范围最广的是小麦、大豆、玉米、大米四类，本节简要介绍其感官特性及检验方法。

1.谷物种类及其感官特性

（1）小麦

小麦根据冬种、春种以及小麦的皮色和粒质分为以下品种。

①白色硬质冬小麦。种皮为白色或黄白色的麦粒不低于90%，角质率不低于70%的冬小麦。

②白色硬质春小麦。种皮为白色或黄白色的麦粒不低于90%，角质率不低于70%的春小麦。

③白色软质冬小麦。种皮为白色或黄白色的麦粒不低于90%，粉质率不低于70%的冬小麦。

④白色软质春小麦。种皮为白色或黄白色的麦粒不低于90%，粉质率不低于70%的春小麦。

⑤红色硬质冬小麦。种皮为深红色或红褐色的麦粒不低于90%，角质率不低于70%的冬小麦。

⑥红色硬质春小麦。种皮为深红色或红褐色的麦粒不低于90%，角质率不低于70%的春小麦。

⑦红色软质冬小麦。种皮为深红色或红褐色的麦粒不低于90%，粉质率不低于70%的冬小麦。

⑧红色软质春小麦。种皮为深红色或红褐色的麦粒不低于90%，粉质率不低于70%的春小麦。

⑨混合小麦。不符合上述八种规定的小麦。

（2）大豆

根据大豆的种皮颜色和粒形分为以下五类。

①黄大豆。种皮为黄色，按其粒形分为东北黄大豆和一般黄大豆。东北黄大豆多为圆形、椭圆形，有光泽或微光泽，粒色为黄色，脐色多为黄褐、淡褐或深褐色；一般黄大豆粒形较小，多为扁圆和长椭圆形，粒色一般为黄色、淡黄色，脐色为黄褐、淡褐或深褐色。

②青大豆。种皮为青色，按其子叶的颜色分为青皮青仁大豆和青皮黄仁大豆。

③黑大豆。种皮为黑色，按其子叶的颜色分为黑皮青仁大豆和黑皮黄仁大豆。

④其他大豆。种皮为褐色、棕色、赤色等单一颜色的大豆。

⑤饲料豆（秣食豆）。一般籽粒较小，呈扁长椭圆形（肾脏形），两片子叶上有凹陷圆点，种皮略有光泽或无光泽。

（3）玉米

根据玉米的粒色和粒质分为以下四类。

①黄玉米。种皮为黄色。

②白玉米。种皮为白色。

③糯玉米。富有黏性。

④杂玉米。混有本类以外的玉米超过5%。

（4）大米

根据稻谷的分类方法分为三类：

①籼米。用籼型非糯性稻谷制成的米。米粒一般呈长椭圆形或细长形。按其粒质和籼稻收获季节分为早籼米和晚籼米两种。早籼米腹白较大，硬质颗粒较少；而晚籼米腹白较小，硬质颗粒较多。

②粳米。用粳型非糯性稻谷制成的米。米粒一般呈椭圆形。按其粒质和粳稻收获季节分为早粳米和晚粳米两种。早粳米腹白较大，硬质颗粒较少；而晚粳米腹白较小，硬质颗粒较多。

③糯米。用糯性稻谷制成的米。按其粒形分为籼糯米和粳糯米两种。籼糯米是用籼型糯性稻谷制成的米。米粒一般呈长椭圆形或细长形，乳白色，不透明；也有的呈半透明状（俗称阴糯），黏性大；粳糯米是用粳型糯性稻谷制成的米。米粒一般呈椭圆形，乳白色，不透明；也有的呈半透明状（俗称阴糯），黏性大。

2.感官检验方法

（1）色泽鉴定

鉴定时，将试样置于散射光线下，肉眼鉴别全部样品的颜色和光泽是否正常。

（2）气味鉴定

①取少量试样，嘴对试样呵气，立即嗅辨气味是否正常。

②将试样放入密闭器皿内，在60℃～70℃的温水杯中保温数分钟，取出，开盖嗅辨气味是否正常。

（3）口味鉴定

成品粮应做成熟食品，尝其味道是否正常。

（二）谷物制品的品质鉴别

所谓谷物制品是指以米、小麦、豆等为原料加工制成的产品，市场上最常见的销售量较大且生产管理比较正规的谷物制品主要包括方便面、挂面、面条（湿）、饼干、月饼、粽子、水饺等。

现将几种主要谷物制品的感官特性及感官检验方法介绍如下。

1.月饼

月饼按加工工艺不同可分为烘烤类月饼、熟粉成型类月饼等，其中烘烤类月饼又分为糖浆皮月饼、浆酥皮月饼、油酥皮月饼、水油酥皮月饼、奶油皮月饼、熟粉皮月饼、水调皮月饼、蛋调皮月饼、油糖皮月饼等。按地方风味特色可分为京式月饼、苏式月饼、广式月饼等。京式月饼代表品种有提浆月饼、自来红月饼、自来白月饼等；苏式月饼代表品种有玫瑰月饼、椒盐月饼、火腿月饼等；广式月饼代表品种有五仁月饼、蛋黄、莲蓉月饼、腊肠叉烧月饼等。

（1）感官特性

形态：外形完整、丰满，表面可略鼓，边角分明，底部平整，不凹底，不收缩，不露馅，无黑泡或明显焦斑，不破裂。

色泽：具有该品种应有的色泽，色泽均匀，有光泽。

组织：饼皮薄厚均匀，皮馅比例适当，馅料饱满，软硬适中，不偏皮，不空膛，不粘牙；五仁馅中的果仁、籽仁分布要均匀。

滋味与口感：味醇正，具有该品种应有的口感与风味，无异味。

杂质：无外来可见杂质。

（2）感官检验方法

将样品置于清洁、干燥的白瓷盘中，目测检查形态、色泽，然后用餐刀按四分法切开，观察组织、杂质，品尝滋味与口感，做出评价。

2.方便面

根据加工工艺不同分为油炸方便面（简称油炸面）、热风干燥方便面（简称风干面）等，主要原料有小麦粉、荞麦粉、绿豆粉、米粉等。

（1）感官特性

形状：外形整齐，花纹均匀，无异物、焦渣；

色泽：具有该品种特有的色泽，无焦、生现象，正反两面可略有深浅差别；

气味：气味正常，无霉味、哈喇味及其他异味；

烹调性：面条复水后应无明显断条、并条，口感不夹生、不粘牙。

（2）感官检验方法

①取两袋（碗）以上样品观察，应具有各种方便面正常的色泽，不得有霉变及其他外来的污染物。

②取一袋（碗）样品，放入盛有500mL沸水的锅中煮3～5min后观察，应符合感官特性的要求。

3.面条（湿）

（1）感官特性

呈白、乳白或奶黄色，有光亮；表面结构细密、光滑；适口性好；有咬劲、富有弹性；咀嚼时爽口、不粘牙；品尝时具有麦清香味。

（2）感官检验方法

取适量样品，按照湿面条感官检验评分标准逐项打分，进行综合评定。

4.饼干

根据加工工艺不同分为酥性饼干、韧性饼干、发酵饼干、薄脆饼干、曲奇饼干、夹心饼干、威化饼干、蛋圆饼干、蛋卷、粘花饼干、水泡饼干等，原料以小麦粉为主。

（1）酥性饼干

①感官特性

形态：外形完整，花纹清晰，厚薄基本均匀，不收缩，不变形，不起泡，不得有较大或较多的凹底。特殊加工品种表面允许有砂糖颗粒存在。

色泽：呈棕黄色或金黄色或该品种应有的色泽，色泽基本均匀，表面略带光泽，无白粉，不应有过焦、过白的现象。

滋味与口感：具有该品种应有的香味，无异味。口感酥松、不粘牙。

组织：断面结构呈多孔状，细密，无大孔洞。

杂质：无油污，无异物。

②感官检验方法

具体方法：任意抽取样品10块，由一定评分能力和评分经验的评分人员（每次5～7

人）按饼干品质评分标准进行评分（取算术平均值），评分折算成百分制，取整数，平均数中若出现小数则采用四舍、六入、五留双的方法取舍。

（2）韧性饼干

①感官特性

形态：外形完整，花纹清晰，厚薄基本均匀，不收缩，不变形，不起泡，不得有较大或较多的凹底。特殊加工品种表面允许有砂糖颗粒存在。

色泽：呈棕黄色或金黄色或该品种应有的色泽，色泽基本均匀，表面略带光泽，无白粉，不应有过焦、过白的现象。

滋味与口感：具有该品种应有的香味，无异味。口感松脆细腻、不粘牙。

组织：断面结构有层次或呈多孔状，无大孔洞。

杂质：无油污，无异物。

②感官检验方法

将样品平放于白瓷盘内，于光线充足、无异味的环境中，按感官特性的要求逐项检验。

（3）发酵饼干

①感官特性

a.咸发酵饼干感官特性

形态：外形完整，厚薄大致均匀，具有较均匀的油泡点，不应有裂缝及收缩变形现象。

色泽：呈浅黄色或谷黄色（泡点允许棕黄色），色泽基本均匀，表面略带光泽或呈该品种应有的色泽，无白粉，不应有过焦、过白的现象。

滋味与口感：咸味适中，具有发酵制品应有的香味及该品种特有的香味，无异味。口感酥松或松脆、不粘牙。

组织：断面结构层次分明。

杂质：无油污，无异物。

b.甜发酵饼干感官特性

形态：外形完整，厚薄大致均匀，花纹明显、清晰，不得起泡（夹酥甜发酵饼干允许有泡点），不得有过大或过多的凹底。

色泽：呈浅黄色或褐黄色，色泽基本均匀，表面略带光泽，无白粉，不应有过焦、过白的现象。

滋味与口感：味甜，具有发酵制品应有的香味及该品种特有的香味，无异味。口感松脆、不粘牙。

组织：断面结构的气孔微小、均匀或层次分明。

杂质：无油污，无异物。

②感官检验方法

具体方法：任意抽取样品10块，由有一定评分能力和评分经验的评分人员（每次5～7人）按饼干品质评分标准进行评分（取算术平均值），评分折算成百分制，取整数，平均数中若出现小数则采用四舍、六人、五留双的方法取舍。

（4）薄脆饼干

①感官特性

a.咸薄脆饼干感官特性

形态：外形端正、完整，厚薄大致均匀，表面有较均匀的泡点，无裂缝，不收缩，不变形。

色泽：表面呈金黄色、棕黄褐色或该品种应有的色泽，饼边及泡点允许呈褐黄色，表面略带光泽，不应有过焦、过白的现象。

滋味与口感：咸味适中，具有该品种特有的香味，无异味。口感松脆、不粘牙。

组织：断面结构有层次或呈多孔状。

杂质：无油污，无异物。

b.甜薄脆饼干感官特性

形态：外形端正、完整，厚薄大致均匀，表面不起泡，无裂缝，不收缩，不变形。

色泽：呈金黄或棕黄色，饼边允许呈褐黄色，有光泽，无白粉，不应有过焦、过白的现象。

滋味与口感：味甜，具有该品种特有的香味，无异味。口感松脆、不粘牙。

组织：断面结构有层次或呈多孔状。

杂质：无油污，无异物。

②感官检验：将样品平放于白瓷盘内，于光线充足无异味的环境中，按感官特性的要求逐项检验。

（5）曲奇饼干

①感官特性

a.曲奇饼干感官特性

形态：外形完整，花纹或波纹清楚，同一造型大小基本均匀，饼体摊散适度，无连边。

色泽：呈金黄色、棕黄色或该品种应有的色泽，色泽基本均匀，花纹与饼体边缘允许具有较深的颜色，但不应有过焦、过白的现象。

滋味与口感：有明显的奶香味与该品种特有的香味，无异味。口感酥松、不粘牙。

组织：断面结构呈细密的多孔状。

杂质：无油污，无异物。

b.花色曲奇饼干感官特性

形态：外形完整，产品表面应撒布有添加辅料，添加辅料的颗粒大小基本均匀。

色泽：表面呈金黄色、棕黄色或该品种应有的色泽，在基本色泽中允许含有添加辅料的色泽，允许花纹与饼体边缘具有较深的颜色，但不得有过焦、过白的现象。

滋味与口感：有明显的奶香味与该品种特有的香味，无异味。口感酥松或具有该品种添加辅料应有的口感。

组织：断面结构呈多孔状，并有该品种添加辅料的颗粒。

杂质：无油污，无异物。

②感官检验方法

将样品平放于白瓷盘内，于光线充足无异味的环境中，按感官特性的要求逐项检验。

（6）夹心饼干

①感官特性

形态：外形完整，边缘整齐，饼面花纹清晰，不脱片。夹心厚薄基本均匀，无外溢。

色泽：饼干单片呈棕黄色或该品种应有的色泽，色泽基本均匀。夹心料呈该料应有的色泽，色泽基本均匀。

滋味与口感：应符合该品种所调制的香味，无异味。口感疏松或松脆，夹心料细腻，无颗粒感。

组织：饼干单片断面应具有该相同品种的结构，夹心层次分明。

杂质：无油污，无异物。

②感官检验方法

将样品平放于白瓷盘内，于光线充足无异味的环境中，按感官特性的要求逐项检验。

（7）威化饼干

①感官特性

形态：外形完整，块形端正，花纹清晰，厚薄基本均匀，无分离，无夹心溢出现象。

色泽：具有该品种应有的色泽，色泽基本均匀。

滋味与口感：具有该品种应有的口味，无异味。口感松脆或酥化，无粗粒感。

组织：片子断面结构呈多孔状，夹心层次分明。

杂质：无油污，无异物。

②感官检验方法

将样品平放于白瓷盘内，于光线充足无异味的环境中，按感官特性的要求逐项检验。

（8）蛋圆饼干

①感官特性

形态：呈冠圆形或多冠圆形，外形完整，大小、厚薄基本均匀。

色泽：呈金黄色或棕黄色或该品种应有的色泽，色泽基本均匀。

滋味与口感：味甜，具有蛋香味及该品种应有的香味，无异味。口感松脆。

组织：断面结构呈细密的多孔状。

杂质：无油污，无异物。

②感官检验方法

将样品平放于白瓷盘内，于光线充足无异味的环境中，按感官特性的要求逐项检验。

（9）蛋卷

①感官特性

形态：呈多层卷筒形态或该品种特有的形态，断面层次分明，外形基本完整，表面光滑或呈花纹状。

色泽：表面呈浅黄色、金黄色、浅棕黄色或该品种应有的色泽，色泽基本均匀。

滋味与口感：味甜，具有蛋香味及该品种应有的香味，无异味。口感松脆。

杂质：无油污，无异物。

②感官检验

将样品平放于白瓷盘内，于光线充足无异味的环境中，按感官特性的要求逐项检验。

（10）粘花饼干

①感官特性

形态：饼干基片外形端正，大小基本均匀。饼干基片表面粘有糖花且较为端正，并无分离现象，糖花清晰，大小基本均匀。

色泽：饼干基片呈金黄色、棕黄色，色泽基本均匀。糖花允许多种颜色，同种颜色的糖花色泽基本均匀。

滋味与口感：味甜，具有该品种应有的香味，无异味。饼干基片口感松脆，糖花无粗粒感。

组织：饼干基片断面结构有层次或呈多孔状，糖花内部组织均匀，无孔洞。

杂质：无油污，无异物。

②感官检验方法

将样品平放于白瓷盘内，于光线充足无异味的环境中，按感官特性的要求逐项检验。

（11）水泡饼干

①感官特性

形态：外形完整，块形大致均匀，不得起泡，不得有皱纹及明显的豁口。

色泽：呈浅黄色或金黄色，色泽基本均匀。表面有光泽，不应有过焦、过白的现象。

滋味与口感：味略甜，具有浓郁的蛋香味与该品种应有的香味，无异味。口感脆，疏松。

组织：断面组织微细、均匀，无孔洞。

杂质：无油污，无异物。

②感官检验

将样品平放于白瓷盘内，于光线充足无异味的环境中，按感官特性的要求逐项检验。

5.粽子

（1）感官特性

①有馅类粽子感官特性

表面形态：粽角端正，扎线松紧适当，无明显露角，粽体无外露。

色泽：剥去粽叶，粽体米粒呈淡酱色（不放酱油的粽体呈所用物料应有的色泽），馅料具有所用物料相应的色泽，有光泽。

组织形态：粽体不过烂，内有馅料，粽子内外无杂质，无夹生，不得有霉变、生虫及其他外来污染物。

滋味与气味：糯而不烂，咸甜适中，具有粽叶、糯米及其他谷类食物固有的香味，不得有酸败、发霉、发馊等异味。

②无馅类粽子感官特性

表面形态：粽角端正，扎线松紧适当，无明显露角，粽体无外露。

色泽：剥去粽叶，外观粽体米粒呈本白色（或其他谷类食物相应的色泽），有光泽。

组织形态：粽体不过烂，粽子内外无杂质，无夹生，不得有霉变、生虫及其他外来污染物。

滋味与气味：糯而不烂，咸甜适中，具有粽叶、糯米固有的香味，不得有酸败、发霉、发馊等异味。

③混合类粽子感官特性

表面形态：粽角端正，扎线松紧适当，无明显露角，粽体无外露。

色泽：剥去粽叶，外观有光泽，呈该品种混合物料应有的色泽。

组织形态：粽体不过烂，各种物料应分布均匀，粽子内外无杂质，无夹生，不得有霉变、生虫及其他外来污染物。

滋味与气味：糯而不烂，咸甜适中，具有粽叶、糯米及其他物料固有的香味，不得有酸败、发霉、发馊等异味。

（2）感官检验方法

取以销售包装计的样品一件，先目测表面形态，再按包装上标明的食用方法进行复热后剥去粽叶将粽子置于清洁的白瓷盘中，目测色泽及表面杂质，然后以餐刀剖开，分别用目测、鼻嗅和口尝检查其中组织形态、气味与滋味。

6.面包

按成品中有无蛋、乳及其他辅料分为两类：普通面包（以小麦粉为主体，加适量糖、盐、油脂制成的面包）、花式面包（以小麦粉为主体，加适量糖、盐、油脂并添加蛋品、乳品及果料等制成的面包）。

（1）感官特性

形态：完整，无缺损、龟裂、凹坑，形状应与品种造型相符，表面光洁，无白粉和斑点。

色泽：表面呈金黄色或淡棕色，均匀一致，无烤焦、发白现象。

气味：应具有烘烤和发酵后的面包香味并具有经调配的仿香风味，无异味。

口感：松软适口，不黏，不牙碜，无异味，无未溶化的糖、盐粗粒。

组织：细腻，有弹性；切面气孔大小均匀，纹理均匀清晰，呈海绵状，无明显大孔洞和局部过硬；切片后不断裂，并无明显掉渣。

（2）感官检验方法

将样品平放于白瓷盘内，于光线充足无异味的环境中，按感官特性的要求逐项检验。

7.水饺

（1）感官特性

色泽呈白色、奶白色或奶黄色，有光亮，皮馅透明；爽口、不粘牙，有咬劲；口感细腻；耐煮性好，饺子表皮完好无损；煮后饺子汤清晰，无沉淀物。

（2）感官检验方法

由五位有经验的或经过训练的人员组成评定小组，对水饺进行外观鉴定和品尝评比，对饺子汤进行浑浊程度和沉淀物目测，并根据水饺的质量评分标准分别打分。评分采用百分制（取算术平均值），取整数，平均数中若出现小数则采用四舍、六入、五留双的方法取舍。

二、蛋类及蛋制品鉴别

（一）蛋及蛋制品的感官鉴别要点

鲜蛋的感官鉴别分为蛋壳鉴别和打开鉴别。蛋壳鉴别包括眼看、手摸、耳听、鼻嗅等方法，也可借助于灯光透视进行鉴别。打开鉴别是将鲜蛋打开，观察其内容物的颜色、稠度、性状、有无血液、胚胎是否发育、有无异味和臭味等。蛋制品的感官鉴别指标主要是色泽、外观形态、气味和滋味等。同时应注意杂质、异味、霉变、生虫和包装等情况，以及是否具有蛋品本身固有的气味或滋味。

1.鲜蛋质量的感官检验

（1）蛋壳的感官鉴别

①眼看：用眼睛观察蛋的外观形状、色泽、清洁程度等。

良质鲜蛋——蛋壳清洁、完整、无光泽，壳上有一层白霜，色泽鲜明。次质鲜蛋——类次质鲜蛋：蛋壳有裂纹、酪窝现象，蛋壳破损、蛋清外溢或壳外有轻度霉斑等。二类次质鲜蛋：蛋壳发暗，壳表破碎且破口较大，蛋清大部分流出。

劣质鲜蛋——蛋壳表面的粉霜脱落，壳色油亮，呈乌灰色或暗黑色，有油样漫出，有较多或较大的霉斑。

②手摸：用手摸索蛋的表面是否粗糙，掂量蛋的轻重，把蛋放在手掌心上翻转等。

良质鲜蛋——蛋壳粗糙，重量适当。

次质鲜蛋——一类次质鲜蛋：蛋壳有裂纹、硫窝或破损，手摸有光滑感。二类次质鲜蛋：蛋壳破碎，蛋白流出。手掂重量轻，蛋拿在手掌上自转时总是一面向下（贴壳蛋）。

劣质鲜蛋——手摸有光滑感，掂量时过轻或过重。

③耳听：就是把蛋拿在手上，轻轻抖动使蛋与蛋相互碰击，细听其声，或是手握蛋摇动，听其声音。

良质鲜蛋——蛋与蛋相互碰击声音清脆，手握蛋摇动无声。

次质鲜蛋——蛋与蛋碰击发出哑声（裂纹蛋），手握蛋摇动时内容物有流动感。

劣质鲜蛋——蛋与蛋相互碰击发出嘎嘎声（孵化蛋）、空空声（水花蛋）。手握蛋摇动时内容物有晃动声。

④鼻嗅：用嘴向蛋壳上轻轻哈一口热气，然后用鼻子嗅其气味。

良质鲜蛋——有轻微的生石灰味。

次质鲜蛋——有轻微的生石灰味或轻度霉味。

劣质鲜蛋——有霉味、酸味，臭味等不良气味。

（2）鲜蛋的灯光透视鉴别

灯光透视是指在暗室中用手握住蛋体紧贴在照蛋器的光线洞口上，前后上下左右来回轻轻转动，靠光线的帮助看蛋壳有无裂纹、气室大小、蛋黄移动的影子、内容物的澄明度、蛋内异物，以及蛋壳内表面的霉斑，胚的发育等情况。在市场上无暗室和照蛋设备时，可用手电筒围上暗色纸筒（照蛋端直径稍小于蛋）进行鉴别。如有阳光也可以用纸筒对着阳光直接观察。

良质鲜蛋——气室直径小于11mm，整个蛋呈微红色，蛋黄略见阴影或无阴影，且位于中央，不移动，蛋壳无裂纹。

次质鲜蛋——一类次质鲜蛋：蛋壳有裂纹，蛋黄部呈现鲜红色小血圈。二类次质鲜蛋：透视时可见蛋黄上呈现血环，环中及边缘呈现少许血丝，蛋黄透光度增强而蛋黄周围有阴影，气室直径大于11mm，蛋壳某一部位呈绿色或黑色，蛋黄部完整，散如云状，蛋壳膜内壁有霉点，蛋内有活动的阴影。

劣质鲜蛋——透视时黄、白混杂不清，呈均匀灰黄色，蛋全部或大部不透光，呈灰黑色，蛋壳及内部均有黑色或粉红色点，蛋壳某一部分呈黑色且占蛋黄面积的1/2以上，有圆形黑影（胚胎）。

（3）鲜蛋打开鉴别

将鲜蛋打开，将其内容物置于玻璃平皿或瓷碟上，观察蛋黄与蛋清的颜色、稠度、性状，有无血液，胚胎是否发育，有无异味等。

①颜色鉴别

良质鲜蛋——蛋黄、蛋清色泽分明，无异常颜色。

次质鲜蛋——一类次质鲜蛋：颜色正常，蛋黄有圆形或网状血红色，蛋清颜色发绿，其他部分正常。二类次质鲜蛋：蛋黄颜色变浅，色泽分布不均匀，有较大的环状或网状血红色，蛋壳内壁有黄中带黑的粘痕或霉点，蛋清与蛋黄混杂。

劣质鲜蛋——蛋内液态流体呈灰黄色、灰绿色或暗黄色，内杂有黑色霉斑。

②性状鉴别

良质鲜蛋——蛋黄呈圆形凸起而完整，并带有韧性，蛋清浓厚、稀稠分明，系带粗白而有韧性，并紧贴蛋黄的两端。

次质鲜蛋——一类次质鲜蛋：性状正常或蛋黄呈红色的小血圈或网状直丝。二类次质鲜蛋：蛋黄扩大，扁平，蛋黄膜增厚发白，蛋黄中呈现大血环，环中或周围可见少许血丝，蛋清变得稀薄，蛋壳内壁有蛋黄的粘连痕迹，蛋清与蛋黄相混杂（蛋无异味），蛋内有小的虫体。

劣质鲜蛋——蛋清和蛋黄全部变得稀薄浑浊，蛋膜和蛋液中都有霉斑或蛋清呈胶冻样霉变，胚胎形成长大。

③气味鉴别

良质鲜蛋——具有鲜蛋的正常气味，无异味。

次质鲜蛋——具有鲜蛋的正常气味，无异味。

劣质鲜蛋——有臭味、霉变味或其他不良气味。

（4）鲜蛋的等级 鲜蛋按照下列规定分为三等三级。等别规定如下：

一等蛋：每个蛋重在60g以上；

二等蛋：每个蛋重在50g以上；

三等蛋：每个蛋重在38g以上。

级别规定如下：

一级蛋：蛋壳清洁、坚硬、完整，气室深度0.5cm以上者，不得超过10%，蛋白清明，质浓厚，胚胎无发育。

二级蛋：蛋壳尚清洁、坚硬、完整，气室深度0.6cm以上者，不得超过10%，蛋白略显明而质尚浓厚，蛋黄略显清明，但仍固定，胚胎无发育。

三级蛋：蛋壳污壳者不得超过10%，气室深度0.8cm的不得超过25%，蛋白清明，质稍稀薄，蛋黄显明而移动，胚胎微有发育。

2.皮蛋（松花蛋）的质量感官检验

（1）外观鉴别

皮蛋的外观鉴别主要是观察其外观是否完整，有无破损、霉斑等。也可用手掂量，感觉其弹性，或握蛋摇晃听其声音。

良质皮蛋——外表泥状包料完整、无霉斑，包料剥掉后蛋壳亦完整无损，去掉包料后用手抛起约30cm高自然落于手中有弹性，摇晃时无动荡声。

次质皮蛋——外观无明显变化或裂纹，抛动试验弹动感差。

劣质皮蛋——包料破损不全或发霉，剥去包料后，蛋壳有斑点或破、漏现象，有的内容物已被污染，摇晃后有水荡声或感觉轻飘。

（2）灯光透照鉴别

皮蛋的灯光透照鉴别是将皮蛋去掉包料后按照鲜蛋的灯光透照法进行鉴别，观察蛋内颜色，凝固状态、气室大小等。

良质皮蛋——呈玳瑁色，蛋内容物凝固不动。

次质皮蛋——蛋内容物凝固不动，或有部分蛋清呈水样，或气室较大。

劣质皮蛋——蛋内容物不凝固，呈水样，气室很大。

（3）打开鉴别

皮蛋的打开鉴别是将皮蛋剥去包料和蛋壳，观察内容物性状及品尝其滋味。

①组织状态鉴别

良质皮蛋——整个蛋凝固、不粘壳、清洁而有弹性，呈半透明的棕黄色，有松花样纹理，将蛋纵剖可见蛋黄呈浅褐色或浅黄色，中心较稀。

次质皮蛋——内容物或凝固不完全，或少量液化贴壳，或僵硬收缩，蛋清色泽暗淡，蛋黄呈墨绿色。

劣质皮蛋——蛋清黏滑，蛋黄呈灰色糊状，严重者大部或全部液化呈黑色。

②气味与滋味鉴别

良质皮蛋——芳香，无辛辣气味。

次质皮蛋——有辛辣气味或橡皮样味道。

劣质皮蛋——有刺鼻恶臭或有霉味。

3.咸蛋的质量感官检验

（1）外观鉴别

良质咸蛋——包料完整无损，剥掉包料后或直接用盐水腌制的咸蛋可见蛋壳亦完整无损，无裂纹或霉斑，摇动时有轻度水荡漾感觉。

次质咸蛋——外观无显著变化或有轻微裂纹。

劣质咸蛋——隐约可见内容物呈黑色水样，蛋壳破损或有霉斑。

（2）灯光透视鉴别

咸蛋灯光透视鉴别方法同皮蛋。主要观察内容物的颜色，组织状态等。

良质咸蛋——蛋黄凝结、呈橙黄色且靠近蛋壳，蛋清呈白色水样透明。

次质咸蛋——蛋清尚清晰透明，蛋黄凝结呈现黑色。

劣质咸蛋——蛋清浑浊，蛋黄变黑，转动蛋时蛋黄黏滞；蛋质量更低劣者，蛋清蛋黄都发黑或全部溶解成水样。

（3）打开鉴别

良质咸蛋——生蛋打开可见蛋清稀薄透明，蛋黄呈红色或淡红色，浓缩黏度增强，但不硬固。煮熟后打开，可见蛋清白嫩，蛋黄口味有细沙感，富于油脂，品尝则有咸蛋固有的香味。

次质咸蛋——生蛋打开后蛋清清晰或为白色水样，蛋黄发黑黏固，略有异味。煮熟后打开，蛋清略带灰色，蛋黄变黑，有轻度的异味。

劣质咸蛋——生蛋打开，蛋清浑浊，蛋黄已大部分融化，蛋清蛋黄全部呈黑色，有恶臭味。煮熟后打开，蛋清灰暗或黄色，蛋黄变黑或散成糊状，严重者全部呈黑色，有臭味。

4.糟蛋的质量感官检验

糟蛋是将鸭蛋放入优良糯米酒糟中，经2个月浸渍而制成的食品。其感官鉴别主要是观察蛋壳脱落情况，蛋清、蛋黄颜色和凝固状态以及嗅、尝其气味和滋味。

良质糟蛋——蛋壳完全脱落或部分脱落，薄膜完整，蛋大而丰满，蛋清呈乳白色的胶冻状，蛋黄呈橘红色半凝固状，香味浓厚，稍带甜味。

次质糟蛋——蛋壳不能完全脱落，蛋内容物凝固不良，蛋清为液体状态，香味不浓或有轻微异味。

劣质糟蛋——薄膜有裂缝或破损，膜外表有霉斑，蛋清呈灰色，蛋黄颜色发暗，蛋内容物呈稀薄流体状态或糊状，有酸臭味或霉变气味。

5.蛋粉的质量感官检验

（1）色泽鉴别

良质蛋粉——色泽均匀，呈黄色或淡黄色。

次质蛋粉——色泽无改变或稍有加深。

劣质蛋粉——色泽不均匀，呈淡黄色到黄棕色不等。

（2）组织状态鉴别

良质蛋粉——呈粉末状或极易散开的块状，无杂质。

次质蛋粉——蛋粉稍有焦粒，熟粒，或有少量结块。

劣质蛋粉——蛋粉板结成硬块，霉变或生虫。

（3）气味鉴别

良质蛋粉——具有蛋粉的正常气味，无异味。

次质蛋粉——稍有异味，无臭味和霉味。

劣质蛋粉——有异味、霉味等不良气味。

6.蛋白干的质量感官检验

蛋白干是用鲜蛋洗净消毒后打蛋，所得蛋白液过滤，发酵，加氨水中和、烘干、漂白等工序制成的晶状食品。蛋白干的感官鉴别主要是观察其色泽、组织状态和嗅其气味。

（1）色泽鉴别

良质蛋白干——色泽均匀，呈淡黄色。

次质蛋白干——色泽暗淡。

劣质蛋白干——色泽不匀，显得灰暗。

（2）组织状态鉴别

良质蛋白干——呈透明的晶片状，稍有碎屑，无杂质。

次质蛋白干——碎屑比例超过20%。

劣质蛋白干——呈不透明的片状、块状或碎屑状，有霉斑或霉变现象。

（3）气味鉴别

良质蛋白干——具有纯正的鸡蛋清味，无异味。

次质蛋白干——稍有异味，但无臭味、霉味。

劣质蛋白干——有霉变味或腐臭味。

7.冰蛋的质量感官检验

冰蛋是蛋液经过滤、灭菌、装盘、速冻等工序制成的冷冻块状食品（冰蛋有冰全蛋、冰蛋白、冰蛋黄等）。冰蛋的感官鉴别主要是观察其冻结度和色泽，并在加温溶化后嗅其气味。

（1）冻结度及外观鉴别

良质冰蛋——冰蛋块坚结、呈均匀的淡黄色，中心温度低于-15℃，无异物、杂质。

次质冰蛋——颜色正常，有少量杂质。

劣质冰蛋——有霉变或部分霉变，生虫或有严重污染。

（2）气味鉴别

良质冰蛋——具有鸡蛋的纯正气味，无异味。

次质冰蛋——有轻度的异味，但无臭味。劣质冰蛋——有浓重的异味或臭味。

（二）蛋及蛋制品的感官鉴别与食用原则

由于蛋类的营养价值高，适宜微生物的生长繁殖，尤其是常带有沙门氏菌等肠道致病菌，因此，对于蛋及蛋制品的质量要求较高。该类食品一经感官鉴别评定品级之后，即可按如下原则食用或处理。

（1）良质的蛋及蛋制品可以不受限制，直接销售，供人食用。

（2）一类次质鲜蛋准许销售，但应根据季节变化限期售完。二类次质鲜蛋以及次质蛋制品不得直接销售，可作食品加工原料或充分蒸煮后食用。

（3）劣质蛋及蛋制品均不得供食用，应予以废弃或作非食品工业原料，肥料等。

三、乳类及乳制品鉴别

（一）乳类原料感官检验

根据产乳牲畜种类不同，乳类原料一般包括牛乳、羊乳、马乳等，其中又以牛乳原料生产量最大，消费人群最广，本节仅以生鲜牛乳为例，对其感官特性及检验方法简单加以介绍。

1.感官特性

呈乳白色或稍带黄色的均匀胶态流体，无沉淀，无凝块，无肉眼可见杂质和其他异物，不得有红色、绿色或其他异色，具有新鲜牛乳固有的香味，无饲料气味、牛棚气味、酸味及其他异味。

2.感官检验

取适量试样于50mL烧杯中，在自然光下观察色泽和组织状态，闻其气味，然后用温开水漱口，再品尝样品的滋味。

（二）常见乳类制品的感官检验

所谓乳制品是指以乳为主要原料，经加热干燥、冷冻或发酵等工艺加工制成的液体或固体产品，市场上最常见的且销售量较大、生产管理比较正规的乳制品主要包括液体乳类（巴氏杀菌乳、灭菌乳、酸牛乳）；乳粉类（全脂乳粉、脱脂乳粉、调味乳粉、全脂加糖乳粉）；其他乳制品类（炼乳、奶油、硬质干酪）。

1.液体乳类

（1）酸牛乳

①酸牛乳的感官特性

纯酸牛乳：呈均匀一致的乳白色或微黄色，组织细腻、均匀，允许有少量乳清析出；具有酸牛乳固有的滋味和气味，无外来可见杂质。

调味酸牛乳和果料酸牛乳：呈均匀一致的乳白色，或带调味剂、果料应有的色泽；组织细腻、均匀，允许有少量乳清析出；具有调味酸牛乳和果料酸牛乳应有的滋味和气味，无异味；无外来可见杂质；果料酸牛乳有果块或果料。

②感官检验方法

色泽和组织状态：取适量试样于50mL烧杯中，在自然光下观察色泽和组织状态。

滋味和气味：取适量试样于50mL烧杯中，先闻气味，然后用温开水漱口，再品尝样品的滋味。

（2）巴氏杀菌乳

①感官特性：均匀的液体，无沉淀，无凝块，无黏稠现象，呈均匀一致的乳白色，或微黄色，具有乳固有的滋味和气味，无异味。

②感官检验：取适量试样于50mL烧杯中，在自然光下观察色泽和组织状态，闻其气味，然后用温开水漱口，再品尝样品的滋味。

（3）灭菌乳

①感官特性

灭菌纯牛乳、灭菌纯羊乳：呈均匀一致乳白色或微黄色的液体，无凝块，无黏稠现象，允许有少量沉淀，具有牛乳或羊乳固有滋味、气味。

灭菌调味乳：呈均匀一致乳白色或应有色的液体，无凝块，无黏稠现象，允许有少量沉淀，具有调味乳应有滋味、气味。

②感官检验方法

取适量试样于50mL烧杯中，在自然光下观察色泽和组织状态，闻其气味，然后用温开水漱口，再品尝样品的滋味。

2.乳粉类

（1）感官特性

全脂乳粉、脱脂乳粉、全脂加糖乳粉的感官特性：干燥、均匀的粉末，呈均匀一致的乳黄色，具有纯正的乳香味；冲调性好，经搅拌可迅速溶解于水中，不结块。

调味乳粉的感官特性：干燥、均匀的粉末，具有本品种应有的色泽、滋味和气味；冲调性好，经搅拌可迅速溶解于水中，不结块。

（2）感官检验方法

色泽和组织状态：将适量试样散放在白色平盘中，在自然光下观察色泽和组织状态。

滋味和气味：取适量试样置于平盘中，先闻气味，然后用温开水漱口，再品尝样品滋味。

冲调性：将11.2g（全脂乳粉、全脂加糖乳粉）或8.3g（脱脂乳粉、调味乳粉）试样放入盛有100mL40℃水的200mL烧杯中，用搅拌棒搅拌均匀后观察样品溶解状况。

3.其他乳制品类

（1）炼乳

①感官特性

淡炼乳感官特性：组织细腻，质地均匀，黏度适中，呈均匀一致的乳白色或乳黄色，有光泽，具有牛乳的滋味和气味。

甜炼乳感官特性：组织细腻，质地均匀，黏度适中，呈均匀一致的乳白色或乳黄色，有光泽，具有牛乳的香味，甜味纯正。

②感官检验方法

气味：取定量包装试样，开启罐盖（或瓶盖），闻气味。

色泽和组织状态：将上述试样缓慢倒入烧杯中，在自然光下观察色泽和组织状态。待样品倒净后，将罐（瓶）口朝上，倾斜45° 放置，观察罐（瓶）底部有无沉淀。

滋味：用温开水漱口，品尝样品的滋味。

（2）奶油

①感官特性

柔软，细腻，无孔隙，无析水现象，呈均匀一致的乳白色或乳黄色，具有奶油的纯香味。

②感官检验

色泽和组织状态：打开试样外包装，用小刀切取部分样品，置于白色瓷盘中，在自然光下观察色泽和组织状态。

滋味和气味：取适量试样，先闻气味，然后用温开水漱口，品尝样品的滋味。

（3）硬质干酪

①感官特性：外形及包装良好，具有该品种正常的纹理图案，质地均匀、细腻、光滑，软硬适度，呈白色或淡黄色，有光泽，色调适度，有特有的香味，无异味。

②感官评定标准：按百分制评定，总分100分，其中滋味和气味50分、组织状态25分、纹理图案10分、色泽5分、外形5分、包装5分；特级产品要求总评分≥87分（滋味和气味得分≥42分），一级产品要求总评分≥75分（滋味和气味得分≥35分）。

（4）黄油

①感官特性

特级黄油：外观均匀地呈淡黄色，无斑点及波纹；组织良好，横断面整齐，无游离水滴；风味良好，无酸味、苦味、饮料气味、牛棚气味、变质脂肪气味及其他不良气味。

标准品：外观没有显著缺陷；组织良好，横断面整齐，无游离水滴；风味良好，无酸味、苦味、饮料气味、牛棚气味、变质脂肪气味及其他不良气味。

等外品：外观不符合特级品及标准品要求；组织良好，横断面整齐，无游离水滴；风味良好，无酸味、苦味、饮料气味、牛棚气味、变质脂肪气味及其他不良气味。

②感官检验

将试样平摊于白瓷盘内，于光线充足、无异味的环境中，按感官特性的要求逐项检验。

四、畜禽肉的感官检查

（一）畜禽肉感官检查的注意事项

肉在腐败变质时，由于组织成分的分解，会发生感官性质上的改变，如强烈臭味、色泽改变、黏液形成、结构崩解或产生其他异味等。因此，对肉进行感观检查，是肉新鲜度检查的主要方法。感官是指人的视觉、嗅觉、触觉及听觉的综合反应。此方法简便易行，很有实用意义。主要从以下几个方面进行。

视觉：肉的组织状态、粗嫩、黏、干湿、色调色泽等。

嗅觉：气味的有无、强弱（香、臭、腥、膻等）。

味觉：滋味的鲜美、香甜、枯涩、酸臭等。

触觉：坚实、松弛、弹性、拉力等。

听觉：检查冻肉的声音清脆、浑浊。

一般可将肉分成新鲜肉、次鲜肉、变质肉三级。值得注意的是，当用感官检查任何腐败变质的肉类，一般先以有无腐败气味作为检验的开始。但是，不能将某种腐败气味完全作为肉全部变质的依据。由于畜肉很容易吸收外界的气味，特别是把新鲜肉与腐败肉一起存放时，其腐败气味很可能被新鲜肉吸收。因此，要采取各种方法帮助澄清，如可把被检测的肉切成质量为2～3g的若干小块放入盛有冷水的烧瓶内，瓶口用玻璃盖盖好，把水煮沸。然后把盖揭开闻其气味，同时注意肉汤的透明度及其表面浮游脂肪的状态。

进行感官检查时，要注意光线明亮、温度适宜、空气清新、周围不得有挥发性物质。当长时间检查大批样品时，会引起感官上的疲劳，此时应做适当休息，例如闭目片刻，户外呼吸新鲜空气，温水漱口等。感官检查方法简便易行，比较可靠，但只有肉深度腐败时才能被察觉，并且不能反映出其腐败分解产物的客观指标。

根据检查结果，判定为次级肉的，必须在有效高温处理后（不允许用来制作灌肠和罐头），迅速发出利用，品质恶劣的变质肉，应做工业利用或销毁。

（二）常见原料肉的感官评定方法

以下是几种常见原料肉的感官评定方法。

1.猪肉

肌肉有光泽，常因年龄、公母、营养状况及不同部位而有差异。育肥阉割猪肉呈浅红色；刚屠宰冒热气的猪肉呈暗色，但于翌日变深红色；放血不全肉呈深暗红色。正常时肉质嫩度较高；脂肪纯白色，质硬而黏稠，柔软富有弹性，无不良气味。肌肉间富有脂肪，为白色。瘦肉型猪肉断面呈大理石样花纹，具固有腥气味。煮沸后肉汤芳香鲜美，有愉快诱人食欲气味。幼龄小猪肌肉细嫩，皮薄，脂肪少或无脂肪，肉色淡红，水分多。猪若长时间捆扎运输等可导致缺氧而使肉色苍白，常见于后腿、半腱肌与半膜肌等。种公母猪肌肉呈暗红或浅红色，无光泽；肉质硬实或松软，结缔组织有韧性；瘦母猪肌肉间脂肪少；肥公母猪脂肪较多，有特殊腥臊气味，尤以种公猪肉更甚。种公母猪肉不易煮烂，嫩香度极差。猪内脏脂肪溶解温度为45.3℃，皮下脂肪溶解温度为27.5℃。

根据市场销售模式，按照猪背脂肪厚度、外观（匀称、肉的肥度、脂肪附着）、肉质（整形、肉的肌纹与结实度、肉的色泽、脂肪的色泽与质量、脂肪的沉积），将猪分割肉分为上、中、下三等。在市场销售的猪肉，根据部位不同分为猪前腿、猪肩肉、猪背腰、猪肋腹、猪大腿、猪大腿外侧、猪里脊。

2.牛肉

肌肉呈淡红色，红色或深红色（老龄牛），切面有光泽，质硬实，肌纤维较细，切断面有颗粒感，质地结实有韧性，富有弹性，嫩度较差。脂肪呈黄色，淡黄或白色，质坚实而稍脆，无不良气味；肌肉间夹杂脂肪明显可见，切面呈大理石样斑纹，具牛肉特有腥气味或血腥味。结缔组织色白而松软，脂肪冷却时坚硬，色淡黄乃至深黄，因年龄品种等不同而略有差异。老龄母牛的脂肪呈淡黄色，质地松软；放牧牛颜色较深，饲喂油饼类饲料的牛其脂肪颜色呈深黄色，质松软。育肥阉割6岁以下牛肉的颜色发亮呈砖红色，肌纤维间夹杂脂肪，切面呈大理石状。脂肪触摸有蜡样硬度，捻捏时不溶化，不发黏，易碎裂。老龄奶牛肉色较浅，纤维粗，结缔组织明显，含水分较多，脂肪少而呈柠檬色；犊牛肌肉松弛细嫩，由深红到浅砖红色，肌间脂肪少，脂肪色白而硬；老龄公牛肉呈古铜色，肌纤维粗而韧，肌间脂肪少而干燥。牛内脏脂肪溶解温度为44.6℃，皮下脂肪溶解温度为48.0℃。

根据市场销售模式，按照牛肉外观（匀称、肉的肥瘦、脂肪附着、整形）、肉质（肉的肌纹与结实度、肉的色泽、脂肪的色泽与质量），将牛分割肉分为特优、优、上、中、下五等，在市场销售的牛肉，根据部位不同分为牛肘肉、牛肩肉、牛上腰肉、牛里脊肉、牛肋腹、牛大腿、牛大腿外侧、牛臀部。

3.羊肉

肌肉有光泽。山羊肉呈红色或棕红色，皮下脂肪少，肌肉间脂肪也少，肌纤维粗长，肌肉不粘手，肉质嫩软；绵羊肉最细呈红褐色，质地坚实，肌纤维较细短，肌纤维间无脂肪夹杂，肉质嫩软且嫩度高。绵羊脂肪白色或微黄白色，质硬发黏。阉割的肥育绵羊肉簇间有脂肪沉着，尤其皮下与肾囊的脂肪为纯白色，质坚硬而脆，无异臭味；山羊脂肪为纯白色，压碎时坚硬，无不良气味，易成碎块。山羊肉膻气味浓，绵羊有腥膻味，种公羊肉腥膻气味浓烈。羊内脏脂肪溶解温度为54℃，皮下脂肪溶解温度为49.5℃。

4.马肉

肌肉有光泽，呈深红色、棕红或苍白色。病死马因放血不全或未放血而呈暗紫色。肌肉纤维比牛肉粗大，间隙大，切断面颗粒明显；质地坚实，韧性较差，肌膜强韧。马肉较为瘫软，无弹性；脂肪呈淡金黄色或暗黄色，柔软而黏稠似油状，用手捻捏时较为柔软，易溶化发黏，不易碎。肌肉间很少夹杂脂肪，具有马肉固有的气味。脂肪的熔点低于牛脂肪。马内脏脂肪溶解温度为31.5℃，皮下脂肪溶解温度为28.5℃。

5.狗肉

肉色暗色或砖红色，质地坚实。肌纤维较猪肉粗，结实紧凑。脂肪灰白色或白色，质软似油，仅有少量脂肪夹杂肌肉间，具有令人不快的腥气味。狗内脏脂肪溶解温度为27℃，皮下脂肪溶解温度为23℃。

6.家禽肉

皮肤有光泽，肉呈灰白色、黄白色或微粉红色，肌纤维细而坚实，无脂肪夹杂。水禽比鸡的纤维粗；肉细嫩，脂肪呈淡黄色或黄色，质甚软，具有禽肉固有的气味。鸡和鹅内脏脂肪溶解温度分别为40.9℃及34.0℃，鸡和鹅皮下脂肪溶解温度为30℃。

根据鸡头、鸡脚的取舍及颈皮的残留，鸡胴体有I型（带头带脚）、Ⅱ型（去头带脚）、Ⅲ型（去头，在后爪正上方切去鸡脚）、Ⅳ型（去颈，在鸡后爪正上方切去鸡脚，颈皮保留1/2）、V型（去颈，在足关节切去鸡脚，颈皮保留1/2）共5种，其中Ⅲ型、Ⅳ型、V型限于3个月龄的仔鸡。

7.兔肉

肌肉有光泽，呈暗红色，质松软，肌肉间无脂肪，脂肪为灰或黄白色，质软，仅体腔内有之，具有土腥气味。脂肪溶解温度为22℃。

8.猪副产品

①加工特性

猪肝：肝叶完整，去脂肪、胆囊、粗输胆管，允许有检验刀口和轻微修割，揩抹干净。

猪腰（肾）：去脂肪和肾外膜，外形完整，无炎症脓肿等病变，允许有检验刀口一处。

猪舌：外形完整，不要划破舌肉，去舌根附着的肌肉、舌骨、舌苔、脂肪等，不得带金属物。

猪心：外形完整，允许有检验刀伤，去心耳和大血管，要洗净淤血、沥干水分。

猪脚（蹄）：去蹄壳、带蹄筋、刮净毛和趾间黑垢，轻微伤痕允许浅修，不得有畸形脚。

猪尾：去毛洁净，不带毛根及绒毛，轻微伤痕允许浅修。

猪大肠头：取直肠部位，无炎症、溃疡、淤血、充血、出血、水肿及其他病理现象，剪去肠头毛圈，修去附着脂肪，洗净肠内容物，沥干水分，气味正常。

猪生肠（子宫及子宫角）：取子宫体粗大肉厚部位，从尿道切断，去卵巢、输卵管及尿道口黏膜层，无病变，气味正常。

猪沙肝（脾）：去脂肪，无充血、出血点及肿胀等病灶。

猪肚（胃）：形态完整，去脂肪、食道及十二指肠肠头，肚面切口处不宜过大，洗净污物胃黏液，刮除开口处的白膜，局部病灶允许修割。

②感官检验方法

肺部检验：观察外表色泽。触检其弹性并切开支气管淋巴结及纵膈淋巴结。

心脏检验：检查心包膜及心肌，并沿动脉管剖检心室及心内膜。同时注意血液的凝固状态，应特别注意二尖瓣。

肝脏检验：检查有无肿胀、坏死和寄生虫，触检其弹性并剖检肝门淋巴结，必要时剖检胆囊。

脾脏检验：检查有无肿胀、出血点，触检其弹性，必要时剖检脾实质。胃肠检验：剖检胃淋巴结及肠系膜淋巴结并观察胃肠浆膜之色泽，有无出血、水肿、化脓和结节，必要时剖开胃、肠观察黏膜。

肾脏检验：切开肾包膜，检查其形态有无异常，有无出血点、坏死、肿胀，必要时纵剖检查。

五、水产原料感观评定方法

目前国内外常用的鉴定鱼类鲜度的主要方法仍为感官评定法和生物化学法。感官评定法由于简便易行又能及时得出结论，所以至今仍被广泛采用。

感官评定法指依靠视觉、嗅觉、触觉等生理官能对鱼类的外观性状进行检查，从而对其作出鲜度判断。本法尽管是以外观性状凭经验作出判断，但由于能反映水产原料内部的各种变化结果，因而有一定的科学依据。各种水产类常用的感官评定指标介绍如下。

1.鱼类

（1）眼球饱满、角膜透明

眼球下部原有结缔组织支撑，使眼球向外凸出。当鱼体内蛋白质开始分解后，结缔组织就逐渐变软而失去支撑力，于是眼球就逐渐下陷。另外，眼球内含有黏蛋白，当其结构完整时角膜是透明的，而当黏蛋白分解后，角膜就变浑浊。所以这一指标能确切地反映出鱼体鲜度。

（2）鳃色鲜红、鳃丝清晰

鳃丝内含有血红蛋白，当其结构完整时，鳃色鲜红。当血红蛋白开始分解后，鳃色就发生变化。另外，鳃丝上覆盖着的黏液，也含有蛋白质成分，当蛋白质结构完整时，黏液是润滑而透明的，当蛋白质分解后，黏液就变浑浊并使鳃丝黏结。所以这一指标也能确切地反映鲜度。

（3）体表色泽

各种鱼类的体表都有其固有的色彩，当鱼体变质时，存于鱼体皮肤的真皮层内的色素细胞所含的各种色素（主要是类胡萝卜素和虾红素，也有脂色素性的色素和黑色系的色素）就会被氧化，或溶于水，或遇酸性沉淀，而使鱼体变色和失去光泽。如能熟悉各种鱼类固有的色彩，以体色作为鉴别鲜度的指标是有意义的，但因鱼类品种繁多，非专业人员不易分辨，故还以观察鱼体体表有无光泽较为实用。

（4）鱼鳞紧贴完整

当鱼鳞所附着的组织细胞层处于完整状态时，鱼鳞是紧贴在鱼体上的，剥之亦不易脱落。在鱼体开始自溶以后，组织逐渐变软，鱼鳞也较易剥落。到鱼体腐败变质时，鱼鳞所附着的组织细胞层已被破坏，鱼鳞就很易脱落而呈现残缺不全的状态。但鱼鳞是否完整也与捕捞作业方式和运输操作有关，例如张网作业所捕捞的鱼，由于鱼在网内挣扎冲撞，鱼体虽未变质而鱼鳞也会残缺。因此，以鱼鳞是否紧贴或是否易于剥落作为指标比较确切，而鱼鳞的完整与否只能作为辅助性的参考指标。

（5）肌肉弹性

鱼体在僵期内，体内细胞吸水膨胀具有弹性。自溶作用开始后，因细胞失去水分而使鱼体变软，弹性逐渐减退。到腐败变质时细胞晶体组织已被破坏，弹性就完全消失。所以这一指标能确切反映鱼体鲜度。

（6）鱼腹是否膨胀

生前饱腹的鱼体在死亡后经一段时间，肠中内容物会发酵产生气体而呈现膨胀现象，但如生前空腹，就无此反应，所以这一指标缺乏普遍意义，亦不够确切。

（7）黏液腔

石首鱼科的鱼类（如大黄鱼）的头背连接处皮肤下有蜂窝状的格形结构称为黏液腔，当鱼体新鲜时，腔格内充盈着血液，随着鲜度下降，自下而上（从背向头）渐次消失。当鱼体变质时，最前面的腔格内也见不到血液。这一指标能很灵敏确切地反映出鲜度，但应指出石首鱼科以外的鱼类，则无此组织结构。

2.虾类

（1）头胸节和腹节的连接程度

在虾体头胸节末端存在着被称为“虾脑”的胃脏和肝脏。虾体死亡后，“虾脑”易腐败分解，并影响头胸节与腹节连接处的组织，使节间的连接变得松弛。这一指标能灵敏而确切地反映鲜度。

（2）体表色泽

在虾体甲壳下的真皮层内散布着各种色素细胞，含有以胡萝卜素为主的色素质，常以各种方式与蛋白质结合在一起。当虾体变质分解时，即色素质与蛋白质脱离而产生虾红素，使虾体泛红。这一指标能确切地反映鲜度，但不如前一指标灵敏，到虾体接近变质时才能有所反映。

（3）伸屈力

虾体处在尸僵阶段时，体内组织完好，细胞充盈着水分，膨胀而有弹力，故能保持死亡时伸张或卷曲的固有状态，即使用外力使之改变，待外力移去，仍能恢复原有姿态。当虾体发生自溶以后，组织变软，就失去这种伸屈力。这一指标能确切地反映鲜度。

（4）体表是否干燥

鲜活的虾体外表洁净，触之有干燥感。但当虾体将近变质时，甲壳下一层分泌黏液的颗粒细胞崩解，大量黏液渗到体表，触之就有滑腻感。这一指标也能确切地反映出鲜度。

3.蟹类

（1）肢与体连接程度

蟹体甲壳较厚，当蟹体自溶作用而变软以后，由于有甲壳包被而见不到变形现象，但在肢、体相接的转动处，就会明显地出现松弛现象，以手提起蟹体，可见肢体（步足）向下松垂。这一指标能灵敏而确切地反映鲜度。

（2）腹脐上方的“胃印”

蟹类多以腐殖质为食饵，死后经一段时间，胃中食物就会腐败而蟹体腹面脐部上方泛出黑印。这一指标能确切地反映鲜度。

（3）蟹“黄”是否凝固

蟹体内被称为“蟹黄”的物质，是多种内脏和生殖器官所在。当蟹体在尸僵阶段时，“蟹黄”是呈凝固状的，但当蟹体自溶作用以后，它即呈半流动状，到蟹体变质时更变得稀薄，手持蟹体翻转时，可感到壳内“蟹黄”的流动。这一指标能确切地反映鲜度。

（4）鳃色洁净、鳃丝清晰

海蟹在水中用鳃呼吸时，大量吞水吐水，鳃上会沾有许多污粒和微生物，当蟹体活着时，鳃能自净，死亡后则无自净能力，鳃丝就开始腐败而黏结。这一指标也能确切地反映鲜度，但须剥开甲壳后才能进行观察。

4.贝类

贝类应以死活作为可否食用的界限，凡死亡的贝类两壳常分开，但也有个别闭合的。对于这种情况的贝体只能采用放手掌上探重和相互敲击听音等法来检验。凡死亡但未张壳的贝体一般都较轻，相互敲击时发出咯咯的空音（但如内部积有泥沙反会较重）。活的贝体在相互敲击时发出笃笃的实音。对大批贝类的检验，可先进行大样抽验，即先以一个包件（箩筐或袋）为对象，静置一些时间后，用脚或其他重物突然触动，如包件内活贝多，即发出较响的嗤嗤声（受惊后两壳合闭之声），否则发出声音就较轻。遇后一种情况时，应进一步从包件内抽取一定数量的贝体做上述探重和相互敲击检验，逐一检查。如死亡率较高，整个包件须逐只进行检验或改作饲料等。

六、蜂蜜类的感官鉴别

蜂蜜的感官检验可通过看色泽、品味道、试性能、查结晶等进行。

（1）色泽。每一种蜂蜜都有固定的颜色，如刺槐蜜、紫云英蜜为水白色或浅琥珀色，芝麻蜜呈浅黄色，枣花蜜、油菜花蜜为黄色或琥珀色等。纯正的蜂蜜一般色淡、透明度好，如掺有糖类或淀粉则色泽昏暗，液体浑浊并有沉淀物。

（2）味道。质量好的蜂蜜，嗅、尝均有花香；掺糖加水的蜂蜜，花香皆无，且有糖水味；好蜂蜜吃起来有清甜的葡萄味，而劣质的蜂蜜蔗糖味浓。

（3）性能。纯正的蜂蜜用筷子挑起后可拉起柔韧的长丝，断后断头回缩并形成下粗上细的塔状并慢慢消失；低劣的蜂蜜挑起后呈糊状并自然下沉，不会形成塔状物。

（4）结晶。纯蜂蜜结晶呈黄白色，细腻、柔软；假蜂蜜结晶粗糙，透明。

对多个样品可采用成对排序试验法，用Friedman分析方法进行分析。试验由多名有经验的品评人员参加，评价样品的性能，最后分析判定样品的质量。

下面介绍几种常见蜂蜜色香味及结晶，据此可初步判断是哪种蜂蜜。紫云英蜜：呈淡白微现青色，有清香气，味鲜洁，甜而不腻，不易结晶，结晶后呈粒状。

苕子蜜：色味均与紫云英蜜相似，但不如紫云英蜜味鲜洁，甜味也略差。油菜蜜：浅白黄色，有油菜花清香味，稍有浑浊，味甜润，最易结晶，其晶粒特别细腻，呈油状结晶。

棉花蜜：淡黄色，味甜而稍涩，结晶颗粒较粗。

乌桕蜜：呈浅黄色，具轻微酵酸甜味，回味较重，润喉较差，易结晶，呈粗粒状。

芝麻蜜：呈浅黄色，味甜，一般清香。

枣花蜜：呈中等琥珀色，深于乌桕蜜，蜜汁透明，味甜，具有特殊浓烈气味，结晶粒粗。

荞麦蜜：呈金黄色，味甜而腻，吃口重，有强烈荞麦气味，颇有刺激性，结晶呈粒状。

柑橘蜜：品种繁多，色泽不一，一般呈浅黄色，具有柑橘香甜味，食之微有酸味，结晶粒粗，呈油脂状结晶。

槐花蜜：色淡白，有淡香气，口味鲜洁，甜而不腻，不易结晶，结晶后呈细粒状，油脂状凝固。

枇杷蜜：色淡白，香气浓郁，带有杏仁味，甜味鲜洁，结晶后呈细粒状。

荔枝蜜：微黄或淡黄色，具荔枝香气，有刺喉粗浊之感的味道。

龙眼蜜：淡黄色，具龙眼花香气味，纯甜，没有刺喉味道。

椴树蜜：浅黄或金黄色，具有令人愉悦的特殊香味。蜂巢椴树蜜带有薄荷般的清香味道。

葵花蜜：浅琥珀色，味芳香甜润，易结晶。

荆条蜜：白色，气味芳香，甜润，结晶后细腻色白。

草木犀蜜：浅琥珀或乳白色，浓稠透明，气味芳香，味甜润。

甘露蜜：暗褐或暗绿色，没有芳香气味，味甜。

山茶花蜜：深琥珀色或深棕色，味甜有桉树异臭，有刺激味。

百花蜜：颜色深，是多种花蜜的混合蜂蜜，味甜，具有天然蜜的香气，花粉组成复杂，一般有5~6种花粉。

结晶蜂蜜：此种蜂蜜多称为春蜜或冬蜜，透明差，放置日久多有结晶沉淀，结晶多呈膏状，花粉组成复杂，风味不一，味甜。

七、植物油料与油脂鉴别

（一）植物油料的检验

植物油料的感官鉴别主要是依据色泽、组织状态、水分、气味和滋味几项指标进行。其中包括眼观其籽粒饱满程度、颜色、光泽、杂质、霉变、虫蛀、成熟度等情况，借助于牙齿咬合、手指按捏等办法，根据声响和感觉来判断其水分大小，此外就是鼻嗅其气味，口尝其滋味，以感知是否有异臭异味。植物油料有大豆、油菜籽等，大豆在前面已经介绍过，这里就只介绍油菜籽的感官检验。

1.含油量的感官检验

油菜籽的含油量受气候、环境、品种的影响较大。不同地区，同一品种的含油量不同，同一地区的不同品质含油量也各有高低。感官检验油菜籽含油量的高低一般应根据籽粒大小，饱满程度，籽粒色泽，未熟粒的多少，杂质的大小等方面综合判定。一般来说，油菜籽籽粒大、饱满、均匀、圆滑、鲜亮、籽仁鲜亮呈黄色、无未熟粒、杂质少的含油量高；籽粒不均匀、粒小有皱纹、色泽灰暗、杂质多、发芽粒多、未熟粒多及发热霉变的油菜籽含油量低。

评定出油率：

（1）看质量好坏定出油率

①好货：一般是籽实饱满，皮薄，大小适中，品种一致，整齐均匀，鲜亮圆滑，体质老性，一次晒干者含油量高。

②次货：一般是花菜籽，籽粒大小不一，成熟程度不同，并逐次晒干者含油率次之。

③差货：一般杂有茶籽，籽粒不齐或粒大皮缩，或皮厚肉少，或粒小皮硬（如辣菜籽）出油少。

④坏货：一般是色泽气味不正常，有霉变现象，皱瘪萎缩粒多，这样的菜籽出油更少。

（2）手指碾定出油率

①用食拇两指捏起菜籽100粒左右，反复压碾，碾后用指头使劲挤压，挤压时如两指头边缘有一线粗的油分，而且油迹明显，将此油揩去再行回碾挤压，两指头边缘又出现微油分，此籽出油率在30%～32%。

②用指头回碾挤压时，如两指头边缘有少量油分，将此油揩去，再行回碾挤压，

则指头边缘略显油分，放开指头，则指上碎粉周围油迹很明显者，其菜籽出油率在28%～39%。

③用指头回碾挤压时，如指头边缘略有油分，放开指头，则指上碎粉周围油迹明显，将此油揩去，再行回碾挤压，指上碎粉周围油迹者，出油率在25%～27%

④用指头回碾挤压时，感觉粗糙，两指边缘无油迹，放开指头则指上碎粉周围油迹很显，复压也是一样，出油率在23%～24%。

⑤用指头回碾挤压时，感觉粗糙，反复挤压，指上碎粉周围显油迹者，出油率在20%～22%。

⑥用指头回碾挤压时，感觉粗糙，经过数次碾压，其指上碎粉周围有油痕，一会儿即散，出油率在16%～18%。

（3）对样定出油率

①为了使感官评定有所依据，在业务上可用加工、化验办法。先试验得到结果，然后把加工、化验过并标明试验结果的样品摆在收购场上对样定率。

②加工试榨：用单独收购验质过的一定数量菜籽，混合取样后，将此批菜籽全部入榨，严格操作，单独磅油，求得准确出油率，一方面核对验者眼光，另一方面将所留样品作下次收购时对样之用。

③化验对照：将收购验质过的菜籽综合扦取样品1kg，一分两瓶（需准确分样），一瓶用来化验，一瓶封瓶口，用来校对验者眼光是否准确，并留着下次定率时参考。

2.水分的感官检验

（1）碾压法

取少量菜籽样品放在硬板上，用指甲或竹片（其他硬器亦可）碾压菜籽，如果皮肉完全分开，有响声、有碎粉、肉呈黄白色，水分在8%~9%；皮肉虽分开，但无碎粉，肉呈微黄色，水分在9%～10%；皮肉大部分开，其中有些籽粒被压成饼，肉呈微黄色，水分在10%～11%；皮肉不能分开，被压成饼，肉呈黄色并有油迹者，水分约在12%以上。

（2）手感法

用手抓一把油菜籽样品握紧，有咯咯响声，大部分从拳头或指缝中向外流出，放开手后，手心只有少量油菜籽，水分在8%以下；抓一把样品握紧，手感光滑，半数样品从拳头两端或指缝中外流，水分在9.0%～10.1%；手握油菜籽时，感觉微带弹性，发软，搓之无沙沙响声，水分在10%以上；抓一把油菜籽，若能握成团，水分在20%～25%；若手插入油菜籽中，感觉发涩、发潮，用鼻子嗅有异味，则表示水分大，已变质。

（3）括板法

取菜籽一撮放在桌上，用硬物将菜籽压破，如皮肉完全分开皮能吹去，并成数片，有不少粉末，色显黄白色（用手捏片子有喳喳声，感觉干燥），水分在7%～8%。压碎后，皮肉分离，有些微碎粉（用手指捏片子感觉粗糙，略有响声），水分在8%～9%。压碎后，皮肉虽然分开，但是开片没有粉碎，色带微黄（用手捏片子觉得油润），水分在9%～10%。压碎后，皮肉不能分开，而成一团，肉呈黄色，水分在12%以上。

（4）指头碾压法

用食拇指捏起菜籽100粒左右，来回进行碾动，感觉坚硬顶指不易碾破，并发出沙沙响声，碾破后即成粉末，觉得干燥，肉呈黄白色，水分约7%以内。压碾时，觉得有大部分坚硬顶指，极易碾破，碾破后大多已碎，感觉粗糙，少部分皮肉未分，水分约8%以内。压碾时，有少数坚硬顶指，容易碾破，碾破后有碎粉，反复回碾以带油润，水分8%以内。压碾时，没有或有少数坚硬顶指，容易碾破，碾破后无碎粉，可以四散，反复回碾以带油润，水分9%以内。压碾时，不顶指，容易碾破，并有少数成饼、成团，反复回碾带软润，水分在11%～12%。如压碾时，一碾成饼、成条，回碾成坨，水分大，不宜收购。

3.杂质的感官检验

用手抓油菜籽试样一把倾斜抖动使菜籽流落，观察指缝中留下杂质在半指缝以内者，其杂质在2.0%左右。一般来说，正常年景下，土禾场脱粒的菜籽，因其与油菜籽粒大小相近的泥土较多，只有通过米机才能整筛一部分，杂质含量可达2.0%以内。不过机者，杂质一般在3.5%左右，甚至高达5.0%。水泥场或者铺垫物进行脱粒菜籽，因其只含有机杂质，只要过筛或风车扬整，杂质含量一般不会超过2.0%。

用手操起菜籽一撮，轻轻搓几下，然后将手掌凹下倾下斜，慢慢摇动，让菜籽徐徐滚走，泥沙灰土等即存在掌心和指缝中估计其百分比。或用天平称一定数量菜籽，用筛选、手拣将全部杂质拣出，求其百分比，验证眼光。

（二）食用植物油的感官检验

植物油脂的质量优劣，在感官鉴别上也可大致归纳为色泽、气味、滋味等几项，再结合透明度、水含量、杂质沉淀物等情况进行综合判断。其中眼观油脂色泽是否正常，有无杂质或沉淀物，鼻嗅是否有霉、焦、哈喇味，口尝是否有苦、辣、酸及其他异味，是鉴别植物油脂好坏的主要指标。

1.色泽检验

正常植物油的色泽一般为浅黄色，但颜色有浅有深，花生油为淡黄色至橙黄色，大豆油为黄色至橙黄色，菜籽油为黄色至棕色，精炼棉籽油为棕黄红色至棕色。

有多个样品时，可采用如下方法进行鉴别：分别将样品过滤，然后倒入500mL量杯中，油量高度不得低于50mm，在室温下先对着自然光观察，然后再置于白色背景前借其反射光线观察，并用下列词语表述：白色、灰色、柠檬色、淡黄色、黄色、橙色、棕黄色、棕色、棕红色、棕褐色等。同种植物油颜色越浅越好。

2.气味及滋味检验

冷榨油无味，热榨油有各自的特殊气味，如花生油有花生香味，芝麻油有芝麻香味等。油料发芽、发霉、炒焦后制成的油，带有霉味、焦味。植物油酸败后先为青草味、干草味，之后变成油脂酸味。油脂中残留较多的溶剂时有汽油味，不得销售和使用。

气味鉴别方法如下：将样品倒入150mL烧杯中，置于水浴上加热至50℃，以玻璃棒迅速搅拌，嗅其气味，并蘸取少许样品，辨尝其滋味，然后按正常、焦煳、酸败、苦辣等词句记述。如该方法不能辨别时，可补充下列方法辅助检查：

①取少许油样涂于手掌上，用双手合掌摩擦后，嗅其气味。

②取油样2～3mL于小烧杯内，并注入刚停止沸腾的热水，然后嗅其气味。

3.透明度检查

纯净植物油应是透明的，水分含量低于0.1%、杂质含量低于0.2%、含皂量低于0.3%。但一般植物油因含有过量水分、杂质、蛋白质和油脂溶解物（如磷脂、蜡质、皂类）等而出现浑浊、沉淀，甚至酸败变质。透明度检验方法如下。

将油样混匀。取油样100mL于比色管中，20℃下静置24h（蓖麻油应静置48h）。将比色管先对着光线观察，再于乳白色灯泡前观察。用透明、微浊、浑浊等词语表述（棉籽油在比色管中上部无絮状悬浮和浑浊时即可认为透明）。

第七章
遗传的规律与变异

第一节　遗传的基本规律

一、孟德尔遗传

（一）分离规律

1.孟德尔的豌豆杂交试验

孟德尔选用严格自花授粉的豆科植物豌豆为试验材料，从中选取了许多稳定的、易于区分的性状作为观察分析的对象。所谓性状，是生物体所表现的形态特征和生理特性的总称。孟德尔在研究豌豆等植物的性状遗传时，把植株所表现的性状总体区分为各个单位作为研究对象，这些被区分开的每一个具体性状称为单位性状。例如，豌豆的花色、种子形状、子叶颜色、豆荚形状、豆荚（未成熟时）颜色、花序着生部位和株高等性状，就是7个不同的单位性状。不同个体在单位性状上常有着各种不同的表现，如豌豆花色有红花和白花、种子形状有圆粒和皱粒、子叶颜色有黄色和绿色等。这种同一单位性状在不同个体间所表现出来的相对差异，称为相对性状。

孟德尔在进行豌豆杂交试验时，选用具有明显差别的7对相对性状的品种作为亲本，分别进行杂交，并按照杂交后代的系谱进行详细的记载，采用统计学的方法计算杂种后代表现相对性状的株数，最后分析其比例关系。

孟德尔分析7对相对性状的杂交结果，找到了两个共同特点：一是F_1所有植株的性状表现都是一致的，都只表现一个亲本的性状。他将F_1表现出来的性状叫作显性性状，如红花、圆粒等；将F_1未表现出来的性状叫作隐性性状，如白花、皱粒等。二是F_2植株在性状表现上是不同的，一部分植株表现一个亲本的性状，其余植株则表现另一个亲本的相对性状，即显性性状和隐性性状都同时表现出来了，这种叫作性状分离现象，并且在F_2群体中显性个体（表现显性性状的个体）与隐性个体的分离比例大致总是3∶1。

2.分离现象的解释

这7对相对性状在F_2为什么都出现3∶1的分离比呢？孟德尔为了解释这些结果，提出了下面的假设：

（1）遗传性状是由遗传因子决定的。

（2）每一种性状由一对在体细胞内是成对的遗传因子控制，如花、种子形状等。例如，F_1植株会有一个控制显性性状的遗传因子和一个控制隐性性状的遗传因子存在。

（3）在形成配子时，每对遗传因子可均等地分配到配子中，结果每个配子（花粉或卵细胞）中只含有成对遗传因子中的一个。

（4）配子的结合（形成一个新个体或合子）是随机的。

现仍以豌豆红花×白花的杂交试验为例加以具体说明，以C表示显性的红花因子，c表示隐性的白花因子。根据前面的假设，纯系红花亲本应具有一对红花因子CC，白花亲本应具有一对白花因子cc。红花亲本产生的配子中只有一个遗传因子C，白花亲本产生的配子中只有一个遗传因子c。受精时，雌雄配子结合形成的F_1应该是Cc。由于C对c有显性的作用，所以F_1植株的花色是红的。但是F_1植株在产生配子时，由于Cc因子分配到不同的配子中去，所以产生的配子（不论雌配子还是雄配子）有两种：一种带有遗传因子C，另一种带有遗传因子c，两种配子数目相等，成1∶1的比例。

F_2群体的4种组合按遗传因子的组合成分归纳，实际上是3种：1/4个体带有CC，2/4个体带有Cc，1/4个体带有cc。1/4CC和2/4Cc都开红花，只有1/4cc开白花，所以F_2中红花植株与白花植株之比是3∶1。

（二）独立分配规律

1.独立分配规律现象及解释

孟德尔在分别研究了豌豆7对相对性状的遗传表现之后，提出了性状遗传的分离规律。在豌豆杂交试验中，孟德尔进一步研究了两对和两对以上相对性状之间的遗传关系，从而提出了独立分配规律。

（1）独立分配规律现象

为了研究两对相对性状的遗传，孟德尔仍以豌豆为材料，选取具有两对相对性状差异的纯合亲本进行杂交。例如，用一个亲本是黄色子叶和圆粒的种子，另一亲本是绿色子叶和皱粒的种子。其F_1都结黄色子叶的圆粒种子，表明黄色子叶和圆粒都是显性。这与

7对性状分别进行研究的结果是一致的。由F_1种子长成的植株（共15株）进行自交，得到556粒F_2种子，共有4种类型，其中两种类型与亲本相同，另两种类型为亲本性状的重新组合，而且存在着一定的比例关系。

如果把以上两对相对性状个体杂交试验的结果，分别按一对性状进行分析，则为：

黄色：绿色＝（315+101）：（108+32）＝416：140≈3：1

圆粒：皱粒＝（315+108）：（101+32）＝423：133≈3：1

根据上述的分析，虽然两对相对性状是同时由亲代遗传给子代的，但由于每对性状的F_2分离仍然符合3：1的比例，说明它们是彼此独立地从亲代遗传给子代的，没有发生任何相互干扰的情况。同时在F_2群体内两种重组型个体的出现，说明两对性状的基因在从F_1遗传给F_2时，是自由组合的。按照概率定律，两个独立事件同时出现的概率，为分别出现的概率的乘积。因而黄子叶和圆粒同时出现的概率应为$3/4 \times 3/4 = 9/16$，黄子叶和皱粒同时出现的概率应为$1/4 \times 3/4 = 3/16$，绿子叶和圆粒同时出现的机会应为$1/4 \times 3/4 = 3/16$，绿子叶和皱粒同时出现的概率应为$1/4 \times 1/4 = 1/16$。将孟德尔试验的556粒F_2种子，按上述的9：3：3：1的理论推算，即556分别乘以9/16、3/16、3/16、1/16，所得的理论数值与实际结果比较，是基本一致的。

（2）独立分配现象的解释

独立分配规律的基本要点是：在配子形成过程中控制不同相对性状的等位基因，这一对等位基因与另一对等位基因的分离和组合是互不干扰，各自独立分配到配子中去的。

以上述杂交试验为例，用Y和Y分别代表子叶黄色和绿色的一对基因，R和r分别代表种子圆粒和皱粒的一对基因。黄色、圆粒亲本的基因型为YYRR，绿色、皱粒亲本的基因型为yyrr。

可用棋盘方格表示等位基因的分离和组合，F_1植株的基因型是YyRr，由它们产生的雌配子和雄配子都是4种，即YR、Yr、yR和yr，其中YR和yr称为亲型配子，Yr和yR称为重组型配子。并且4种配子数目相等，为1：1：1：1。雌雄配子结合，共有16种可能的组合。F_2群体中共有9种基因型。因为Y对y为完全显性，R对r为完全显性，所以F_2中只有4种表现型，其比例为9：3：3：1，这与孟德尔的杂交试验结果是符合的。

从细胞学的角度可以解释这4种配子的形成过程。Y和y是一对等位基因，位于同一对同源染色体的相对位点上。R和r是另一对等位基因，位于另一对同源染色体的相对位点上。这两对等位基因互称为非等位基因。F_1的基因型是YyRr，当它的孢母细胞进行减数分裂形成配子时，随着这两对同源染色体在后期I的分离，Y与y一定分别进入不同的二分体，R与r也一定分别进入不同的二分体。此时，在一个孢母细胞内，可能是Y和R进入一个二分体，而Y和r进入另一个二分体，最后形成1/2的YR配子和1/2的yr配子。在另一个孢母细胞内，可能是Y和r进入一个二分体，而Y和R进入另一个二分体，最后形成1/2的Yr配子和1/2的yR配子。由于发生这两种分离的孢母细胞数目是均等的，所以这4种类型的配子数目相等，成为1∶1∶1∶1的比例。雌雄配子都是这样。雌雄配子相互随机结合，因而有16种组合，在表现型上出现9∶3∶3∶1的比例。

由此可知，独立分配规律的实质是在控制这两对性状的两对等位基因分别位于不同的同源染色体上。在减数分裂形成配子时，每对同源染色体上的每一对等位基因发生分离，而位于非同源染色体上的基因之间可以自由组合。

二、数量性状遗传

在生物性状遗传研究中，可以直接根据遗传群体的表现型变异推测群体的基因型变异或基因的差异。这类遗传性状，其表现型和基因型具有不连续的变异，称为质量性状。质量性状在杂种后代的分离群体中，对于各个体所具相对性的差异，可以采用经典遗传学的分析方法，通过对群体中各个体分组并求不同组间的比例，研究它们的遗传动态。生物界中还存在另一类遗传性状，其表现型变异是连续的，称为数量性状。数量性状是生物界广泛存在的重要性状，例如，人的身高、体重、植株的生育期、果实的大小，以及种子产量的高低等。这类性状在自然群体或杂种后代群体内，很难对不同个体的性状进行明确的分组，求出不同级之间的比例，所以不能采用质量性状的分析方法，通过对表现型变异的分析推断群体的遗传变异。因此，数量性状的遗传分析需要借助于数理统计的分析方法，才能有效地分析其遗传表现。

（一）数量性状的特征

由数量性状在遗传群体中的变异分析可知，其有3个主要特征。①数量性状的变异呈连续性，杂交后的分离世代不能明确分组。例如，动物的体重、植株的高矮、作物的产量等性状，不同品种间杂交的F_2、F_3等后代群体存在广泛的变异类型，不能明确地划分为不同的组，分析各组的分离比例，只能用一定的度量单位进行测量，采用统计学方法加以分析。②数量性状一般容易受环境条件的影响而发生变异。这种变异一般是不遗传的，它往往和那些能够遗传的变异相混淆，使问题更加复杂化。③控制数量性状的基因在特定的时空条件下表达，在不同环境下基因表达的程度可能不同。因此，数量性状普遍存在基因型与环境的互作现象。

例如，玉米果穗长度不同的两个品系进行杂交，F_1的穗长介于两亲本之间，呈中间型；F_2植株结的穗子的长度表现明显的连续变异，不容易分组，因而也就不能求出不同组之间的比例时，由于环境条件的影响，即使基因型纯合的亲本（P_1、P_2）和基因型杂合一致的杂种一代（F_1），各个个体的穗长也呈现连续的分布，而不是只有一个长度。F_2群体既有由于基因造成的基因型差异，又有由于环境的影响造成的差异，所以，F_2的连续分布比亲本和F_1都更广泛。因此，分析数量性状遗传的变异实质，对提高数量性状育种的效率是很重要的。

数量性状易受环境条件的影响，但这种变异一般是不遗传的，且易与能够遗传的数量性状相混；如由于环境条件的影响，基因型纯合的两个亲本与基因型杂合一致的F_1中各个体的数量性状也出现连续变异的现象。如上述玉米P_1、P_2和F_1中的穗长也呈连续分布，而不是只有一个长度。

但质量性状和数量性状的划分也不是绝对的，同一性状在不同的杂交组合中可能表现不同，如株高，一般来讲是一个数量性状，但在有些杂交组合中却表现为简单的质量性状遗传，如水稻高秆莲塘早/矮秆二九青杂交后代的株高遗传状态。又如，小麦籽粒颜色红色与白，在一些杂交组合中表现为一对基因的分离，而在另一些杂交组合中表现为连续变异的数量性状特征，籽粒红色程度不同。

（二）数量性状的遗传基础

数量性状的遗传表现与质量性状的遗传表现有一定的区别。1909年尼尔逊·埃尔提出多基因假说对数量性状的遗传进行了解释。他在小麦籽粒颜色的试验中，发现红粒与白粒的杂交组合中，F_1的籽粒颜色为中间型，不能区别显性和隐性；F_2籽粒颜色则由红色到白色，表现有各种不同程度的类型。按照他的解释，数量性状是许多彼此独立的基因作用的结果，每个基因对性状表现的效果甚微，但其遗传方式仍然服从孟德尔的遗传规律。多基因学说不但认为决定数量性状的基因数目很多，而且还假定：①各基因的效应相等；②各个等位基因的表现为不完全显性或无显性，或表现为正效和减效作用；③各基因的作用是累加性的。

最简单的数量性状，可以假定是由2对或3对基因共同决定的。例如，用小麦的红色籽粒品种与白色籽粒品种杂交，F_2籽粒可分为红色籽粒和白色籽粒两组。有的组合表现3∶1分离，有的则表现15∶1分离或63∶1分离。除3∶1分离表明是一对基因所决定的以外，后两种分离都反映基因的重叠作用。当基因的作用累加时，则每增加一个红粒有效基因（R），籽粒的颜色就要更红一些。这样，由于各个基因型所含的红粒有效基因数的不同，就形成红色程度不同的许多中间型籽粒。

数量性状的深入研究进一步丰富和发展了早年提出的多基因假说。近年来，借助于分子标记和数量性状基因位点作图技术，已经可以在分子标记连锁图上标出单个基因位点的位置，并确定其基因效应。对动植物众多的数量性状基因定位和效应分析表明，数量性状可以由少数效应较大的主基因控制，也可由数目较多的微效多基因控制。各个微效基因的遗传效应值不尽相等，效应的类型包括等位基因的加性效应、显性效应和非等位基因间的上位性效应，以及这些基因主效应与环境的互作效应。也有一些性状虽然主要由少数主基因控制，但还存在一些效应微小的修饰基因，这些基因的作用是增强或削弱其他主基因对表现型的作用。

在进行植物杂交时，杂种后代往往出现一种超亲遗传的现象。这个现象可用多基因假说予以解释。例如，两个水稻品种，一个早熟，一个晚熟，杂种第一代表现为中间型，生育期介于两亲本之间，但其后代可能出现比早熟亲本更早熟，或比晚熟亲本更晚熟的植株，这就是超亲遗传。假设某作物的生育期由3对独立基因决定，早熟亲本的基因型为$A_2A_2B_2B_2C_1C_1$，晚熟亲本的基因型为$A_1A_1B_1B_1C_2C_2$，则两者杂交的F_1基因型为$A_1A_2B_1B_2C_1C_2$，表现型介于两亲之间，比晚熟的亲本早，比早熟的亲本晚。由于基因的分离和重组，F_2群体的基因型在理论上应有27种。其中基因型为$A_1A_1B_1B_1C_1C_1$的个体，将比晚熟亲本更晚，基因型为$A_2A_2B_2B_2C_2C_2$的个体，将比早熟亲本更早。

三、细胞质遗传

前面所介绍的遗传性状都是由细胞核内染色体上的基因即核基因决定的，由核基因决定的遗传现象和遗传规律称为细胞核遗传或核遗传。随着遗传学研究的不断深入，人们发现细胞核遗传并不是生物唯一的遗传方式。生物的某些遗传现象并不是或者不完全是由核基因决定的，而是取决于或部分取决于细胞质内的基因。对这个领域的深入研究，对于正确认识核质关系，全面地理解生物遗传现象和人工创造新的生物类型具有重要意义。

（一）细胞质遗传概念及类型

由细胞质内的基因即细胞质基因决定的遗传现象和遗传规律叫作细胞质遗传，有时又称非染色体遗传、非孟德尔遗传、染色体外遗传、核外遗传、母性遗传等。

研究发现，真核生物的细胞质中的遗传物质主要存在于线粒体、叶绿体（植物）、中心体（动物）等细胞器中。这些细胞器在细胞内执行一定的代谢功能，是细胞不可缺少的组成部分。但是，在原核生物和某些真核生物的细胞质中，除了细胞器，还有另一类被称为附加体和共生体的细胞质颗粒，属于细胞的非固定成分，并且也能影响细胞的代谢活动，但它们并不是细胞必不可少的组成部分。

（二）细胞质遗传的特点

细胞学的研究表明，在真核生物的有性繁殖过程中，卵细胞内除细胞核，还有大量的细胞质及其所含的各种细胞器；精子内除细胞核，没有或极少有细胞质，因而也就没有或极少有各种细胞器。所以在受精过程中，卵细胞不仅为子代提供其核基因，也为子代提供其全部或绝大部分细胞质基因；而精子则仅能为子代提供其核基因，不能或极少能为子代提供细胞质基因。因此，一切受细胞质基因决定的性状，其遗传信息只能通过卵细胞传递给子代，而不能通过精子遗传给子代。因此，细胞质遗传的特点是：

（1）遗传方式是非孟德尔式的，杂交后代一般不表现一定比例的分离。

（2）正交和反交的遗传表现不同；F_1通常只表现母本的性状，故细胞质遗传又称为母性遗传。

（3）通过连续回交能将母本的核基因几乎全部置换掉，但母本的细胞质基因及其所控制的性状仍不消失。

（4）由附加体或共生体决定的性状，其表现往往类似病毒的转导或感染。

第二节 遗传物质的变异

一、基因突变

基因是遗传物质的最小功能单位，是DNA分子链中具有特定遗传功能的一段核苷酸序列。基因结构的改变可能会导致其功能的变化，从而可能使生物的性状发生改变，产生可遗传变异。在产生可遗传变异的途径中，杂交导致的基因重组、染色体结构和染色体数目变异，都是原有基因重新组合的结果，而遗传物质没有发生本质上的改变。基因突变所产生的可遗传变异是由于基因的结构和功能变化引起的，在性质上不同于以上所述的遗传变异途径。基因突变不仅是生物进化原材料的主要源泉，也是进行动植物品种遗传改良的基础。

（一）基因突变的概念

基因突变主要指染色体上某一基因位点发生了分子结构的改变，由原来的某一基因突变为另一等位基因，也称点突变。携带突变基因的细胞或生物体，称为突变体，它是选育品种或新种质的原始材料。所以说基因突变是从一个基因突变为它的等位基因，并且产生一种新的基因型上的差异。例如，小麦的高秆基因D突变为矮秆基因d，水稻的非糯性基因Wx突变为糯性基因wx等，这些性状的改变都是基因突变的结果。基因突变可以发生在生物生活周期的任何阶段，包括配子体世代和孢子体世代。

（二）基因突变的特征

1.基因突变的重演性和可逆性

同一突变可以在同种生物的不同个体间多次发生，称为突变的重演性。玉米籽粒6个基因，在多次试验中都出现过类似的突变，它们突变的频率也极其近似。

基因突变是可逆的。由一个显性基因A突变为隐性基因a为正突变；反之，由隐性基因a突变为显性基因A为反突变，或称回复突变。通常野生型基因突变为突变型基因是正向突变，而突变型基因通过突变成为原来的野生型状态，是回复突变。但是真正的回复突变（回复到野生型的DNA序列）是很少发生的。多数所谓回复突变是指突变体所失去的野生型性状可以通过第二次突变而得到恢复，即原来的突变位点依然存在，但它的表型效应被第二位点的突变所抑制。一般情况下，回复突变率总是显著低于正向突变率。

2.基因突变的多方向性和复等位基因

基因突变的方向是不定的，往往可以多方向发生。例如，A可以突变为a，也可以突变为a_1，a_2，a_3等。a、a_1、a_2、a_3…对A基因来说都是隐性基因，同时a、a_1、a_2与a_3之间的生理功能和性状表现又各不相同。遗传试验表明，这些隐性基因彼此之间以及它们与A基因之间都存在对性关系，位于同一基因位点上。这些在基因位点上占有同一位置但性状与功能各异的等位基因，在遗传学上称为复等位基因。由于复等位基因的存在，更进一步增加了生物的多样性，为生物的适应性和育种工作提供了丰富的种质资源。

人类的ABO血型，也是由一系列复等位基因决定的。A、B、O血型是由3个复等位基因，即I^A、I^B和i所控制，I^A、I^B对i均为显性，而I^A和I^B之间没有显隐性关系，是共显性。因此，它们之间共组成6种基因型和4种表现型。

虽然复等位基因的存在使基因突变具有多方向性，但基因突变受其本身特定化学基础制约，所以基因突变的多方向性是相对的，即每个基因的突变方向并不是无限制的，而只能在一定的范围内发生。例如，菊花有黄、白、紫和粉红等颜色，但从未发现黑色的突变；水稻的颖壳有红色、深红和紫色等不同的颜色，但从未发现蓝色的突变。了解突变的一定范围，有利于品种选育工作的进行。

3.基因突变的有害性和有利性

大多数基因的突变，对生物的生长发育是有害的，因为现存的生物都是经历长期自然选择进化而来的，它们的遗传物质及其所控制下的代谢过程，都已达到相对平衡和协调状态。如果某一基因发生突变，原有的协调关系不可避免地要遭到破坏或削弱，生物赖以正常生活的代谢关系就会被打乱，从而引起不同程度的有害结果，一般表现为某种性状的缺陷或生活力和育性的降低，例如，果蝇的残翅、鸡的卷羽、人的镰刀型红细胞贫血症、色盲、植物的雄性不育等，严重的会导致死亡。这种能使生物体死亡的突变称为致死突变，大多数的致死突变为隐性致死。

植物中最常见的致死突变是隐性的白化突变，由于白化苗不能形成叶绿素，也就不能进行光合作用，因而当幼苗子叶中的养分耗尽时，则会立即死亡。也有少数为显性致死，显性致死突变在杂合状态下即会死亡。

有的基因突变对生物的生长发育也是有利的，例如，作物的抗病性、抗倒伏性、早熟性和耐旱性等，这些突变为生物进化提供了有利条件。例如，水稻从突变不育株中培育选得不育系，为杂交水稻的生产开辟了广阔的前景。

基因突变的有害性和有利性是相对的，在一定条件下可以相互转化。比如，植物的高秆突变为矮秆，因其植株矮，受光不足，影响生长发育，表现为有害性；但在多风或高肥水地区却表现为较强的抗倒伏能力，生长更加茁壮，有害反而变为有利。

4.突变的平行性

亲缘关系相近的物种由于遗传基础比较近似，往往发生相似的基因突变，这种现象称为基因突变的平行性。

根据突变的这个特点，当在某一属内发现某种变异类型时就可以预见与其近缘的其他种、属中也可能存在相似的变异类型。例如，小麦有早熟、晚熟变异类型，属于禾本科的其他作物如燕麦、玉米和高粱等也存在这些变异类型。基因突变平行性的存在，对人类选种或人工诱变育种具有一定的参考意义。

（二）诱发基因突变的因素

1.物理因素

在多种物理诱变因素中，应用最广泛并且行之有效的是射线。用于诱变的射线包括电离射线和非电离射线。

在诱变研究中，X射线、γ射线、α射线、β射线和中子等都是人们常用的电离射线。最早用于诱变的电离射线是X射线，后来人们发现γ射线的诱变效果比较好，于是γ射线成为人工诱变的首选射线。近年来，人们发现中子的诱变效果也很好，用中子进行诱变的研究日趋增多，但中子照射后的物体带有放射性，人体不能直接接触。α射线电离程度很大，内照射很危险，一般不用。β射线一般用于内照射（浸泡或注射）。研究表明，电离辐射诱发基因突变的频率，在一定范围内和辐射剂量成正比；电离辐射有累加效应，小剂量长期照射与大剂量短期照射的诱变效果相同。

紫外线携带的能量很小，穿透力弱，不足以引起物质的电离，属于非电离射线。物质吸收紫外线后，其组成分子由于电子的激发而变成激发分子，结果极易引起分子结构的改变。

2.化学因素

一些化学物质和辐射一样能够引起生物体发生基因突变。通过对上千种化学物质的诱变作用进行研究，发现从简单的无机物到复杂的有机物，金属离子、生物碱、生长刺激素、抗生素、农药、灭菌剂、色素、染料等都可以诱发突变，但是诱变效果好的种类并不多。根据化学诱变剂对DNA作用方式的不同，可以将其分为以下三类：

（1）碱基类似物

它们的分子结构与DNA分子中4种碱基的化学结构十分相似。在DNA分子复制时，这些碱基类似物能够以假乱真，作为DNA的组成成分掺入DNA分子中，引起碱基配对错误，就会造成碱基对的替换，从而产生基因突变。常见的碱基类似物有5–溴脲嘧啶、2–腺嘌呤等。

（2）碱基修饰剂

有些化学诱变剂并不是掺入DNA中，而是通过对碱基的化学结构进行修饰使其性质发生改变，从而引起特异性错配，如亚硝酸、羟胺和烷化剂等。

（3）插入突变剂

这类化合物主要是吖啶橙、原黄素、黄素等吖啶类染料，它们可以插入DNA双螺旋双链或单链的两相邻碱基之间，使DNA分子在复制或转录时出现差错而导致突变。

3.生物因素

某些病毒和细菌，一些逆转录病毒，如乙肝病毒将其自身的DNA导入人细胞DNA中，引起基因突变。

二、染色体结构变异

染色体结构变异主要是因为染色体在断裂重接过程中出现差错而形成的，所以染色体断裂是结构变异的前提，在细胞学里称为“先断后接”假说。在正常情况下，染色体的形态、结构和数目是相对稳定的，这是保证物种稳定和个体正常生长发育的前提。但是如果外界的自然条件，如营养、温度、生理等出现异常，或人为地用某些射线及化学药剂处理，或生物体的生理生化过程和代谢的失调、衰老等内因的变化及远缘杂交等，都有可能引起遗传物质及染色体结构变异。染色体结构变异有四种类型：缺失、重复、倒位和易位。

（一）缺失

1.缺失的概念及类型

缺失是指染色体本身丢失了某一片段。根据缺失片段的位置可将缺失分为顶端缺失、中间缺失和臂缺失3种类型。当染色体缺失的区段是某臂的外端时，称为顶端缺失；

当染色体缺失的区段是某臂的内段时，称为中间缺失；染色体缺失有时很小，但有时会是整个臂，从而形成一个顶端着丝点染色体，这就是臂缺失。如果在一个个体的细胞中，一对同源染色体的一条发生了缺失，另一条正常，那么该个体称为缺失杂合体；如果两条染色体发生同样的缺失，则称为缺失纯合体。

2.缺失的细胞学鉴定

细胞学鉴定顶端缺失和微小的中间缺失是极为困难的。缺失纯合体在减数分裂时能正常联会和分离，二价体在偶线期和粗线期无特殊的构型出现。顶端缺失杂合体在减数分裂联会时，正常染色体某一区段因缺少同源区段不能联会。中间缺失杂合体在联会时，二价体会形成环形或瘤形突出（称为缺失环），这是正常染色体未缺失的区段因无法配对而向外突出引起的。

缺失环可以在显微镜下观察到。但是这个判断并不可靠，因为后面讲的重复杂合体联会时二价体也会出现类似的环或瘤，故这不能作为区分中间缺失杂合体的唯一特征，必须参考其他形态指标（如染色体长度、着丝粒的位置等）加以鉴定。

3.缺失的遗传效应

当染色体缺失一个区段后，该区段上所有的基因也会丢失。这对生物个体或细胞的正常生长发育及代谢是极为有害的，其有害程度取决于所丢失基因的数量及重要程度。缺失纯合体的生活力远较缺失杂合体的生活力低，一般难以成活。因为在缺失纯合体中缺失区段的基因全部丢失，缺失杂合体尚有一条正常的染色体。植物中含缺失染色体的配子体一般是败育的，花粉更是如此，胚囊的活性较花粉略强。因此，缺失染色体一般是通过雌配子传递给后代的。

缺失杂合体常表现为假显性现象。这是因为在杂合体中，一条染色体缺失后，另一条同源染色体上的隐性基因就在表型上显现出来。例如在玉米中，与玉米植株颜色有关的一对基因PL（紫）和pl（绿）在第6染色体长臂的外段，紫株玉米（PLPL）与绿株玉米（plpl）杂交的F1植株（PLpl）应表现为紫色。麦克林托克（B.McClintock）曾用X射线照射的紫株玉米的花粉给绿株玉米授粉杂交，结果在子代的734株幼苗中出现了2株绿苗。细胞学鉴定表明第6染色体上载有PL基因的长臂外段发生缺失，而长成绿株是同源染色体上的对应位点pl隐性基因发生作用的结果。若不进行细胞学检查，则可能误认为是基因突变所致，即PL突变为pl。

（二）重复

1.重复的概念及类型

重复指某一条染色体增加了与自身相同的某一区段，也是由染色体断裂和错接而产生的。根据重复区段的排列顺序及所处位置，可分为两种类型：顺接重复和反接重复。顺接重复是指重复区段按照自己在染色体上正常的直线顺序重复；反接重复是指重复区段在重复时直线顺序发生180° 颠倒。例如，某染色体的正常直线顺序是ab · cdef，若“de”区段重复，则顺接重复是ab · cdedef，反接重复是ab · cdeedf。重复和缺失总是伴随出现的，一对同源染色体之间的非对等交换，就能使一条染色体发生重复，而另一条染色体上发生缺失。

若一对同源染色体中，一条染色体正常，另一条染色体重复，由这种染色体构成的个体为重复杂合体；如果两条染色体双方发生相同的重复，则称为重复纯合体。

2.重复的细胞学鉴定

可以用检查缺失染色体的方法检查重复染色体。若重复的区段较长，重复杂合体会出现环或瘤。但要注意不能同缺失杂合体的环或瘤混淆，缺失杂合体的环或瘤发生在正常染色体上，而重复杂合体的环或瘤发生在重复染色体上。若重复的区段较短，联会时重复染色体的重复区段可能收缩一点，正常染色体在相对的区段可能伸长一点，镜检时就很难观察到该现象，因而还需要结合其他细胞学鉴定后才能确定。

3.重复的遗传效应

生物体对重复的忍受能力比缺失要高，但由于增加了一个额外的染色体片段，也就是增加了一些多余的基因，因而扰乱了基因间固有的平衡关系，重复区段上的基因在重复杂合体的细胞内是3个，在重复纯合体内是4个。重复对表型的影响主要有剂量效应和位置效应。剂量效应是指同一种基因对表型的作用随基因数目的增多而呈一定的累加增长。位置效应是指由于重复区段排练位置的不同而引起的遗传差异。

重复造成表型变异最典型的例子是果蝇X染色体上16区A段基因决定的棒眼遗传。野生型果蝇的复眼大约由780个红色小眼组成，成卵圆形。如果一条X染色体的16区A段重复一次则成为重复杂合体，其红色小眼数降到358个左右，这些红色小眼出现在复眼当中，好像一根凹凸不平的粗棍棒，称棒眼；若两条X染色体都重复了一次则成为重复纯合体，则红色小眼数减少到68个左右，棒眼更为细长。果蝇眼睛的红色小眼数随X染色体16区A段重复的增多而减少，显示了明显的剂量效应。但在总数相同的重复中，重复区段排列位置的不同也会引起表型的差异，当一对同源染色体的每一条都有一次重复时，红色小眼数为68个，但当两次重复都集中在一条染色体上时，虽然重复次数相同，但其红色小眼数目减为45个，棒眼成为更细的条形，称为重棒眼或加倍棒眼，这就是重复引起的位置效应。

除果蝇外，其他生物的染色体片段重复一般很难检出，也没有明显可见的表型效应。但从进化观点来看，重复是很重要的。基因重复是新基因产生的基础。

（三）倒位

1.倒位的概念及类型

倒位是指一个染色体的某一区段发生断裂后，中间的断片反转180度。重新接上的现象。根据倒位的区段是否包含着丝点，可分为臂内倒位和臂间倒位两种类型。前者的倒位区段不包括着丝点，仅在着丝点一侧的臂内发生；后者的倒位区段则包括着丝点在内。如正常的染色体是abc · defg，则abc · dfeg为臂内倒位染色体；而abde · cfg为臂间倒位染色体。

若一对同源染色体中，一条染色体倒位，另一条染色体正常，由这种染色体构成的个体为倒位杂合体；如果两条染色体双方发生同样的倒位，则称为倒位纯合体。

2.倒位的细胞学鉴定

鉴别倒位也是根据倒位杂合体减数分裂时的联会形象。若倒位区段过长，则倒位染色体的倒位区段可能反转与正常染色体的同源区段进行联会，而二价体的倒位区段以外的部分只能处于分离状态；若倒位区段很短，则倒位区段不配对，难以从细胞学上鉴别；若倒位区段长度适中，则倒位染色体与正常染色体会在倒位区段内形成“倒位圈”，但该倒位圈与缺失、重复所形成的环或瘤有明显的差异，倒位圈是由一对染色体形成的，而后者是由单个染色体形成的。

3.倒位的遗传效应

倒位杂合体在减数分裂粗线期，如果在倒位区段范围内发生一次非姊妹染色单体间的交换，最终形成含有缺失染色体或缺失重复染色体的配子，这些配子将是不育的，所以倒位杂合体往往表现为部分不育。虽然染色体倒位并不显著地影响生物体的外部形态和生理功能，但由于倒位可以改变有关连锁基因之间的交换值，改变基因的位置，产生物种之间的差异，因此它在物种进化上具有重要的作用。

（四）易位

1.易位的概念及类型

易位是指一条染色体的某一区段错接到非同源的另一条染色体上的现象。缺失、重复和倒位都是同源染色体结构变异，易位则是一种非同源染色体间交换片段的变异。

由于染色体断片转移方向的不同，易位分为相互易位和简单易位两种类型。如果两条非同源染色体互相交换染色体片段，称为相互易位；如果只有一条染色体的某一区段移接到另一非同源的染色体上，则称为简单易位。假设ab · cde和wx · yz是两条非同源染色体，则wx · ydz是简单易位染色体，而ab · cz和wx · yde就是两条相互易位染色体。简单易位比较少见，常见的是相互易位。

两对同源染色体中，有两条为正常染色体，另两条为相互易位染色体，称为易位杂合体；如果两对同源染色体都是同样的相互易位染色体，称为相互易位纯合体。

2.易位的细胞学鉴定

从细胞学上鉴定易位，仍是根据易位杂合体在细胞减数分裂时染色体的联会现象来判断。易位杂合体在显微镜下容易识别，因为在减数分裂粗线期，涉及相互易位的这两对非同源染色体会形成“十”字形图像。到了终变期，纺锤丝向两极牵引，由于交叉端化而形成由四条染色体组成的“四环体”。到了中期I，“四环体”在赤道板上可排列成“∞”字形或“O”字形，各占50%。若排列成“∞”字形，后期交替式分离，产生配子是可育的；若排列成“O”字形，后期相邻式分离产生的配子不育。

3.易位的遗传效应

易位的一个显著遗传效应是易位杂合体植株的半不育性，即有半数花粉是不育的，胚囊也有半数是不育的，所以结实率只有50%。易位杂合体植株的半不育性是由于减数分裂后期工的两种分离方式造成的。相邻式分离产生的小孢子和大孢子都只能形成不育的花粉和胚囊，交替式分离产生的小孢子和大孢子都可成为可育的花粉和胚囊。由于这两种分离方式发生的概率大致各占50%，因而导致杂易位植株的半不育性。

易位使易位杂合体邻近易位接合点的一些基因间的重组值有所下降，这是易位杂合体联会不紧密造成的。易位还可导致染色体融合，引起染色体数目变异。易位促进生物进化和导致新物种形成。目前已知道，许多植物的变种或变系就是由于染色体在进化过程中连续发生易位造成的，例如直果曼陀罗的近100个变种就是不同染色体易位的结果。

三、染色体数目变异

每种生物细胞中的染色体数目一般是恒定的，因为染色体数目的稳定对于保持物种的稳定是十分重要的。然而，生物体染色体数目同基因、染色体结构一样，稳定是相对的，变异是绝对的。在自然因素和人工诱变因素作用下，生物体细胞中的染色体数目也会发生变异，从而导致生物性状、育性、生活力等的一系列变异，甚至产生新的物种。

19世纪末20世纪初，人们从普通月见草中发现了染色体数目加倍的巨型月见草新种，从而启发人们开始认识并研究染色体数目变异。染色体数目变异包括整倍体和非整倍体两类，整倍体包括染色体数目按一定基数成倍地增、减分别产生的多倍体和单倍体，非整倍体包括由个别染色体数目的增、减分别产生的超倍体和亚倍体。

（一）染色体倍性变异

在自然界中，大多数真核生物的体细胞中含有两套染色体，我们称为二倍体。二倍体生物的正常配子中含有的一套染色体称为染色体组，通常以“X”表示；整倍体是体细胞的染色体数为基本染色体组（X）整数倍的个体。同一染色体组的各个染色体的形态、结构和连锁基因群都彼此不同，但它们构成一个完整而协调的遗传体系，缺少其中的任何一个都会造成不育或性状的变异，这就是染色体组的特征。玉米是二倍体（2n=20），其染色体组X=10。具有3个或3个以上染色体组的生物体或细胞，如3X、4X、5X…分别称为三倍体、四倍体、五倍体等，统称为多倍体。在多倍体中，其染色体组均来自同一物种的称为同源多倍体，其染色体组来自不同物种的称为异源多倍体。

1.多倍体

（1）同源多倍体

所谓同源多倍体是由同一物种的染色体组加倍而成的，即体细胞中所有染色体组都来自同一物种。自然发生或诱发产生的同源多倍体主要有同源四倍体和同源三倍体。常见的是同源四倍体。

一般来说，染色体数目加倍会导致细胞生化活动大大增强，因而表现为细胞和器官变大，细胞内含物增加。例如，二倍体的水稻加倍成为同源四倍体之后，比原来的水稻植株要高大，叶片宽，穗子长，籽粒大，花粉粒、叶肉细胞、保卫细胞和气孔的体积都显著增加。同源多倍体除了与二倍体相比具有形态上的变化，生理生化代谢也有明显改变。例如，二倍体的大麦加倍成为同源四倍体之后，籽粒的蛋白质含量比二倍体原种增加10%～12%；玉米同源四倍体籽粒中的类胡萝卜素含量比二倍体增加40%以上；四倍体番茄所含维生素C比二倍体多1倍。这与同源多倍体基因剂量效应有关。

同源四倍体的每个同源组都含有4条同源染色体，在配子形成过程中，4条同源染色体不是完全平衡分配，而是存在这样那样的不均衡分离，势必造成同源四倍体配子内染色体数和组合成分的不平衡，从而造成同源四倍体的部分不育及其子代染色体数的多样性变化。研究发现，与二倍体相比，同源四倍体玉米的育性一般下降5%～20%。因而，无论是天然形成的还是人工培育的同源四倍体大多是无性繁殖。

同源三倍体的出现大多是因为减数分裂不正常，由未经减数分裂的配子（2n）与正常配子（n）受精形成。同源三倍体的配子染色体组合成分不平衡，使配子中各类染色体固有的比例关系发生改变。因此，同源三倍体是高度不育的。同源三倍体的高度不育性在生产上有很好的应用价值。人工创造的同源三倍体葡萄和同源三倍体西瓜（2n = 33）、三倍体甜菜已在生产上得到应用。同源三倍体甜菜含糖量远高于二倍体，三倍体葡萄和西瓜则产生无籽的果实。由于三倍体高度不育，不能留种，故同源三倍体必须年年制种供生产上应用。

（2）异源多倍体

所谓异源多倍体是指来自不同种、属的染色体组构成的多倍体或者说由不同种、属个体杂交得到的F_1再经染色体加倍得到的多倍体。在原有的种间杂种中，每一物种的染色体组成单存在，而且表现高度不育。经过加倍，每一物种的染色体组才成双存在，并表现为正常可育。如一粒小麦与拟斯卑尔脱山羊草杂交，将杂种进行染色体加倍，形成新的异源四倍体与二倍体方穗山羊草杂交，将形成的杂种再进行染色体加倍形成异源六倍体种，最终演化成普通小麦。普通小麦的两个染色体组来自一粒小麦，两个染色体组来自拟斯卑尔脱山羊草，两个染色体组来自方穗山羊草，其染色体组是成对存在的，因而正常可育。我国遗传学家鲍文奎将普通小麦（具有A、B、D三种基因组）和黑麦（具有R基因组）杂交得到的F_1，经过染色体加倍后，得到具有A、B、D、R各两个基因组且正常可育的八倍体小黑麦，国际公认为它是植物分类学上的一个新属，命名为小黑麦属。八倍体小黑麦在农艺性状上兼具普通小麦和黑麦的一些优点。

2.单倍体

（1）单倍体的类型

单倍体是指体细胞内具有正常配子染色体数（n）的个体。二倍体植物产生的单倍体，体细胞中仅含有一个染色体组，这种单倍体为一倍体（单元单倍体）。由异源多倍体植物产生的单倍体，含有多个不同的染色体组，称为多元单倍体。普通小麦的单倍体含A、B和D三个染色体组，为多元单倍体。

与正常的二倍体相比，单倍体植株很小，生活力很弱，而且高度不育。不育的原因是由于减数分裂时没有同源染色体的配对，没有配对的染色体只能随机分配到子细胞中，所形成的配子几乎都是染色体不平衡的。例如，一个含有10个染色体的单倍体，在第一次减数分裂中产生的每个子细胞中，可以得到从0～10的任何染色体数。要得到一个具有10条染色体的正常可育配子的概率将是$(1/2)^{10}=1/1024$，而且要使这样两个雌雄配子结合的概率就更小，所以单倍体几乎是完全不育的。但是单倍体在遗传学上的研究和育种实践上都有重要价值。

（2）单倍体的应用

在遗传学上可以利用单倍体进行基因突变、基因与环境互作以及数量遗传的研究，也可以进行物种起源以及基因的性质与作用等研究。在育种实践上一方面可直接通过染色体加倍获得纯合体，从而缩短育种年限；另一方面可以利用单倍体个体进行人工诱变，由于是单基因，诱变后在当代就能发现变异类型，从而提高诱变效果。

（二）非整倍体

真核生物在减数分裂过程中受到射线照射时，有些细胞可能发生同源染色体不分离等异常现象，导致染色体分配不平衡，从而形成一部分染色体数目为n-1或n+1的配子。这些异常配子同染色体数目为n的正常配子结合，便有可能产生染色体数目为2n-1或2n+1的个体，这样一些个体称为非整倍体。正常的2n个体称为双体。在非整倍体的范围内，常常把染色体数少于2n的个体称为亚倍体，把染色体数多于2n的个体称为超倍体。

1.亚倍体

（1）单体

单体是指在2n染色体数目的基础上，缺少一条染色体的个体，用2n-1表示。烟草的单体与正常的双体之间，以及不同染色体的单体之间，在花冠、花萼、蒴果、植株大小以及发育速度、叶绿素含量等方面，都表现出了差异。单体有一条成单的染色体，在减数分裂过程中单价体容易被遗弃在细胞质中，从而形成育性很差或没有育性的配子。所以二倍体群体内出现的单体一般都不孕。单体主要存在于异源多倍体植物中。

（2）缺体

缺体是指在2n染色体数目的基础上，缺少一对同源染色体的个体，用2n-2表示。单体自交能够分离出缺体，与单体一样，只有异源多倍体物种才能分离出缺体，有些物种，如普通烟草的单体后代分离不出缺体，原因是缺体在幼胚阶段死亡。缺体能产生一种n-1配子，因此育性更低。可育的缺体一般都各具特征，如小麦的3D染色体同源组缺失，$2n-\mathrm{II}^{3D}$的籽粒为白色，5A染色体的缺体$2n-\mathrm{II}^{5A}$就发育为斯卑尔脱小麦的穗型等。缺体一般生长势较弱，经常约有半数是不育的。

单体和缺体都是应用于遗传分析上的重要材料。利用小麦单体、缺体材料通过杂交可以鉴定某品种的有关基因所在的染色体。

2.超倍体

（1）三体

三体是指在2n染色体数目的基础上，多出一条染色体的个体，用2n+1表示。三体的来源和单体一样，主要是减数分裂异常，三体减数分裂时，理论上应该产生含有n和n+1两种相同数目染色体的配子，而事实上因为多出来的一条染色体在后期I常有落后现象，致使n+1型的配子通常少于50%，一般情况下，n+1型的雄配子不易成活，很少能与雌配子结合，所以，n+1型配子大多是通过卵细胞遗传的。

（2）四体

四体是指在正常2n染色体数目的基础上，增加了和自己相同的一对同源染色体的生物体，用2n+2表示。绝大多数四体是在三体的子代群体内找到的。由于四体在减数分裂时，染色体首先联会，然后经过交换进行分离，分离时大多数发生完全均衡分离，故可产生n+1的配子，四体自交后代会分离出四体，甚至有的完全是四体，可见，四体比三体稳定得多。四体的基因分离同同源四倍体。

染色体结构变异和数目的变异都是可遗传的，因此对其有利的变异在育种上可以加以利用，甚至人为地诱发生物产生变异，从而选择培育获得新品种。例如，诱变育种、单倍体育种、多倍体育种都已在各自领域内取得了许多成就。三倍体无籽西瓜已开始大面积推广，诱导多倍体的产生，也是克服远缘杂交不结实的重要方法。

第八章
作物遗传育种技术

第一节　作物种质资源和引种

一、作物种质资源

（一）作物种质资源的概念及类型

作物种质资源，是指选育作物新品种的基础材料，包括作物的栽培种、野生种和濒危稀有种的繁殖材料，以及利用上述繁殖材料人工创造的各种遗传材料，其形态包括果实、籽粒、苗、根、茎、叶、芽、花、组织、细胞和DNA、DNA片段及基因等有生命的物质材料。

作物种质资源一般可按其来源、生态类型、亲缘关系、育种实用价值进行分类。从遗传和育种的角度，按亲缘关系与育种实用价值进行划分较为合理。

1.按亲缘关系分类

哈兰（Harlan）和德韦（Dewet）按亲缘关系，即彼此间的可交配性与转移基因的难易程度，将种质资源分为三级基因库：

（1）初级基因库

库内的各资源材料间能相互杂交，正常结实，无生殖隔离，杂种可育，染色体配对良好，基因转移容易。

（2）次级基因库

此类资源间的基因转移是可能的，但存在一定的生殖隔离，杂交不结实或杂种不育，必须借助特殊的育种手段才能实现基因转移。如大麦与球茎大麦。

（3）三级基因库

亲缘关系更远的类型。彼此间杂交不结实、杂种不育现象更明显，基因转移困难。如水稻与大麦、水稻与油菜。

2.按育种实用价值分类

（1）地方品种

一般指在局部地区栽培的品种，多数未经过现代育种技术的遗传修饰，所以又称农家品种。其中有些材料虽有明显的缺点但具有稀有可利用特性，如特别抗某种病虫害、特别的生态环境适应性、特别的品质性状以及一些目前看来尚不重要但以后可能特别有利用价值的特殊性状。

（2）育成品种

指那些经现代育种技术改良或选育而成的品种，包括自育或引进的品种。由于其具有较好的丰产性与较广的适应性，一般被用作育种的基本材料。

（3）原始栽培类型

指具有原始农业性状的类型，大多为现代栽培作物的原始种或参与种。独具特点，且其不良性状表现明显。现在存在的已很少，多与杂草共生，如小麦的二粒系原始栽培种、一年生野生大麦等。

（4）野生近缘种

指现代作物的野生近缘种及与作物近缘的杂草，包括介于栽培类型和野生类型之间的过渡类型。这类种质资源通常具有作物所缺少的某些抗逆性，可通过远缘杂交及现代生物技术导入作物中。

（5）人工创造的种质资源

杂交后代、突变体、远缘杂种及其后代、合成种等。这些材料多具有某些缺点而不能成为新品种，但其有一些明显的优良性状。

（二）种质资源的作用

种质是亲代传给子代的遗传物质，是控制生物本身遗传和变异的内在因子。种质资源是经过长期自然演化和人工创制而形成的一种重要自然资源，它在漫长的生物进化过程中不断充实和发展，积累了由自然选择和人工选择引起的极其丰富的遗传变异，蕴藏着控制各种性状的基因，形成了各类优良的遗传性状及生物类型。长期的育种实践已让种质资源在作物育种中的物质基础作用与决定性作用表现得非常明显。农业生产上，突破性品种的培育成功往往与某一新的种质资源的发现有关，例如，我国杂交水稻培育成功就与野败不育株的发现密不可分。

种质资源在作物育种中的作用主要表现在以下几个方面：

1.种质资源是现代育种的物质基础

作物品种是在漫长的生物进化与人类文明过程中形成的。在这个过程中，野生植物先被驯化成多样化的原始作物，经种植选育变为各色各样的地方品种，再通过不断的自然选择与人工选择而育成符合人类需求的各类新品种。正是由于已有种质资源具有满足不同育种目标所需要的多样化基因，才使得人类的不同育种目标得以实现。

在作物育种中，提供育种目标性状基因的作物类型、品种和野生植物，仅是种质资源的一小部分。从实质上看，作物育种工作就是按照人类的意图对多种多样的种质资源进行各种形式的加工改造，而且育种工作越向高级阶段发展，种质资源的重要性就越突出。现代育种工作之所以取得显著的成就，除了育种途径的发展和采用新技术，关键还在于广泛地收集和较深入研究、利用优良的种质资源。育种工作者拥有种质资源的数量与质量，以及对其研究的深度和广度是决定育种成效的主要条件，也是衡量其育种水平的重要标志。

2.稀有特异种质对育种成效具有决定性的作用

作物育种成效的大小，在很大程度取决于所掌握的种质资源数量和对其性状表现及遗传规律的研究深度。从世界范围内近代作物育种的显著成就来看，突破性品种的育成及育种上大的突破性成就几乎都取决于关键性优异种质资源的发现与利用。如水稻籼稻矮源低脚乌尖、小麦矮源农林10号与世界范围的“绿色革命”；抗根结线虫的北京小黑豆与美国大豆生产；水稻矮源矮脚南特和矮子粘与我国水稻的矮秆育种等事实说明，这些特异种质资源对新品种选育和社会发展起到了不可替代的作用。

3.新的育种目标能否实现取决于所拥有的种质资源

作物育种目标不是一成不变的，人类文明进程的加快和社会上物质生活水平的不断提高对作物育种不断提出新的目标。新的育种目标能否实现取决于育种者所拥有的种质资源。如人类特殊需求的新作物、适于农业可持续发展的作物新品种等能否实现就取决于育种者所拥有的种质资源。种质资源还是不断发展新作物的主要来源，现有的作物都是在不同历史时期由野生植物驯化而来的。从野生植物到栽培作物，就是人类改造和利用植物资源的过程。随着生产和科学的发展，现在和将来都会继续不断地从野生植物资源中驯化出更多的作物，以满足生产和生活日益增长的需要。如在油料、麻类、饲料和药用等植物方面，常常可以从野生植物中直接选出一些优良类型，进而培育出具有经济价值的新作物或新品种，没有这些种质资源，新作物将无从获得。

4.种质资源是生物学理论研究的重要基础材料

种质资源不但是选育新作物、新品种的基础，也是生物学研究必不可少的重要材料。不同的种质资源，各具有不同的生理和遗传特性，以及不同的生态特点，对其进行深入研究，有助于阐明作物的起源、演变、分类、形态、生态、生理和遗传等方面的问题，并为育种工作提供理论依据，从而克服盲目性，增强预见性，提高育种成效。

（三）种质资源的收集、保存和利用

种质资源的研究内容包括收集、保存、鉴定、创新和利用，在相当长的时期内我国农作物品种资源研究工作重点仍将是20字方针，即“广泛收集、妥善保存、深入研究、积极创新、充分利用”。

1.种质资源的收集

收集种质资源的方法主要有4种，即考察收集、征集、交换和转引。由于采取了各种方式收集种质资源，到2013年，中国农业科学院国家种质库中保存的主要作物种质资源总数已逾42万份。

考察收集是指到野外实地考察收集，多用于收集野生近缘种、原始栽培类型与地方品种。考察收集是获取种质资源的最基本的途径，常用的方法是有计划地在国内外进行考察收集。除了到作物起源中心和各种作物野生近缘种众多的地区去考察采集，还可以到本国不同生态地区考察收集。为了尽可能全面地收集到客观存在的遗传多样性类型，在考察路线的选择上要注意：①作物本身表现不同的地方，如熟期、抗性等；②地理生态环境不同的地方，如地形、地势、气候、土壤类型等；③农业技术条件不同的地方，如灌溉、施肥、耕作、栽培、收获、脱粒方面的习惯不同；④社会条件，如务农、游牧等不同。

为了能充分代表收集地的遗传变异性，收集的资源样本要求有一定的群体大小。如自交草本植物至少要从50株上采取100粒种子；而异交的草本植物至少要从200～300株上各取几粒种子。收集的样本应包括植株、种子和无性繁殖器官。采集样本时，必须详细记录品种或类型名称，产地的自然、耕作、栽培条件，样本的来源（如荒野、农田、农家庭院、乡镇集市等），主要形态特征、生物学特性和经济性状、群众反映及采集的时间、地点等。

征集是指通过通讯方式向外地或外国有偿或无偿索求所需要的种质资源，征集是获取种质资源花费最少、见效最快的途径。交换是指育种工作者彼此互通各自所需的种质资源。转引一般指通过第三方获取所需要的种质资源，如我国小麦T形不育系就是通过转引方式获得的。由于国情不同，各国收集种质资源的途径和着重点也有异。资源丰富的国家多注重本国种质资源收集，资源贫乏的国家多注重外国种质资源征集、交换与转引。美国原产的作物种质资源很少，所以从一开始就把国外引种作为主要途径。

2.收集材料的整理

收集到的种质资源，应及时整理。首先应将样本对照现场记录，进行初步整理、归类，将同种异名者合并，以减少重复；将同名异种者予以订正，进行科学的登记和编号。如美国是将国外引进的种子材料由植物引种办公室负责登记，统一编为P.I.号（plant introduction）。中国农业科学院国家种质库对种质资源的编号办法如下：①将作物划分成若干大类。工代表农作物；Ⅱ代表蔬菜；Ⅲ代表绿肥、牧草；Ⅳ代表园林、花卉。②各大类作物又分成若干类。1代表禾谷类作物；2代表豆类作物；3代表纤维作物；4代表油料作物；5代表烟草作物；6代表糖料作物。③具体作物编号。1A代表水稻；1B代表小麦；1C代表黑麦；2A代表大豆等。④品种编号。1A00001代表水稻某个品种，1B00001代表小麦某个品种，1C00001代表黑麦某个品种等。此外，还要进行简单的分类，确定每份材料所属的植物分类学地位和生态类型，以便对收集材料的亲缘关系、适应性和基本的生育特性有概括的认识和了解，为保存和进一步研究提供依据。

3.种质资源的保存

保存种质资源的目的是维持样本的一定数量与保持各样本的生活力及原有的遗传变异性。从狭义上讲，保存主要采用自然（原生境保存）保存和种质库保存相结合的办法。原生境保存是指在原来的生态环境中，就地进行繁殖保存种质，如通过建立自然保护区或天然公园等途径保护野生及近缘植物物种。非原生境保存是指种质保存于该植物原生态生长地以外的地方，如低温种质库的种子保存，田间种质库的植株保存，以及试管苗种质库的组织培养物保存等。我国已初步建成了种质库保存体系，即国家在中国农科院品种资源研究所建成的国家长期库和青海复份长期库。此外，还有中国农科院专业所的7个特定作物中期库及分布在全国各地的15座地方中期库，加上32个无性繁殖作物、野生作物种质圃，初步形成了我国作物种质资源长期保存与分发体系。

我国作物种质资源由农业部统一管理，由中国农业科学院品种资源研究所统一种植入库、保存并供应。各省农业科学院保存本省材料的复份。各地研究单位与院校，根据需要与条件，保留一定量的种质资源。国家农作物种质资源平台完成了农作物种质资源的整合与规范建设。国家农作物种质资源平台由1个国家种质库、1个青海国家复份库、10个国家中期库、23个省级中期库和39个国家种质圃等74个库圃组成，已整合包括粮食作物、纤维作物、油料作物、蔬菜、果树、糖烟茶桑、牧草绿肥等200种作物41万份种质资源，种质信息200GB，通过中国作物种质信息网向用户提供农作物种质资源信息和实物共享服务。研制了110种农作物描述规范、数据规范和数据质量控制规范336个，实现了农作物种质资源科学分类、统一编目、统一描述的技术规范建设和全程质量控制，建立了农作物种质资源持续保存的制度，构建了科学合理的农作物种质资源保存体系。拥有完整的种质资源中长期保存设施、良好的网络通信条件和足量的种质实物，具备了开放共享的良好条件。

（1）种植保存

为了保持种质资源的种子或无性繁殖器官的生活力，并不断补充其数量，种质资源材料必须每隔一定时间（如1～5年）播种一次，即种植保存。种植保存一般可分为就地种植保存和迁地种植保存。就地种植保存是种质资源在原来所处的生态环境中，不经迁移，采取措施加以保护，如划定自然保护区、国家公园、人工圈保护稀有的良种单株及历史上遗留下来的古树名木。稀有种、濒危种的保护一般也采用就地保存的方法。自然保护区是保存某些野生种质资源的最好方式，它保留了种质资源的原有生态环境，使它们不致随着自然栖息地的消失而灭绝。迁地种植保存即种质圃保存，是将种质材料迁出其自然生长地，集中改种在植物园、树木园、品种资源圃、种质资源圃等处保存，主要适用于多年生植物，例如，我国在海南省建立了棉花种植园，在广西壮族自治区南宁市建立了金茶花种质圃，在武汉梅花研究中心建成了中国梅花品种资源圃。

在种植保存时，每种作物或品种类型的种植条件，应尽可能与原产地相似，以减少由于生态条件的改变而引起的变异和自然选择的影响。在种植过程中应尽可能避免或减少天然杂交和人为混杂的机会，以保持原品种或类型的遗传特点和群体结构。

（2）贮藏保存

对于数目众多的种质资源，如果年年都要种植保存，不但在土地、人力、物力上有很大负担；而且往往由于人为差错、天然杂交、生态条件的改变和世代交替等原因，易引起遗传变异或导致某些材料原有基因的丢失。因而，近年来各国对种质资源的贮藏保存，极为重视。贮藏保存主要是用控制贮藏时的温、湿条件的方法，来保持种质资源种子的生活力。种子保存的一个发展方向是用液氮保存种子，它的优点是温度更低（–196℃），保存期限可以更长，保存费用也有望低于机械制冷的种质库，但前期投资很大。

为了有效保存好众多的种质资源，世界各国都十分重视现代化种质库的建立。新建的种质资源库大都采用先进的技术与装备，创造适合种质资源长期贮藏的环境条件，并尽可能提高运行管理的自动化程度。如国际水稻研究所的稻种资源库分为3级：①短期库：温度20℃，相对湿度45%。稻种盛于布袋或纸袋内，可保持生活力2～5年。每年贮放10万多个纸袋的种子；②中期库：温度4℃，相对湿度45%。稻种盛放在密封的铝盆或玻璃瓶内，密封，瓶底内放硅胶。可保持种子生活力25年；③长期库：温度–10℃，相对湿度30%，稻种放入真空、密封的小铝盒内，可保持种子生活力75年。

（3）离体保存

离体保存是在适宜条件下，用离体的分生组织、花粉、休眠枝条等保存种质资源。利用这种方法保存种质资源，可以解决用常规的种子贮藏法不易保存的某些资源材料，如具有高度杂合性的、不能异地保存的、不能产生种子的多倍体材料和无性繁殖植物等，可以大大缩小种质资源保存的空间，节省土地和劳力。另外，用这种方法保存的种质，繁殖速度快，还可避免病虫的危害等。目前，作为种质资源保存的细胞或组织培养物有愈伤组织、悬浮细胞、幼芽生长点、花粉、花药、体细胞、原生质体、幼胚、组织块等。

对组织和细胞培养物采用一般的试管保存时，要保持一个细胞系，必须作定期的继代培养和重复转移，这不仅增加了工作量，而且会产生无性系变异。因此，近年来发展了培养物的超低温（-196℃）长期保存法。如英国的Withers已用30多种植物的细胞愈伤组织在液氮（-196℃）下保存后，能再生成植株。

（4）基因文库技术

自然界每年都有一些珍贵的动植物死亡灭绝，这些遗传资源就可能会消失。建立和发展基因文库技术，对抢救和安全保存种质资源具有重要意义。利用DNA重组技术，将种质材料的总DNA或染色体所有片段随机连接到载体（如质粒、病毒等）上，然后转移到寄主细胞（如大肠杆菌、农杆菌）中，通过细胞增殖，构成各个DNA片段的克隆系。在超低温下保存各无性繁殖系的生命，即可保存该种质的DNA。

因此，建立某一物种的基因文库，不仅可以长期保存该物种遗传资源，而且还可以通过反复的培养繁殖筛选，获得各种目的基因。种质资源的保存还应包括保存种质资源的各种资料，每一份种质资源应有一份档案。档案中记录有编号、名称、来源、研究鉴定年度和结果。档案按材料的永久编号顺序排列存放，并随时将有关该材料的试验结果及文献资料登记在档案中，档案资料贮存入计算机，建立数据库。

4.种质资源的创新和利用

种质资源的研究内容包括性状、特性的鉴定与评价及细胞学鉴定等。所谓鉴定就是对资源材料做出客观的科学评价。鉴定是种质资源研究的主要工作，鉴定的内容因作物不同而异。一般包括农艺性状，如生育期、形态特征和产量因素；生理生化特性，抗逆性，抗病性，抗虫性，对某些元素的过量或缺失的抗耐性；产品品质，如营养价值、食用价值及其他实用价值。鉴定方法依性状、鉴定条件和场所分为直接鉴定和间接鉴定，自然鉴定和控制条件鉴定（诱发鉴定），当地鉴定和异地鉴定。为了提高鉴定结果的可靠性，供试材料应来自同一年份、同一地点和相同的栽培条件，取样要合理准确，尽量减少由环境因子的差异造成的误差。由于种质资源鉴定内容的范围比较广，涉及的学科比较多，因此，种质资源鉴定必须十分注意多学科、多单位的分工协作。

根据目标性状的表现进行鉴定称直接鉴定。对抗逆性和抗病虫害能力的鉴定，不但要进行自然鉴定与诱发鉴定，而且要在不同地区进行异地鉴定，以评价其对不同病虫生物型及不同生态条件的反应，如对小麦条锈病的不同生理小种的抗性和小麦的冬春性确定。对重点材料广泛布点，检验其在不同环境下的抗性、适应性和稳定性已成为国际上通用的做法。如国际性的小麦产量、锈病、白粉病、纹枯病和叶枯病的联合鉴定。根据与目标性状高度相关性状的表现来评定该目标性状称作间接鉴定，如小麦的面包品质的鉴评。

能否成功地鉴定出具有优异性状的种质材料用于育种，在很大程度上取决于对材料本身目标性状遗传特点的认识。因此，现代育种工作要求种质资源的研究不能局限于形态特征、特性的观察鉴定，而要深入研究其主要目标性状的遗传特点，这样才能有的放矢地选用种质资源。资源利用是用已有种质资源通过杂交、诱变及其他手段创造新的种质资源，如国际玉米小麦改良中心的种质资源工作者通过不同资源间杂交，创造出了集长穗、分枝穗、多小穗于一体的小麦新类型和抗不同生理小种的抗锈性集中于一体的小麦新类型。

种质创新的途径有3种，包括自然选择与突变、常规杂交与远缘杂交、生物技术方法。育种过程中会不断产生新品种、新品系和新的种植材料。不断产生的自然变异，包括自然突变和天然杂交产生的新类型和新物种。通过远缘杂交、细胞工程、染色体工程、基因工程、组织培养等手段，综合不同种属间优良性状形成新的种质资源，这一方面成果最为显著。如通过雄性不育的萝卜和芜菁甘蓝杂交，获得甘蓝的胞质不育材料。

二、作物引种

广义的引种泛指从外地或外国引进各种植物、作物、品种、品系以及供研究使用的各种遗传资源材料。从生产的角度来讲，引种指从外地引进作物新品种，通过适应性试验，直接在本地推广种植。引种材料可以是繁殖器官（如种子）、营养器官（如果树枝条）或染色体片段（如含有目的基因的质粒）。虽然它并不创造新品种，但是迅速解决生产上迫切需要新品种的有效途径。

引进适宜栽培的作物，能丰富我国的作物种类及种质资源类型。引进综合性状好、适应性强的作物优良品种，经试验示范后，可直接在生产中利用，有效地提高我国的作物产量和品质，并迅速产生巨大经济效益。玉米原产美洲，目前在我国是仅次于水稻、小麦的重要粮食作物；棉花是我国最重要的经济作物之一，而我国目前栽培面积最大、产量高、纤维品质又好的陆地棉就是从国外引进的。甜菜和甘蔗是我国最主要的糖料作物，花生、芝麻当数我国极其重要的油料作物，而它们都是从国外引进的。我国目前栽培的主要果树如苹果、葡萄、甜橙、番木瓜、石榴、核桃、香蕉、菠萝、草莓等都是从国外引进的。在日常生活中，我们非常熟悉的甘薯、马铃薯、蚕豆、黄瓜、番茄、向日葵、可可、咖啡、烟等都是因为历史上的国外引种，才有今天的广泛栽培。

（一）引种的基本原理

为了减少盲目性，增强预见性，地理上远距离引种，包括不同地区和国家之间引种，应重视原产地区与引进地区之间的生态环境，特别是气候因素相似性。

1.引种的气候相似性原则

理论要点是：原产地区与引进地区之间，影响作物生产的主要因素应尽可能地相似，以保证品种相互引种成功的可能性。比如，美国的棉花品种和意大利的小麦品种引种到长江流域或黄河流域比较适合，容易成功。当然，有些作物品种并不完全受气候因素的约束。

2.引种的生态条件和生态型相似性原则

作物优良品种的形态特征和生物学特性都是自然选择和人工选择的产物，因而它们都适应于一定的自然条件和栽培条件，这些与作物品种形成与生长发育有密切关系的环境条件即为生态条件。任何作物的正常生长，都需要有与它们相应的生态条件。一般来说，生态条件相似的地区之间引种易于成功。生态条件可分为气候生态因子、土壤生态因子等，其中气候生态因子是首要的。因此，研究由温度、日照、雨量等组成的气候生态因子对生物体的影响至关重要。

（二）影响引种成功的主要因素

1.温度

作物品种对温度的要求不同，同一品种在各个生育期要求的最适温度也不同。一般来说，温度升高能促进生长发育，提早成熟；温度降低，会延长生育期。但是作物的生长和发育是两个不同的概念，生长和发育所需的温度条件是不同的。温度因纬度、海拔、地形和地理位置等条件而不同。温度对引种的影响表现在有些作物一定要经过低温过程才能满足其发育条件，否则会阻碍其发育的进行，不能抽穗或延迟成熟。例如，小麦一定要经过低温完成其春化阶段，才能正常抽穗成熟。

2.光照

光照充足，有利于作物的生长，但在发育上，不同作物、不同品种对光照的反应不同。有的对光照长短和强弱反应比较敏感，有的比较迟钝。日照条件因纬度和季节而变化。光照对引种的影响表现在有些作物一定要经过短日照过程才能满足发育的要求，否则会阻碍其发育进程，不能抽穗或延迟成熟，这类作物通常被称为短日照作物，如水稻、大豆等；另一类作物一定要经过长日照过程才能较好地抽穗成熟，通常称为长日照作物，如冬小麦、大麦等。

3.纬度

在纬度相同或相近的地区间引种，由于地区间日照长度和气温条件相近，相互引种一般在生育期和经济性状上不会有多大的变化，所以引种容易成功。例如，在江苏栽培的水稻晚粳农垦58品种引至长江流域，均取得了较好的效果。纬度不同的地区间引种时，由于处于不同纬度的地区间在日照、气温和雨量上差异很大，因此引种就很难成功。纬度不同的地区间引种，一定要了解所引品种对温度和光照的要求。

4.海拔

海拔每升高100m，日平均气温要降低0.6℃左右。因此，原高海拔地区的品种引至低海拔地区，植株比原产地高大；相反，植株会比原产地矮小，生育期延长。同一纬度不同海拔高度地区间引种要注意温度生态因子。

（三）不同类型作物的一般引种规律

1.低温长日照作物的一般引种规律

（1）原产高纬度地区的品种，引至低纬度地区种植

往往因为低纬度地区冬季温度高于高纬度地区，春季日照短于高纬度地区，因此感温阶段对低温的要求和感光阶段对光长的要求无法满足，经常表现为生育期延长，甚至不能抽穗开花。

（2）原产低纬度地区的品种，引至高纬度地区

由于温度、日照条件都能很快满足，表现生长期缩短。但由于高纬度地区冬季寒冷，春季霜冻严重，所以容易遭受冻害，植株可能缩小，不易获得较高的产量。

（3）低温长日照作物

如冬播区的春性品种引至春播区作春播用，有的可以适应，而且因为春播区的日照长或强，往往表现早熟，粒重提高，甚至比原产地生长好。低温长日照作物如春播区的春性品种引到冬播区冬播，有的因春季的光照不能满足，从而表现迟熟，结实不良，有的易受冻害。

（4）高海拔地区的冬作物品种

往往偏冬性，引到平原地区往往不能适应。而平原地区的冬作物品种引至高海拔春播，则有适应的可能性。

2.高温短日照作物的一般引种规律

（1）原产高纬度地区的高温短日照作物

多数是春播的，属于早熟春播作物，其感光性弱、感温性强，引至低温度地区种植，往往因为低纬度地区冬季温度高于高纬度地区，会缩短生育期，提早成熟，但株、穗、粒变小，存在一个能否高产的问题。

（2）原产低纬度地区的高温短日照品种

有春播、夏播之分，有的还有秋播。如水稻品种有早、中、晚之分。一般，这类作物的春播品种感温性较强而感光性较弱，引至高纬度地区，常表现为迟熟，营养器官增大；夏秋播品种，感光性强而感温性弱，引至高纬度地区种植，不能满足对光照的要求，株、穗可能较大，生育期推迟，存在能否安全成熟的问题。

（3）高海拔地区的品种

感温性较强，引至平原地区往往早熟，存在能否高产的问题。而平原地区的品种引至高海拔地区往往由于温度较低而延迟成熟，有能否安全成熟的问题。

3.水稻、小麦、大豆等作物的引种规律

（1）水稻引种

水稻起源于南方，要求高温短日照条件。但南方早稻对日照反应迟钝，因此，早稻品种从南方引至北方，因遇长日照和低温，生育期延长，植株变高，穗增大，粒增多，配以适宜的栽培措施，可成为晚熟高产品种，引种较易成功。如广陆矮4号，由广东省农科院于1967年育成，之后引入上海、江苏、浙江、安徽、江西、湖南、湖北等地种植，曾经是20世纪80年代长江流域双季稻主推品种；又如从菲律宾引进的中籼IR24、IR26和IR661等，从广东引进的桂朝2号、特青等，在江苏表现良好。晚稻品种一般分布在北纬32°以南，对短日照反应敏感，向北引至长日照条件下，往往不能抽穗，即使能抽穗，后期低温也会影响结实。如江苏的晚稻品种“老来青”引至淮北地区则不能抽穗成熟，引种失败。

（2）小麦引种

原产于北方的冬小麦，感温阶段要求长日照，满足低温长日照条件后，方能抽穗和结实。因此，如果将北方的冬小麦引至南方，由于气温偏高日照变短，往往不能顺利完成感温阶段，导致成熟期延长，甚至不能抽穗结实。例如，在20世纪50年代初期，广东省东部地区将河南省的冬小麦品种“定县72”引入种植，结果不能抽穗。如果将南方的弱冬性小麦品种引种到华北大平原地区，因越冬前就经过了感温阶段，抗寒性降低，易发生冻害，不能安全越冬。春小麦品种的感温阶段短且要求范围较宽，适应性强，引种范围较广，因此我国北方的春小麦向南引至广东、海南岛和西藏高原等地，均获得了成功。

（3）大豆引种

大豆是短日性作物，在8h光照条件下，各地区品种生育期均缩短。南方大豆引至北方，由于日照增长而延迟开花，但能正常成熟，所以饲料大豆南种北引易成功。北方大豆引至南方，由于日照缩短而促其生长发育加快，植株变小，成熟提早，产量降低，引种价值不大。

玉米、高粱、麻类作物均属短日性作物，它们和水稻、大豆一样，由北向南引种，会提早成熟，但株、穗、粒变小；由南向北引，则延迟成熟，但株、穗、粒增大。因此，南北引种时，必须考虑由日照长短和温度高低这两大生态条件引起的变化趋势。对无性繁殖作物来说，可利用的部分是营养器官，所以只要给以良好的生长条件，引种就能成功，因而引种范围很广。

（四）引种的程序

为确保引种成功，必须按照引种的基本原则，明确引种目标和任务，并按一定的程序进行。

1.引种计划的制定和引种材料收集

引入品种材料时，首先应从生育期上估计哪些品种类型能适应本地自然条件和生产要求，而后确定从哪些地区引种和引入哪些品种。引入品种材料尽量多一些，每一品种的种子量能满足初步试验需要即可。科研人员收集引种材料的方式包括：到引种地去亲自收集、邮购、相互交换、网上运作等。

2.引种材料的检疫

引种往往是传播病、虫、草的一个主要途径。棉花的枯、黄萎病，都是随国外的引种而传入的，对生产造成严重威胁。为避免引入新的病、虫、草，凡引进的植物材料，都要严格检疫。对检疫对象及时用药处理，清除杂草杂物。引入后要在检疫圃隔离种植，一旦发现新的病、虫、杂草要彻底清除，以防蔓延。

3.引种材料的试验鉴定和评价

引进品种能否直接用于生产，必须通过引种试验鉴定。只有对引入品种进行试验鉴定，了解该品种的生长发育特性，对其实用价值做出正确的判断后，再决定推广，不可盲目利用，以免造成损失。例如，山西雁北地区曾盲目利用引入的玉米品种“金皇后”，因不能及时成熟而造成严重减产。引种一般要进行以下试验：

（1）观察试验

将引入的少量种子按品种单行或双行（小区）种植，以当地推广的优良品种为对照进行比较，初步观察它们对本地生态条件的适应性、丰产性和抗逆性等，选择表现好、符合要求的材料留种，供进一步比较试验用。对于适合当地栽培的作物种类、品种和类型通过进一步的生产试验后，大面积推广；对于不符合当地栽培的种类、品种和类型，又没有什么利用价值，则应淘汰，并作记载；但个别优点突出，可以作为育种材料或待利用资源保存起来，或改造后再利用。

（2）品种比较试验和区域试验

对于在观察试验中获得初步肯定的品种，进行品种比较试验和区域试验，了解它们在不同自然条件、耕作条件下的反应，以确定最优品种及其推广范围，同时加速种子繁殖。

（3）栽培试验

对已确定利用的引入品种要进行栽培试验，以摸清品种特性，制订适宜的栽培措施，发挥引进品种的生产潜力，以达到高产、优质的目的。

第二节　作物选择育种

一、选择育种的概念及特点

（一）选择育种的概念

选择育种是指根据育种目标对现有品种群体中出现的自然变异进行性状鉴定、选择并通过品系比较试验、区域试验和生产试验培育新品种的育种方法。它是一种传统的育种方法，在人类进行有性杂交育种之前，几乎所有栽培作物的品种都是通过选择育种这一途径创造出来的。选择育种也是改良现有品种的一种有效方法，是育种工作中最基本的方法之一。

（二）选择育种的特点

简单有效，育种年限短，能保持原品种对当地条件的适应性。选择育种是利用自然变异材料，无须人工创造变异。由于是在原品种的基础上进行优中选优，所得到的优系一般只是在个别性状上有所改进和提高，其他性状（如适应性等）常保持原品种的优点。

（三）选择育种的局限性

不能有目的地创造变异，改进提高的潜力有限。

二、选择育种的基本原理

（一）纯系学说

在自花授粉作物原始品种群体中，通过单株选择繁殖，可以分离出若干个不同的纯系。表明原始品种为各个纯系的混合群体，通过选择可以分离出这些纯系，这样的选择是有效的。继续从同一纯系内选择单株是无效的，因为纯系不同个体的基因型是相同的，它们之间的差异由环境因素引起，是不能遗传的。

（二）自然变异现象

任何一个植物品种，不论是农家品种还是育成品种，最初在大田生产上推广种植时，品种群体中各个个体的主要生物学性状及经济学性状，如株形、株高、叶形、抗性等都表现整齐一致，并在一定时期内保持下去，这是品种的遗传性，就是纯种。但是品种推广利用多年后，由于种种原因，品种群体内个体间的性状会表现出差异，发生多种多样的变化，形成一个混杂的群体，这是品种的变异性。因此，品种的稳定性是相对的、变异则是绝对的，这就为选育新品种提供了选择的可能性。对符合育种目标的变异，通过选择和试验，则可省去人工创造变异这样繁重的工作环节，而直接进入育种试验程序。

1.品种自然变异产生的原因

（1）自然异交而引起基因重组：作物品种在繁殖推广和引种过程中，不可避免地会发生异交，即使是白花授粉作物，其异交率也有1%～4%，常异花作物和异花授粉作物的异交率则更高。一个品种接受了其他品种或类型的花粉后，必然引起基因重组，产生新的变异。

（2）基因突变：作物品种在繁殖和种植过程中，由于环境条件的作用，如受营养、温度、天然辐射、化学物质等不同因素的影响，引起基因突变或染色体畸变，使品种群体内出现新的类型。虽然自然突变率远小于人工诱发的突变率，但这些自然突变体有时具有较大的育种利用价值。

（3）品种本身剩余变异的存在：许多性状属于数量性状，受多基因控制。有些新品种在育成推广时，有的性状并未达到真正的纯合程度，个体间存在若干微小差异。在长期种植过程中，微小差异逐渐积累，发展为明显的变异，进而引起性状发生变化。

2.自然变异在育种上的利用

作物品种群体的自然变异，特别是在适应本地区条件、综合性状良好的品种群体中的自然变异和原有地方品种中所蕴藏的大量有利变异，在育种上往往都有较高的利用价值。因为在良好的遗传基础上如出现某些优良的变异类型，进一步进行选育，往往能很快地育成符合生产发展所需要的新良种。当然，在品种群体中出现了个别特殊优异的变异，如其综合性状不够理想或其他性状欠佳，也可提供杂交育种所需要的亲本材料。前者可以说是自然变异在育种上的直接利用，后者属于间接利用。

利用作物品种的自然变异进行选择育种，是所有作物育种最基本的简易、快速而有效的途径。国内外在开展作物育种的初期大都通过这种育种途径取得实效。随着其他育种途径的开拓，依靠这种育种途径育成和推广的品种数相对减少，但只要出现有利的自然变异，就应该不失时机地采用这种简易有效的方法，快速地育成新品种。

三、系统选择育种程序

系统育种又称为纯系育种，是通过单株选择、株行试验和品系比较试验到新品种育成的一系列过程。

系统选择育种的基本工作环节如下：

（一）优良变异个体的选择

从选择对象的大田中，选择符合育种目标的变异单株，经室内复选，淘汰不良单株，保留优良单株分别留种，并记录其特点和编号，以备对其后代进行检验。田间选择应在具有相对较多变异类型的大田中进行，选择单株数量的多少应依这些变异类型的真实遗传程度而定。受主基因控制或不易受环境影响的变异其选择数量可从少；而受多基因控制或易受环境影响的变异其选择数量可从多。

（二）株行比较试验

将入选的优良单株的种子，分系单独种植，每隔一定数量的株行设置对照品种以便对比。通过田间和室内鉴定，从中选择优良的株系。当系内植株间目标性状表现整齐一致时，即可进入品系比较试验；若系内植株间目标性状还存在分离，根据情况还可再进行一次单株选择。

（三）品系比较试验

当选品系种成小区，并设置重复，提高试验的精确性。试验环境应接近生产大田的条件，保证试验的代表性。品系比较试验要连续进行两年，并根据田间观察评定和室内鉴定，选出比对照品种优越的品系1～2个参加区域试验。

（四）区域试验和生产试验

在不同的自然区域进行区域试验，测定新品种的适应性和稳定性，并在较大范围内进行生产试验，以确定其生产表现及适宜推广的地区。

（五）品种审定与推广

经过上述程序后，综合表现优良的新品种，可报请品种审定委员会审定，审定合格并批准后定名推广。对表现优异的品系，从品系比较试验阶段开始，就应加速繁殖种子，以便及时大面积推广。

四、混合选择育种程序

混合选择育种，是指从原始品种群体中，按育种目标的统一要求，选择一批单株，混合留种，所得的种子下季与原始品种的种子成对种植，从而进行比较鉴定。如经混合选择的群体确比原始品种优越，就可以取代原始品种，作为改良品种加以繁殖和推广。混合选择育种的基本工作环节如下。

（一）从原始品种群体中进行混合选择

按性状改良的标准，在田间选择一批与该性状一致的单株，经室内鉴定，淘汰其中的一些不合格的，然后将选留的各株混合留种，以供比较试验。

（二）比较试验

将选留的种子与原始品种的种子分别种植于相邻的试验小区中，通过比较试验，证明其确比原品种优越，则将其收获、繁殖。

（三）繁殖和推广

经混合选择而改良的群体，加以繁殖，以供大面积推广。首先用于原品种推广的地区范围。

五、集团混合选择育种程序

集团混合选择育种是上述单株选择和混合选择育种的一种中间方法。就是当原始品种群体中有几种基本上符合育种要求而分别具有优点的不同类型时，为了鉴定类型间在生产应用上的潜力，则需要按类型分别混合选择留种，即分别组成集团，然后各集团之间及其与原始品种之间进行比较试验，从而选择其中最优的集团进行繁殖，作为一种新品种加以推广。

当这种育种方法应用于异花授粉作物时，在各集团与原品种进行比较试验的同时，各集团应分别隔离留种，在集团内自由授粉，以避免集团间的互交，对当选的集团则以隔离留种的种子进行繁殖。

六、改良混合选择育种程序

改良混合选择育种，是通过单株选择和分系鉴定，淘汰一些伪劣的系统，然后将选留的各系混合留种，再通过与原品种的比较试验，表现确有优越性时，则加以繁殖推广。简言之，改良混合选择育种是通过单株选择及其后代鉴定的混合选择育种。

改良混合选择法广泛应用于自花授粉作物和常异花授粉作物良种繁育中的原种生产。在玉米中所用的穗行法、半分法，有些异花授粉作物中的母系选择法与此法类似。

第三节　作物杂交育种

一、杂交亲本选配原则

亲本选配是指依据育种目标，在掌握原始材料主要性状和特性及其遗传规律的基础上，选用恰当的亲本，进行合理配组，使杂种后代出现优良的重组类型并选出优良的品种。亲本选配是杂交育种成败的关键，因为杂种后代的性状是亲本性状的继承与发展，只有亲本选配得当，才能为杂种后代奠定优良的遗传基础，为选择优良的变异类型创造条件，从而选育出优良品种。根据育种理论与各育种单位的经验，选配亲本的原则可总结如下：

（一）双亲具有较多的优点，无明显缺点，在主要性状上优缺点尽可能互补

由于一个地区育种目标所要求的优良性状总是多方面的，如果双亲都是优点多、缺点少，则杂种后代通过基因重组，出现综合性状较好的概率就大，就有可能选出优良的品种。同时，作物的许多经济性状，如产量、成熟期等大多表现为数量遗传，杂种后代的表现与双亲平均值有密切的关系。就主要数量性状而言，选用双亲均具有较多优点的材料，或在某一数量性状上一方稍差、另一方很好，能予以弥补，则双亲性状总和表现就较好，后代表现总趋势也较好，容易从中选得优异材料。

双亲主要性状优缺点尽可能互补是选配亲本的一条重要基本原则，其理论依据是基因的分离和自由组合。性状互补要根据育种目标抓住主要矛盾，特别是注重限制产量和品质进一步提高的主要性状。一般来说，首先要考虑产量构成因素的互补，当育种目标要求的产量因素结构是穗重、穗数并重类型，可采用大穗类型与多穗类型相互杂交。其次要考虑影响稳产的性状如抗病性、抗旱性、抗寒性，以及品质性状的互补。但是，双亲优、缺点的互补是有一定限度的，双亲之一不能有缺点太严重的性状，特别是在重要性状上，更不能存在难以克服的缺点。而且亲本间的互补性状也不宜过多，以免造成杂种后代分离严

重、分离世代增加，延长育种的年限。

（二）注意亲本间的遗传差异，选用生态类型差异较大、亲缘关系较远的亲本材料杂交

不同生态类型、不同地理来源和不同亲缘关系的品种，由于亲本间的遗传基础差异大，杂交后代的分离比较广，易于选出性状超越亲本和适应性较强的新品种。在许多作物的杂交育种实践中都得到了广泛的证明。一般情况下，利用外地不同生态类型的品种作为亲本，容易引进新种质，克服以当地推广品种作亲本的某些局限性或缺点，增加成功的机会。但是双亲的亲缘关系太远，遗传差异太大，也会造成杂交后代性状分离大、分离世代延长的现象，影响育种的效率。一般以超亲育种为主要目的而选配亲本时，大多要求双亲的遗传差距尽可能大些，如果不以大幅度超亲为目标，并希望在短期内育成新品种时，则以选择遗传差距不太大的亲本进行杂交为宜。

（三）重视选用地方品种和当地推广的优良品种

地方品种是当地长期自然选择和人工选择的产物，而大面积推广的优良品种经历了长时间的种植考验。这两类品种资源对当地的自然条件和栽培条件都有良好的适应性，综合性状一般也比较好，也适应当地的消费习惯。用它们作亲本选育的品种对当地的适应性强，容易推广。

（四）选用一般配合力高的材料作亲本

一般配合力是指某一亲本品种或品系与其他品种或品系杂交的全部组合的平均表现。一般配合力高的亲本材料与其他亲本杂交往往能获得较好的效果，容易得到优良性状结合较好的后代，进而选育出好的品种。所以在实际育种工作中，应该优先考虑。

二、杂交方式

杂交方式是指一个杂交组合涉及的亲本数目，以及各亲本间配组的方式及顺序。它是影响杂交育种成效的重要因素之一，并决定杂种后代的变异程度。杂交方式一般须根据育种目标和亲本的特点确定。

（一）单交

两个亲本进行一次杂交称为单交，又称为成对杂交，以符号A×B表示，一般母本写前面，亲本A为母本，提供雌配子，亲本B为父本，提供雄配子，A和B的遗传组成各占50%。单交只进行一次杂交，简单易行，育种时间短，杂种后代群体的规模也相对较小，

是杂交育种的主要方式。当A、B两个亲本的性状基本上能符合育种目标，优缺点可以相互弥补时，可以采用单交方式。

两亲本杂交可以互为父、母本，因此有正交和反交之分。如果A×B为正交，则B×A为反交。育种实践证明，如果亲本主要性状的遗传不受细胞质控制，正反交性状差异不大时，无须同时进行正交和反交，习惯上以对当地条件最适应的亲本作为母本，以便于杂交操作的进行。

（二）复交

参加杂交的亲本是3个或3个以上，要进行2次或2次以上的杂交叫复交，又称为复合杂交或多亲杂交。一般先将一些亲本配成单交组合，再在组合之间或组合与品种之间进行2次乃至更多次的杂交。复交和单交相比，产生的杂种能提供较多的变异类型，并能出现较多的超亲类型，但性状稳定较慢，所需育种年限较长。复交杂种的遗传基础比较复杂，杂交亲本至少有一个是杂种，F_1群体就表现出性状分离，因此需要较大的群体进行选择，复交当代的杂交工作量要比单交大得多。一般情况下，当单交杂种后代不能完全符合育种目标，而在现有亲本中还找不到一个亲本能对其缺点完全弥补时；或某亲本有非常突出的优点，但缺点也很明显，一次杂交对其缺点难以完全克服时，宜采用复交方式。复交方式又因亲本数目及杂交方式不同分为：

1.三交

三交就是3个品种间的杂交，以单交的F1杂种再与另一品种杂交，用（A×B）×C表示，A和B的遗传比重各占25%，C的遗传比重占50%。一般用综合性状优良或具有重要目标性状的品种作为最后一次杂交的亲本，以增加该亲本性状在杂种后代遗传组成中所占的比重。

如新疆农业科学院选用棉纤维较长的长绒3号和成熟较早的杂种4号杂交，获得的杂种再和大铃、高衣分的C—4757杂交，在杂种后代中选育出具有3个亲本综合优良性状的棉花品种新陆201；沈阳农业大学选用早熟、直立、矮生性的克罗特科斯塔基和果实发育快、矮生、果型好的矮红金杂交，获得的杂种再和早花、矮生性的比松杂交，在杂种后代中选育出具有早熟、丰产、矮秧、大果的沈农2号番茄。

2.双交

双交是指两个单交的F_1再进行杂交，参加杂交的可以是3个或4个亲本。三亲本双交是指先将一个亲本同其他两个亲本分别进行单交，再将这两个单交的F_1进行杂交，用（B×A）×（C×B）表示。A和C的遗传比重各占25%，B的遗传比重占50%。小麦良种北京10号就是利用华北672、辛石麦和早熟1号3个品种采用双交方式育成，其杂交方式为：（华北672×辛石麦）×（早熟1号×华北672）。四亲本双交包括4个亲本，分别先两两进行单交，再把这两个单交获得的F_1进行杂交，即（A×B）×（C×D）。A、B、C和D的遗传组成各占25%。北京地区大面积推广的高产小麦品种“农大139”即是通过（农大183×维尔）×（燕大1817×30983）的双交组合的方式获得的。

此外，还可以采用4个亲本顺序杂交，即四交[（A×B）×C]×D，这时A和B的遗传比重各占12.5%，C占25%，而最后一个亲本D占50%。

五交、六交……，依此类推。

三、作物杂交育种程序及加速育种进程方法

（一）杂交育种程序

1.原始材料圃和亲本圃

原始材料圃种植从国内外收集来的原始材料，分类型种植，每份种几十株。应该不断引入新的种质，丰富育种材料的基因库。有目的地引进具有丰产、抗倒伏、抗病虫害和其他优质特性的材料。要严防不同材料间发生机械混杂和生物学混杂，保持原始材料的典型性和一致性。对所有材料定期进行观察记载，根据育种目标，选择材料进行重点研究，以便选作杂交亲本。重点材料连年种植，一般材料可以室内保存种子，分年轮流种植，这样不但可以减少工作量，并且可以减少混杂的机会。

从原始材料圃中每年选出符合杂交育种目的的材料作为亲本，种于亲本圃。杂交亲本应分期播种，以便花期相遇；并适当加大行株距，便于进行杂交。

2.选种圃

种植杂交组合及杂种各世代群体的地块称选种圃。选种圃的主要工作是从性状分离的杂种后代中选育出整齐一致的优良株系，即品系。杂种后代在选种圃的种植年限因其外观性状稳定所需的世代而定。所选材料性状一旦稳定，便出圃升级进行比较鉴定。

3.鉴定圃

种植从选种圃升级的新品系及上年鉴定圃留级品系的地块叫鉴定圃。其主要任务是对所种植品系的产量、品质、抗性、生育期及其他重要农艺性状进行初步的综合性鉴定。有些性状，如抗病虫害、抗旱性等，在自然条件下不能充分表现时，应进行人工诱发鉴定。根据田间表现和室内考种结果、自然鉴定和人工诱发鉴定结果，从参试的大量品系中选择优良的品系。

从选种圃送来的品系，除进行上述鉴定，还应继续观察其一致性表现。在个别品系中若发现有分离现象，下年应将其重新种植在选种圃继续纯化。

一般升入鉴定圃的品系较多，各品系的种子数量又相对较少，所以，鉴定圃的小区面积较小，设置2～4次重复，采取顺序排列或随机区组排列方式，试验条件接近大田生产

条件。

4.品种比较试验圃

种植由鉴定圃升级的品系和上年品种比较试验圃中留级品系的地块称为品种比较试验圃，简称品比圃。品比圃的中心工作是在较大面积上进行更精细、更有代表性的产量比较试验，同时兼顾观察评定其他重要农艺性状的综合表现。

品比圃的小区面积一般在13m²以上，设置3次以上重复，采用随机区组设计，连续进行2～3年的品比试验。

从品比圃择优选出的新品系，可提交进行地区级、省级、国家级的区域试验。在进行品比试验的同时，应安排一定规模的种子繁殖。从鉴定圃升级的有些品系，若种子不足，可进行一年的品种预备试验。预备试验的要求同于品比试验，但小区面积略小。

5.各级区域试验、品种审定与推广

对若干表现突出的优异品种，可在品种比较试验的同时，将品种送到服务地区内，在不同地点进行生产试验，以便使品种经受不同地点和不同生产条件的考验，并起示范和繁殖作用。

在区域试验和生产试验中表现优异，符合推广条件的新品种，可报请品种审定委员会审定，审定合格并批准后，定名推广。育种工作由以上几个育种环节（原始材料圃和亲本圃、选种圃、鉴定圃、品种比较试验圃、各级区域试验、品种审定与推广）组成，并通过育种家的安排，经过一定的程序而完成。

另外，杂交育种经历年限长，在杂交育种全过程要注意一些事项，如在选种圃中随杂种世代的进展，选择的注意力也从单株进而扩大到系统以至于系统群和衍生系统的评定。试验条件一致性对提高选择效果十分重要。在鉴定圃中，必须设对照区，并采取科学和客观的方法进行鉴定。在品种比较试验圃和区域试验中，同组试验须安排在同一田块进行，以确保土壤肥力一致。

（二）加速育种进程的方法

由于杂交育种一般需要7～9年时间才可育成优良品种，现代育种往往采取一些措施以缩短育种年限。

1.加速世代进程的方法

利用温室、异地、异季等条件进行加代，以缩短杂种世代年限。结合单倍体育种技术，缩短杂种世代。

2.加速试验进程的方法

可进行早期测产，对于优异材料可提早升级和越级试验等。及时并加快繁殖种子。

第四节　作物诱变育种

一、诱变育种的特点

（一）扩大突变谱，提高突变率

在自然界虽然有自发的突变，但频率极低，完全满足不了人类的需要。有研究指出，作物经诱变处理后，一般诱变率在0.1%左右，但利用多种诱变因素可使突变率（突变体占处理个体的百分率）提高3%，比自然突变高出100倍以上，甚至达1000倍。不仅突变率增加，而且突变谱（各种突变型组成突变谱）同时有了很大的差异。杂交基本是原有基因的重组，而人工诱发的变异范围较大，往往超出一般的变异范围，甚至是自然界尚未出现或很难出现的新基因源。

（二）能有效改良作物的单一性状，同时改良多个性状较困难

一般点突变都是使某一个基因发生改变，所以可以在保持原有遗传背景的前提下改良推广品种的个别缺点，但同时改良多个性状较困难。如改良品种的早熟、矮秆、提高抗病能力和优质等单一性状有效。用γ射线处理晚熟水稻品种二九矮7号，获得了比原品种早熟15d的辐育1号新品种，而原丰早比原品种科字6号要早熟45d，但其他性状与原品种相仿。小麦有芒红8号的抗条锈病比原品种农大311号显著地增强了。鲁棉1号是由中棉所2号与1195杂交后代选育的一个优异品系，再经γ射线处理后获得的中早熟品种，其生育期较原品系明显缩短。

要想通过诱变育种同时改良多个性状的难度很大。例如对抗病品种的选育，期望从诱变处理感病品种的后代中，选出明显的高抗两种以上病害类型还有一定的困难。

（三）诱变后代分离少，性状稳定快，育种年限短

人工诱发的变异大多是一个主效基因控制的隐性突变，且多属于简单遗传，因此稳定较快，育种周期短，一般经2～4代即可基本稳定。隐性突变在第一代（M_1）一般不表现，只有到第二代（M_2）隐性突变基因纯合时才表现出来，而一旦表现即可稳定。如矮秆水稻辐莲矮是在M_2一次选择育成的，而山东农业大学经4代选育，于1978年育成山农辐

63小麦品种，1980—1983年累计种植120万公顷。

（四）能改变作物的育性，而诱发突变的方向和性质尚难掌握

辐射诱变可使自交不孕的植物产生自交可孕的类型，也可使自交可孕的植物产生雄性不育类型。但诱变育种很难预见变异的类型及突变频率，难以控制诱变的方向。虽然早熟性、矮秆、抗病、优质等性状的突变频率较高，但其他有益的变异很少，难以在一次辐射后代中，出现多种性状均理想的突变体。因此，必须扩大诱变后代群体，以增加选择机会，这样就比较费人力和物力。

二、物理诱变剂的处理方法

（一）辐射处理材料及选择原则

诱变处理材料最常用的是种子、植株、花粉、子房、无性繁殖器官以及愈伤组织等。

辐射的效果常受到一系列复杂的内因和外因制约，因此要想诱发定向突变还有一定的难度。为了提高辐射育种的效果，辐射诱变处理材料的正确选择是诱变育种成功的基础，具体应遵循以下原则：

（1）亲本综合性优良，个别性状有待改善。

（2）杂合子材料。

（3）易产生不定芽。

（4）对辐射较为敏感的植物。

（二）作物对辐射的敏感性

作物对辐射的敏感性是指植物体对电离辐射作用的敏感程度。衡量作物敏感性的指标因作物种类、照射方法和研究目的不同而不同。最常用的指标有出苗率、结实率、存活率、细胞染色体畸变率和生长受抑制程度等。

1.不同的作物和品种对辐射敏感性不同

一般来说植物之间分类差异越大，敏感性差异也越大。大豆、蚕豆和豌豆等豆科类作物最敏感，禾本科次之，十字花科最不敏感。科内属间敏感性也有差异，如豆科种籽粒大的属比粒小的属要敏感。同属的不同种间也有差异，如粳稻比籼稻品种更敏感。

2.同种作物的不同组织器官、发育阶段和生理状况对辐射敏感性不同

幼苗较成株敏感，分生组织较其他组织敏感，性细胞比体细胞敏感，分蘖前期特别敏感，未成熟的种子较成熟的种子敏感。

3.处理前后的环境条件也影响诱变效果

在种子辐射处理时，种子含水量是影响诱变效果的主要因素之一，水稻种子含水量高于17%或低于10%时照射敏感。种子照射后储存时间的长短也会影响种子的活力，一般处理后要尽早播种。另外，在较高的含氧水平条件下照射，会增加幼苗损伤和提高染色体畸变频率。

（三）辐射处理的方法

1.外照射

指被照射的种子或植株所受的辐射来自外部某一辐射源，如钴照射源、X射线源和中子源等。这种方法操作简便安全，处理量大，是最常用的处理方法。

外照射方法又可分为急性照射与慢性照射，以及连续照射和分次照射等各种方式。急性照射与慢性照射的区别主要在于剂量率的差异，连续照射是在一段时间内一次照射完毕，而分次照射需间隔多次照射才能完成。

外照射按处理的方法和部位不同，又分以下几种。

（1）种子照射

有性繁殖植物最常用的处理材料是种子。其外照射方法多种多样，可以是干、湿种子或萌动的种子。此方法的优点是操作方便且可大量处理、便于运输和贮藏。但缺点是所需剂量较大，要求强度大的放射源。另外，种子生理状态、环境条件以及处理后的贮存时间对诱变效应都有一定影响，须注意控制。

（2）植株照射

可以在整个生育过程连续照射，也可以在植株的一定发育阶段进行。另外，也可以进行整体照射或局部照射，整体照射一般在γ圃、γ温室或有屏蔽的人工气候室内进行处理。局部照射一般照射花序、花芽或生长点等。

（3）营养器官照射

无性繁殖植物常用繁殖器官（如各种类型的芽和接穗、块茎、块根、鳞茎、球茎、匍匐茎、枝条等）进行处理。如果产生的突变在表型上一经显现，可用无性繁殖方式加以繁殖即可推广。

（4）花粉照射

处理花粉的优点是不会形成嵌合体，花粉受处理后一旦发生突变，所得后代由于携带杂合的突变基因，便可分离出许多突变体供进一步筛选。有些作物花粉量较少不易采集，花粉存活时间较短，因此处理花粉时要求采粉、诱变处理、授粉在较短时间内完成，否则难以达到预期目的。

（5）子房照射

与花粉照射一样不易出现嵌合体。照射子房可以引起卵细胞突变，还可以诱发孤雌性细胞变异，此法对白花授粉植物进行子房照射时应进行人工去雄，对雄性不育植株更为简便。

（6）合子、胚细胞及其他器官组织的照射

合子和胚细胞处于旺盛的生命活动中，辐射诱变效果较好，特别是照射第一次有丝分裂前的合子，可以避免形成嵌合体，提高突变频率。

将诱发突变与组织培养结合起来进行研究越来越多，这是近年发展起来的新方法，已取得了一定成效。例如浙江农业大学用了射线处理小麦幼胚愈伤组织，育成了小麦新品种核组8号。

2.内照射

将辐射源引入生物体组织和细胞内进行照射的一种方法。此方法的优点是不需建造成本很高的设施，处理剂量低，持续时间长，大多数植物都可以在生育阶段处理等。但不足是需要一定的防护条件，易造成污染和提高环境的“本底”，而且处理剂量不易掌握，故应用受到一定的限制。内照射的主要方法有：

（1）浸泡法

将种子或嫁接的枝条放入放射性同位素溶液内浸泡。要求先对浸种种子在一定时间内的吸水量进行大致测定，以确定所需放射性溶液的用量，以便种子在吸胀时将放射性溶液全部吸干。

（2）注射法

用注射器将放射性溶液注入作物的茎秆、嫩枝、幼芽、花芽或子房内。

（3）施入法

将放射性同位素化合物以无机肥（如用^{32}P标记磷肥）施入土壤中，通过作物根部施肥引入植物体内或将^{14}C的化合物$^{14}CO_2$进行光合部位的施喂，使作物通过光合作用将放射性的^{14}C同化到代谢产物中引起变异。

（4）涂抹法

将放射性同位素溶于羊毛脂、琼脂、凡士林等黏性剂中，取适量涂抹在植物体上或浸泡叶片、嫩梢，通过根外吸收将放射性元素引入植物体内。

（四）辐射处理的剂量单位和剂量率

在照射处理时所应用的照射剂量因作物种类、处理材料（种子、植株或花粉等）均有所不同。照射单位有几种概念：

1.放射性强度

是指放射性物质在单位时间内发生的核衰变数目。即1Bq以毫居里（mCi）或微居里（μCi）表示。现在为了统一标准，便于国际上互相比较，采用了新的国际单位贝可（Bq），其定义为放射性核每秒衰变一次为1Bq。即1Bq/sec≈2.703×10^{-11}Ci。

2.剂量强度

是指受照射的物质每单位质量所吸收的能量，即物质所吸收的能量/物质的质量（erg/g）。照射的剂量单位有：

（1）照射剂量

以伦（即伦琴，R）表示，是X和γ射线的剂量单位，照射剂量的单位是Coulomb/kg，相当于3.876×10^{3}R。

（2）吸收剂量

以拉特（Rad）表示，即组织伦琴，吸收剂量单位为戈瑞（Gray），相当于100Rad。

（3）中子流量

以单位（cm^2）的中子数（n/cm^2）表示，中子的单位也可用Rad来表示。

在照射处理时，处理材料在单位时间内所受到的剂量过大，可以显著影响幼苗成活率和生长速度。所以用剂量率作为单位来衡量，即单位时间内所吸收的剂量。一般情况下突变与剂量率关系不是很大，通常干种子的剂量率为60～100R/min，花粉为10R/min左右，剂量率不应超过160R/min。

诱变效果是与剂量成比例的，因为各种诱变处理都是有害的，适宜的诱变剂量是诱变处理成败的关键，如果选用的剂量太低，虽然植株损伤小，但突变率很低；剂量过高会杀死大量细胞或生物体，或产生较多的染色体畸变。诱变育种时，常以半致死剂量（LD_{50}，照射处理后，植株能开花结实存活一半的剂量）和临界剂量（照射处理后植株成活率约40%的剂量）来确定各处理品种的最适剂量。

（五）航天育种

航天育种又称空间诱变育种或航天搭载育种。是利用返回式卫星或高空气球将农作物种子带到太空，利用太空特殊的环境（空间宇宙射线、微重力、高真空、缺氧和交变磁场等）使作物种子产生变化，引起生物体遗传变异，经地面种植选育新种质、新材料、培育新品种的作物育种新技术。

航天育种起步于20世纪60年代，但只有中国、俄罗斯和美国三国进行该项研究。我国于1987年开始进行航天搭载育种。到目前为止，我国利用航天诱变技术已培育出许多新品种（系）。已育成了水稻、小麦、玉米、大豆、棉花、高粱等大田作物和青椒、黄瓜、番茄、丝瓜、胡萝卜、花菜等蔬菜和花卉作物高产优质突变体，开辟了作物优良品种选育的新途径。

空间环境的显著特征是辐射强烈、微重力（失重）、高能粒子辐射、高真空、低氧、超洁净工作环境等，这些都能引起染色体的损伤和对损伤后的恢复性产生影响，虽然目前还没有弄清楚引起变异的确切原因，但一般认为是多因素综合作用的结果。与传统辐射育种相比，航天搭载育种具有诱变作用强、变异广、变异易稳定和有益变异多等优点，可从中获得传统育种方法难以获得罕见的种质材料。如航天搭载后育成的甜椒87—2，是果实大、品质优良的甜椒品种，较原品种增产30%～50%，最大果实达750g，维生素C含量提高了20%。“特籼占13”经卫星搭载从变异株系第四代中选育出早晚季适用的“华航一号”是品质优、结实率高、不早衰的新品系，较原种增产5%～15%，产量为7500～8250kg/hm^2。

目前，航天育种尚处在起步阶段，研究工作大多为大田突变体的直接筛选。因航天搭载育种费用较贵，进行航天搭载育种的国家和单位不多，进行该方面的基础研究更少。

三、化学诱变剂的处理方法

（一）药剂配制

由于各种化学诱变剂的理化性质不同，使用浓度范围不同，配制溶液时应区别对待。易溶于水者可直接按所需浓度稀释配制，而不溶于水者一般应先用少量酒精溶解后加水配制成所需浓度。另外选用适宜pH值的磷酸缓冲液是确保诱变效果的重要条件。在0.01mol/L的磷酸缓冲液中几种常用诱变剂最适pH值不同，如硫酸二乙酯（DES）最适pH值为7、亚硝基乙基脲（NEH）最适pH值为8、甲基磺酸乙酯（EMS）最适pH值为7。

（二）处理材料和方法

与物理诱变一样，种子是主要的处理材料。植物的其他各个部分也可用适当的方法来进行处理。例如芽、块茎、球茎、插条等。此外，还可以处理活体植株的幼穗、花粉、合子和原胚，以提高诱变频率。因作物种类、处理时期、处理部位等的不同，应选用合适的处理方法，一般有以下几种：

（1）浸渍法。此法常用于种子、芽、块茎、块根和休眠的插条等试验材料的处理，将试材浸渍于适当的诱变剂溶液中，经过一段时间处理后，用清水冲洗。

（2）熏蒸法。将待处理试材放入一个密封而潮湿的小箱中，用化学诱变剂蒸气熏蒸铺成单层的花粉粒、子房、花药、幼苗等。

（3）滴液法。在植物茎上做一浅的切口，然后将浸透诱变剂溶液的棉球经过切口滴入，此法可用于完整的植株或发育中完整的花序。

（4）其他诱变方法。用诱变剂进行注射、涂抹或共培养法。

（三）剂量及其确定

为了获得较好的诱变效应，必须正确掌握化学诱变剂的适宜剂量。但确定适宜的剂量是一个复杂的问题。对于每一个具体作物或品种的使用剂量，必须通过幼苗生长预备试验来确定。化学诱变剂一般要求降低10%～30%苗高为适宜剂量。

四、诱变后代种植和选择

（一）M1的种植与处理

经过诱变处理的种子或营养器官所长成的植株或直接处理的植株均称为诱变一代（M_1）。因诱变剂的不同，也有用γ_1、X_1、n_1表示的。以种子为试材的诱变处理为例，经过处理的种子应按不同品种、不同处理剂量、依一定顺序分小区点播或稀条播，同时播种未处理的同一品种作为对照。

大多数突变都是隐性突变，可遗传的变异在M_1一般不表现出来。但有时也能看到胚根、胚芽膨大，幼苗白化现象、水稻穗枝梗扭曲倒转等由辐射损伤造成的形态变异，这些变异不论优劣，一般都不遗传。所以M_1不进行选择淘汰，而应全部留种。对M_1植株应实行隔离，使其自花授粉，以免有利突变基因杂交而混杂。由于照射种子所得的M_1常为“嵌合体”，故M_1应分穗或分果实分别采收种子。M_1往往采取密植等方法控制分蘖，只收获主穗上的种子。

（二）M2及其后代的种植和选择

M_1所产生的突变能否遗传到后代，还取决于：①发生突变的细胞应参与形成生殖器官的过程中，使产生的种子也带有突变的性状；②所产生的种子必须收获并种植获得M_2的植株；③隐性突变必须经纯合后而显示出来。

M_2是分离范围最大的一个世代，但其中大部分是叶绿素突变，这种突变因诱变剂种类和剂量的不同，其出现的情况有所不同。M_1的叶绿素突变只是出现在叶片局部（斑点）。一般可根据叶绿素突变率来判断适当诱变剂和剂量。

由于M_2出现叶绿素突变等无益突变较多，所以必须种植足够的M_2群体。M_2的工作量是辐射育种中最大的一代，为了获得有利突变，通常M_1要有几万株，每个M_1个体的后代（M_2）种植20～50株。

M_2及其后代的种植方式因选择方法不同而异，现简单介绍如下：

1.系谱法

一般情况M_1是不加选择，但必须收获主穗（或因种子量不够再收获1～2个分蘖穗）。

从M_1收获的每个单穗（M_2）种成穗行，分别种成M_2穗行或株行，设置未照射亲本作对照。如小麦则采取稀条播或点播，每行20～100粒，每隔20行播3行未照射处理的亲本作对照。这种方式观察比较方便，易于发现突变体。诱变育种工作中往往注意一些肉眼或适当的筛选技术易发觉的突变体，如叶绿素突变、种皮色等突变体，或矮秆、抗病等属单基因控制的突变体。虽然这种突变容易察觉和鉴定，但大部分这种突变并不符合育种要求。

M_3仍以穗行种植，观察突变体的性状是否重现和整齐一致，是否符合育种目标，如已整齐一致可以混收。如果穗行内性状尚不整齐一致，则选择单株或单穗。一般在M_3就可确定是否真正发生了突变，且该突变能否遗传，同时也可确定分离的比例和数目。

M_4基本稳定，在其中进一步选择优良的株系，如果各植株的性状表现相当一致，便可将该系的优良单株混合播种为一个小区，成为M_5。除了鉴定株系内是否整齐一致等，在有重复的试验区中还要进行品系间的产量鉴定。

系谱法的特点是建成穗行，根据穗行的表现初步选出较易察觉变异植株，再通过后代的鉴定、选择，只是工作量较大。

2.混合法

将M_1每株主穗上收获几粒种子，混合种植成M_2，或将M_1全部混收后随机选择部分种子混合种成M_2，从中再选择单株和进行产量鉴定。这种方法较省工，只是选择突变体较困难，不易注意到一些微突变。一般以明显易见的性状（如早熟、矮秆）作为诱变育种目标的较易见效，如原浙江农业大学所选育的辐早2号水稻品种。

此外，M_3和以后世代，还可以采用单籽传等杂交后代的选择方法，所不同的是M_4已基本稳定，随后即可进行产量鉴定。

第五节　作物杂种优势利用

一、杂种优势的表现特性

（一）杂种优势的普遍性

杂种优势现象在生物界十分普遍，从高等的生物人到低等的生物真菌，都发现存在不同程度的杂种优势现象。植物杂种优势主要表现在以下几个方面。

1.营养生长方面

表现出植物的生长势强、枝叶繁茂、生长量大、营养体增大及持绿期延长，最后体现出生物产量的提高。

2.生殖生长和产量方面

表现出生殖器官增大，受精结实和繁殖力的提高，最终体现果实与籽粒产量的提高。

3.抗逆性和适应性

表现出对不利气候、病虫害、不良环境条件的抵御能力增强，适应性更强。

4.生理功能方面

表现出杂种的光合效率的提高，呼吸强度降低，同化产物分配优化与灌浆过程延长。

5.品质方面

表现出某些杂种品质的有效成分提高，产品的外观品质和整齐度的提高。

（二）杂种优势的复杂多样性

杂种优势受双亲基因互作、基因型与环境条件互作的影响，其表现是复杂多样的。

并不是任何杂交种的所有性状，都比双亲有优势，有的没有明显的杂种优势，甚至出现劣势（负优势）。如远缘杂交的杂种育性就明显低于双亲。作物杂种优势的表现因作物种类、亲本基因型纯度、亲缘关系、亲本组合、性状和杂交方式以及环境条件不同而呈现出复杂多样性。一般而言，从作物种类看，二倍体作物的品种间杂种优势大于多倍体作物，如大麦（二倍体）品种间的杂种优势大于普通小麦（六倍体）品种间杂种优势；从基因型看，亲本基因型纯合度高的F_1杂种优势往往强于纯合度低的，这是因为亲本纯合度高，F_1的基因型高度一致杂合，表现出整齐、优势强；从亲缘关系看，在一定范围内，双亲亲缘关系远的杂种优势强，如不同生态类型的中国玉米自交系和美国玉米自交系之间的杂种均表现出较强的优势；从杂交组合看，双亲性状之间互补的杂种优势表现明显，如穗长而籽粒行数少的玉米自交系与穗粗而籽粒行数多的玉米自交系杂交一代，常表现出大穗、多行、多粒的杂种优势。

数量性状由于受环境影响大，不同环境下数量性状杂种优势的表现程度不同。一般纯系品种的抗逆性不如单交种、单交种的抗逆性不如双交种、双交种的抗逆性不如综合品种，如玉米单交种的适应性不如综合品种的适应性。品质性状的杂种优势表现更为复杂，不同组合不同性状差异较大，如玉米籽粒的淀粉和油分含量，绝大多数F_1表现出不同程度的杂种优势，但蛋白质含量却相反，绝大多数杂交一代表现出不同程度的负优势。

（三）F2及以后世代杂种优势的衰退

由于F_1的基因型具有高度杂合一致的特点，生长才能表现整齐，优势明显。但F_2及以后世代由于自交而导致基因型和表现型分离，杂合基因型个体比例下降，杂种优势随着自交代数的增加会不断下降。一般F_1优势越大，F_2优势衰退也就越快；双亲亲缘关系越远，F_2优势衰退也会越快。白花授粉作物杂种优势的衰退要快于异花授粉作物。

虽然F_2杂种优势比F_1下降，但在生产上并不是绝对不能用。如棉花、烟草F_1的制繁种目前暂不能满足生产需求，F_2的产量仍高于地方品种的情况下，F_2还是可以考虑加以利用的，但前提是棉纤维的品质差异不能太大，以免影响棉纺厂的收购。特别像棉花，由于目前制种困难，湘杂棉2号、皖杂40和中棉所28等F_2杂种还是被广泛利用。但如果是用雄性不育系配制的杂交种，F_2会分离出雄性不育株，肯定是不能再用的。

二、杂种优势利用的基本条件

利用杂种优势时，要想获得强优势杂交种，必须具备以下三个基本条件。

（一）要有高纯合性的优良亲本

优良的亲本品种和自交系是组成强优势杂交组合的基础材料。参与杂交的亲本应具有优良的农艺性状、抗逆性和高的配合力。如果是利用雄性不育系配制杂交种，那么不育系亲本还要具有稳定的雄性不育性，较高的柱头外露率和异交结实率；恢复系亲本则要具有恢复能力强、花粉量多、散粉时间长等特性。由于亲本的一切性状都是受亲本基因控制的，亲本的纯合性直接影响优良性状的遗传和表达，只有亲本纯合性高，杂种F_1才能整齐一致，表现出杂种优势。所以，保持优良亲本的高纯度，保持其遗传的稳定性，是有效利用杂种优势的首要条件。

（二）强优势的杂交组合

杂种优势利用是通过杂交种来实现的，优良的杂交组合除了需满足品种三个基本条件DUS（特异性、一致性、稳定性），还必须有足够强的优势表现，包括产量优势，品质优势，适应性优势，熟期优势和株型优势，使种植者有利可图。如果选配的杂交组合只具有产量等优势，而不具有抗逆性和适应性优势，往往表现为高产而不稳产，在生产上存在风险较大，不宜大面积推广应用。选育产量、品质、抗性、适应性等综合性状均表现杂种优势的杂交组合，才是育种工作所追求的目标。

（三）制繁种技术需简单易行

杂种优势利用一般仅限于F_1，这就需要年年进行亲本的繁种和杂交种的制种。因此，采用简单易行而经济有效的制繁种技术是非常必要的。在建立相应的种子生产体系的基础上，要有简单易行的亲本品种或自交系繁殖方法，提高繁种产量，保证种子纯度，又要有确保亲本花期相遇和提高异交结实率的制种方法，以提高制种产量，降低生产成本，才能在生产上更广泛地利用杂种优势。

三、亲本选配

杂种优势育种的方法，是先通过自交或选择方法选育出基因型纯合的纯系或自交系，纯系或自交系一般不直接应用生产，而是按一定杂交方式组配出优良的杂交种组合用于生产。因此利用杂种优势育种包括优良亲本的选育和杂交组合选配两大环节，优良亲本的选育是获得强优势杂交组合的基础。

（一）杂种亲本的基本要求

1.基因型纯合

亲本基因型纯合，表型整齐一致，是杂交种高度一致和稳定的基础。经过多代自交和严格筛选，使亲本的基因型达到符合育种要求的纯合程度。系内植株的主要形态性状，如株高、株型、叶形、穗形和粒形等主要农艺性状均要求整齐一致，并能用自交或系内姊妹交等授粉方式把本系的特征特性稳定传递给下代。

2.较高的一般配合力

一般配合力高的亲本具有较多的有利基因位点，是产生强优势杂种的遗传基础。选用一般配合力高的亲本，才有可能组配出强优势的杂交组合。一般配合力由基因的加性效应决定，是可遗传的，在亲本选育过程中，要注意这一性状的选择。

3.优良的农艺性状

具有优良农艺性状的亲本是配组强优势杂种的基础平台，杂种亲本农艺性状的优劣直接影响杂交种相应性状的表现。优良农艺性状是指符合育种目标要求的各种性状，包括产量性状，如穗数、粒数、粒重等；抗性性状，如抗病虫害、抗干旱、抗水涝、抗倒伏等；植株性状，如株高、株型、生长势和持绿性等；以及品质、生育期等性状。

4.优良的制繁种性状

作为杂种的亲本，要求母本雌蕊活力强、开花习性好，柱头外露率高、接受花粉能力强，异交结实性好；要求父本花粉量足，活力强，散粉性好，雌雄花期协调性好。这样亲本繁殖和杂交种制种的产量就高，有利于降低杂种种子生产成本。

（二）组配杂交组合的双亲选配原则

不是任何两个优良亲本杂交都可以获得理想的杂种优势，要选育出优良的杂交种，往往要组配大量的杂交组合，为了减少组合选配的盲目性，提高育种效率，人们在育种实践中积累了许多选用亲本时的经验和原则，如配合力高、差异适当、性状优良且互补、制种容易产量高等。

1.双亲配合力高

亲本配合力高是获得强优势杂交种的前提基础。组配时要选择两个一般配合力均高的材料做亲本，至少要求一个亲本配合力高，另一个亲本的配合力比较高，不能选择配合力都低的亲本进行杂交。除一般配合力，还要求高特殊配合力，才能选育出强优势杂交组合。如异花授粉作物玉米的杂种优势主要取决于特殊配合力。

2.双亲亲缘关系较远

选择亲缘关系较远，性状差异较大的两个亲本进行杂交，能够提高杂种异质基因结合程度和丰富其遗传基础，表现出杂种优势。双亲远缘包括地理远缘、亲缘远缘、类型远缘。

地理远缘，指双亲分别来自国内与国外、本地与外地等不同的地理区域，其组配可增大杂种内部的差异性从而获得杂种优势。

亲缘远缘，杂交双亲有较远的亲缘关系，可望组配出强优势杂交种。例如水稻杂种的选育，籼稻（属于籼亚种）和粳稻（属于粳亚种）进行组配，由于双亲遗传背景差异较大，杂种表现强大优势。

类型远缘，杂交双亲的类型和性状差异较大，例如用马齿型与硬粒型不同类型的玉米进行组配，杂种也表现出很强的优势。

3.双亲性状优良并能互补

组配双亲的主要性状都应该是优良的，即具有较好的丰产性、适应性和抗逆性。双亲的性状选配，尤其是像成熟期、抗病性、品质性状等杂种优势不明显的性状，只有双亲都具有这一优良性状时，才能组配出符合育种目标的杂种一代。

许多经济性状属于数量性状，杂种表现与亲本密切相关，任何亲本都不是完美无缺的，要求选配的双亲具有较多的优点，较少的缺点，并且优缺点能够互补。同时注意性状不能有严重的缺点，否则这一缺点就很难克服。

4.双亲自身产量高，花期相近，易于授粉

实践发现，杂交种产量与亲本自身产量呈正相关，亲本自身产量高可以提高制种产量。在杂交制种时，最好选择双亲花期相近，或以偏早的亲本为母本，这样可以避免调节花期的麻烦，保证花期相遇。父本植株要求略高于母本，且花粉量要足，花时长，以利于授粉。

（三）杂种亲本的选育

杂种亲本的筛选因作物的授粉方式不同而有很大不同。对于自花授粉作物或常异花授粉作物来说，杂种亲本往往是以品种形态出现，即是一个基因型纯合的品种。杂种优势利用初期，大部分亲本品种是从品种资源中筛选出的。随着生产和育种要求的提高，直接利用品种作亲本已不能满足杂种优势利用需要，育种工作者根据杂种亲本的要求，挖掘品种资源，采用各种育种手段选育亲本品种。常用方法有杂交育种、回交育种、辐射育种、远缘杂交育种和分子标记辅助选择等，在本章第四节恢复系亲本选育中再作详细介绍。

而对于异花授粉作物来说，必须经过多年多代的人工强制自交与单株选择，才能获得基因型纯合、表型一致的杂种亲本，即自交系。下面重点介绍自交系的选育。

选育自交系的原始材料主要有三种类型：地方品种或当地主推品种；各种杂交种和综合品种或人工组成群体。我国选育玉米自交系的原始材料有地方农家种、单交种、双交种、回交种、综合种和改良群体等。地方品种地区适应性强，一些性状较好，但往往产量低；当地主推品种是经过改良的优良品种，具有较高的生产力，优良的农艺性状，容易选出农艺性状优良、一般配合力较高的自交系。将上述品种群体或品种间杂交种作原始材料选育出的自交系，称为一环系。如从玉米地方品种金皇后中选出金03、金04等自交系。

用自交系间各类杂交种作原始材料选育出的自交系，称为二环系。二环系是用杂交种作自交系的原始材料，集中了较多有利基因位点，优良性状多，选出优系的概率比一环系高，是我国目前玉米自交系选育重要方法之一。如采用单交种华160×威20后代选出华2自交系。

无论是异花授粉作物还是常异花授粉作物，在选育自交系时，都要进行人工套袋自交。具体方法是：在开花散粉前，用大小合适的羊皮纸袋，套在当选植株的花序上，起到隔离的作用，防止其他品种（系）的串粉，同株授粉后收获的套袋种子就是自交系。

自交系的选育方法一般采用系谱法，对产量性状、品质性状、植株性状、抗逆性和生育特性等自交系优良农艺性状进行选择，同时还要进行配合力测定，需自交5～6代稳定。如玉米自交系选育，大多在中期世代（S_3～S_4）进行配合力测定，即中期配合力测定过程和自交系稳定过程同步进行，最终选育出农艺性状优良、一般配合力高、基因型纯合、表现型整齐一致、能稳定遗传的自交系，这样可以大大缩短育种时间。

四、作物杂种优势利用的方法

作物杂种优势利用是通过F_1杂种体现的，如何配制杂交种是杂种优势利用的关键。下面介绍生产杂种种子的几种方法。

（一）人工去雄法

人工去雄法指人工去掉母本雄蕊、雄花、雄株，然后利用父本自然授粉或人工辅助授粉，从母本上收获杂交种的方法。对象是雌雄异花作物，繁殖系数高的作物，用种量小的作物，花器较大、去雄较易的作物。优点是配组容易、自由，易获得强优势组合。如玉米是雌雄同株异花作物，采取人工去雄，方法简单且易操作，在制种隔离区内父、母本按比例种植，母本雄穗刚露出时拔掉，父本花粉人工辅助授粉杂交；烟草、番茄等虽然是雌雄同花作物，但花器大、花器构造简单、去雄方便，繁殖系数极高，此方法也是可行的，如烟草一个蒴果可获得几千粒种子，只要去雄20～30朵花，可获得数万粒种子，即可满足大田生产用种；棉花和瓜类等作物的花器更大，非常容易人工去雄，用种量较小，采用人工去雄杂交的方法也是可行的。

（二）性状标志法

利用植株的某一显性或隐性相对性状作标志，区分真假杂种，就可以不用进行人工去雄而利用杂种优势。生产上往往利用苗期标志性状进行制种，即利用双亲和F_1杂种在苗期的某些植物学性状的差异，对杂交后代较准确地鉴别出杂种苗和亲本苗。苗期标记性状应该是稳定遗传的质量性状，容易目测区别，常用可利用作标记隐性性状的有水稻紫叶鞘、小麦红色芽鞘、棉花红叶和鸡脚叶、棉花的芽黄和无腺体。制种时，具有苗期隐性性状做母本，具有显性性状做父本按比例种植，隔离区内自由授粉，从母本植株上收获的种子，后代种子根据标志性状间苗，去除隐性性状的假杂种幼苗，保留显性的真杂种幼苗。

（三）化学去雄法

利用雌蕊比雄蕊更具某种化学药剂的抗药性，选用适当的浓度和剂量，在作物发育的一定时期喷洒于母本上，直接杀伤其雄蕊，而对雌蕊无致命伤害，从而达到去雄目的。目前，国内外化学杀雄剂有Genesis、SC2053、BAU9403、HS4、SX—1、化杀灵、杀雄剂Ⅲ号等。化学杀雄法具有配组容易、自由及制种手续简单等特点，目前在油菜、小麦、水稻等作物制种上有一定的试验研究和少量的生产应用，但由于杀雄稳定性及药液残毒等原因，还不能得到广泛推广应用。而对于开花期长的棉花、大豆等作物不易应用。

（四）利用雌性系制种法

雌性同株异花植物中，有些植株所开的花全部或绝大多数都是雌花，而无雄花或只有少数雄花，通过选育获得具有稳定遗传性能的系统称为“雌性系”。利用雌性系作母本，开花期摘除母本出现的少量雄花，任其自由授粉，在雌性系上收获F_1杂种，在父本行收获父本种子或另设父本繁殖区。利用雌性系制种生产种子在瓜类广泛应用，可降低生产成本。

（五）利用迟配系制种法

在异花授粉作物中，相同基因型花粉管在花柱中的伸长速度比不同基因型花粉管在花柱中的伸长速度慢。生产中可利用这种特性选育出迟配系来配制F_1杂种。在制种隔离区，按1：（3～4）行比种植父本自交系和母本迟配系，保证花期相遇，或父本先于母本开花，任其自由授粉，在母本上收获F_1杂种，杂种率可达90%～98%。山东大白菜已有一半以上是采用迟配系制种法。

（六）利用自交不亲和性

某些植物雌雄蕊都正常，但自交或系内交均不结实或结实极少的特性叫自交不亲和性。自交不亲和性广泛存在于十字花科、禾本科、豆科、茄科、菊科等多种植物，其中十字花科植物最为普遍。人们利用这种特性选育遗传上稳定的自交不亲和系，不用人工去雄就能生产杂交种子，从而实现杂种优势利用。同时利用蕾期授粉自交结实，使自交不亲和系得到繁殖。所有自交不亲和系本身就是两用系。

1.自交不亲和系的选育

对于甘蓝、油菜、大白菜、小白菜等自交不亲和性强植物，可通过连续多代自交分离、定向选择的方法，选育出自交不亲和系。

（1）大量套袋自交

对优良品种内选择经济性状好，配合力高的优良单株，在花期进行套袋自交，待15d左右，检查自交结实情况，测定自交亲和指数（指自交授粉平均每朵花结籽数），选择亲和指数小于1的自交不亲和植株；与此同时，在同株的另一些花枝上剥蕾人工套袋自交，即在开花前1～2d把花蕾剥开，不去雄，用本株的花粉授粉，获得种子，使自交不亲和性遗传下去。

（2）定向选择

在自交不亲和植株后代中连续进行套袋自交，选择自交亲和指数应小于1的植株，用蕾期自交的方法保留种子。在自交早代S_1～S_3代，自交不亲和性会发生分离，后代分离出自交不亲和株和自交亲和株。如果通过连续自交和定向选择，一般S_4～S_5，套袋自交的亲和指数分别小于1，且在不同世代和不同条件下表现一致，则由自交不亲和株繁殖的后代群体，就是自交不亲和系。

优良自交不亲和系应具有：①优良的经济性状，配合力高；②高度稳定的花期自交不亲和性（亲和指数小于1）；③较高的蕾期自交亲和指数（一般高于5）；④自交衰退不显著。

2.自交不亲和系的利用

利用自交不亲和系测交配组，找出强优势组合，从中选出熟期适当、产量高、抗性强的强优势杂交种，应用生产。利用自交不亲和系配制方式通常采用单交、三交和双交。

单交种获得有两种方式：第一种SI（自交不亲和系）×SC（自交亲和系），优点是父本选择范围广，容易选出配合力高的组合。缺点是只能从SI上收获杂种一代种子，SC上收获的种子不能用于生产。第二种SI1×SI2，优点是可同时从两种自交不亲和系上收获杂交种子，产量较高。缺点是需有两种不同的自交不亲和系才能使系间杂交亲和，这就对经济性状的选择和配合力的组配带来限制。

三交种获得方式有：（SI1×SI2）×SC和（SI1×SI2）×SI3；双交种获得方式有：（SI1×SI2）×（SI3×SI4）。三交组合和双交组合的优点是生产成本低，缺点是需要3、4种基因型不同的自交不亲和系，选育过程较长。为了缩短育种进程，在原始材料纯化的过程中，同时进行自交不亲和性和配合力的测定，尽早对配合力高的株系配制杂交种，进行优势鉴定。

3.自交不亲和系的繁殖

（1）蕾期人工授粉

蕾期授粉法是繁殖自交不亲和系重要的方法之一，在将开花前2～4d，用镊子把花蕾剥开，人工取本株或同系其他植株的花粉进行授粉，使自交不亲和系正常结实，从而得以繁殖使自交不亲和系保持下去。但费工费时，技术要求高，适用于少量繁殖。目前在大白菜、小白菜、结球甘蓝、花椰菜、青花菜、萝卜等自交不亲和系繁殖普遍采用此方法。

（2）隔离区自然授粉

在自然授粉隔离区，花期用毛刷授粉，用1%～5%盐水喷雾，提高温度和CO_2浓度等辅助手段可提高自交结实率，免去人工剥蕾和授粉，省工省时，降低成本，还能减轻和延缓自交衰退，也被普遍采用。

（七）利用雄性不育性

对于自花授粉和常异花授粉作物来说，利用雄性不育可以很好地克服人工去雄的困难，使杂种优势利用得以实现。在杂交制种中，利用雄性不育且可遗传的亲本作母本，生产杂交种子，省工省时，降低成本，目前在生产中得到广泛应用。因此，雄性不育无论在杂种优势利用的杂种选育阶段还是生产应用阶段都具有不可替代的作用。

第六节　生物技术育种

一、植物细胞工程育种

植物细胞工程是以植物组织和细胞培养技术为基础发展起来的一门科学。以生物细胞为基础单位，按照人们的需要和设计，在离体条件下进行培养、繁殖，使细胞的某些生物学特性按人们的意愿发展或改变，从而改良品种或创造品种、加速繁育生物个体、获得有用材料的过程统称为细胞工程。目前，植物细胞工程的主要工作领域包括植物细胞和组织培养、体细胞杂交、细胞代谢物的生产与克隆等。

（一）植物细胞和组织培养在育种中的应用

植物组织培养是指在人工控制的环境条件下，利用适当的培养基，对离体的植物器官组织、细胞及原生质体进行培养，使其再生细胞和完整植株的技术。由于所培养的植物材料已脱离母体，所以又称为植物离体培养。植物组织培养是在无菌的条件下进行的。所谓无菌是指使培养皿、器械、培养基和培养材料等处于无真菌、细菌、病毒等微生物的状态，以保证培养材料在培养器皿中正常生长和发育。人工控制的环境条件是指对光、温、水、气和营养等条件进行人工控制，以满足植物培养材料在离体条件下的正常生长和发育。

植物组织培养中，使用的各种器官、组织和细胞统称为外植体。根据外植体来源和培养对象的不同，植物组织培养的研究类型可分为5类。①组织培养：对植物的各部分组织，如分生组织、形成层组织、薄壁组织等进行离体培养的方法；②器官培养：对植物体各种器官，如根、茎、叶、花、果实和种子及器官原基进行离体培养的方法；③胚胎培养：对植物成熟胚和未成熟胚以及具胚器官进行离体培养的方法；胚胎培养所用的材料有幼胚、成熟胚、胚乳、胚珠和子房等；④细胞培养：对植物的单个细胞，如性细胞、叶肉细胞、根尖细胞等和较小细胞团进行离体培养的方法；⑤原生质体培养：对植物的原生质体进行培养的方法。

1.体细胞克隆变异及其育种利用

体细胞克隆变异指植物组织和细胞培养物在培养过程中产生的变异。对于遗传变异的分析而言，为统一术语，奥尔顿（Orton）引进了R、R_1、R_2等，分别表示再生当代、自交第一代、第二代等，这一概念至今仍在广泛应用。

（1）体细胞克隆变异的遗传基础

①染色体数目变异。最多见的是多倍体，主要是培养基中使用了细胞分裂素。变异的大小与培养状态、年龄、原始材料的倍性及培养时期有关。在研究柱花草（Stylosanthes）的体细胞克隆变异时发现，二倍体变异的频率随培养时间的延长而降低，四倍体变异的频率却随培养时间的延长而增加。

②染色体结构变异。染色体结构变异似乎是体细胞克隆变异的主要来源，常见类型包括染色体缺失、倒位、重复和易位。很多体细胞再生株减数分裂时形成多价体、染色体桥、小片段、环等，充分说明了染色体结构变异的存在。

③点突变。这类突变可分为多种类型。一是自发突变，最早证实点突变的存在是从烟草中利用体外筛选获得抗氯磺隆（chlorsulfuron，一种除草剂）突变体。二是诱发突变，在培养基中加入化学诱变剂或进行诱变处理。三是基因的表达及基因放大和衰减。高等植物的某些基因在发育过程中受到某一环境刺激，可以放大自己，即基因的拷贝数大量增加，这意味着该基因转录的mRNA及蛋白质增加。四是有丝分裂交换。尽管这种交换很微弱地改变了基因的顺序，但仍可影响基因的表达。同样，细胞质基因（叶绿体和线粒体基因）也能发生突变。

（2）突变体的筛选

为了增加突变频率，需要进行诱变处理。将外植体、愈伤或悬浮系用诱变剂处理。

①材料的选择。应做到：第一，起始材料要较易再生植株；第二，选用染色体数稳定的材料，避免采用非整倍体，否则将给遗传和生化分析造成困难；第三，突变体选择时，应选用生长速度相对较快的细胞系，防止培养基中物质的分解，也防止生长慢的细胞发生

染色体数目和结构上的变异。目前用于突变体选择的细胞以悬浮细胞和原生质体较为理想，但原生质体受到一些因素的限制，技术难度较大。

②突变诱发。在细胞培养中，自发突变的频率为$10^{-8} \sim 10^{-5}$，使用诱变剂可使其突变频率提高到10^{-3}，但不同诱变剂诱变效果不同。常用诱变因素有两种：第一，物理诱变剂，如紫外线和各种射线。第二，化学诱变剂，使用化学诱变剂，要充分洗涤后才能进入下一步骤。

③突变体选择。在突变体筛选中常采用两种选择法，即一步筛选法和多步筛选法。一步筛选法是将培养物接种在含有最低全部致死剂量的培养基上，表现出生长的培养基再转移到含有抑制剂的新鲜培养基上。多步筛选法是首先使用半致死剂量对细胞进行筛选，每次继代将上代能生长的细胞系继代到筛选剂浓度提高的新鲜培养基上。

④突变体鉴定。诱变的细胞从选择培养基上转到非选择培养基上后快速生长，然后转到分化培养基上再生植株。可以在再生株上检查突变体的表达，也可以在后代的组织培养物上检测。

（3）在作物育种上的应用

①抗病。利用病菌毒素作为筛选剂进行抗病突变体的筛选是一种有效的抗病育种方法。卡尔森（Carlson）在这方面做了开拓性的工作，他用烟草花药培养的愈伤组织得到细胞悬浮系，从单倍体植株的叶肉得到原生质体，经EMS（甲基磺酸乙酯）诱变后，在含有野火病菌致病毒素类似物氧化亚胺蛋氨酸（MOS）的培养基上进行筛选，获得抗病细胞系并再生植株。此外，以非专化性毒素为选择剂也可开展抗病突变体的筛选工作。贝恩克（Behnke）等在含有马铃薯晚疫病（P.infestans）的培养滤液的培养基上进行多系筛选，获得的抗病再生植株病斑面积缩小25%。

②抗除草剂。该方面研究的主要目的是使作物抗除草剂，便于除草剂在田间的应用。查莱夫（Chaleff）等以烟草单倍体愈伤组织为材料，获得抗chlorsulfuron和sulfometuron（甲嘧磺隆）的烟草突变体植株。安德森（Anderson）等从玉米体细胞无性系中筛选到一个耐咪唑啉酮类除草剂的突变体，对该除草剂的耐性提高了100倍，再生植株及其后代在田间条件下对该除草剂均具有较好的耐受性。

③抗氨基酸或氨基酸类似物。氨基酸代谢受末端产物抑制调控，筛选出对某种氨基酸的反馈抑制不敏感的突变体，其体内这种氨基酸的含量便有可能提高。卡隆（Carlon）首次证明了这种可能性，筛选出的抗蛋氨酸类似物的烟草突变体蛋氨酸含量比对照高5倍。

④耐盐。以NaCl或海水为选择剂，对细胞或诱变细胞进行筛选，多数突变体的抗性能延续多代，但遗传似乎不符合孟德尔规律。耐盐突变体的遗传较为复杂，虽获得一些结果，但也有些突变体在无盐条件下生长一段时间后又失去耐盐性。

⑤耐旱。人们早就认识到节水是未来农业发展中的一大要求，抗旱育种也显得十分重

要。通过细胞筛选从事耐旱的研究很少。史密斯（Smith）从高粱种子诱发的愈伤组织获得了耐旱的再生植株及种子，耐热性、耐旱性与对照相比均有显著差异。

此外，在耐低温、抗重金属等突变体筛选方面也开展了工作。离体筛选有用突变体的工作虽有较多报道，但真正能应用的事例还很少，今后要加强突变体的遗传规律研究、育种利用研究和变异的分子遗传研究，在理论和实践上推动该方面研究的发展。

2.单倍体细胞培养及其育种利用

单倍体细胞培养主要包括3个方面：花药培养、小孢子培养和未受精子房及卵细胞培养，其中花药和小孢子培养是体外诱导单倍体的主要途径。从严格的组织培养角度上讲，尽管二者都旨在获得单倍体，但花药培养和小孢子培养具有不同的含义。花药培养是将植株的花药取出，在离体无菌的条件下进行培养，属于器官培养的范畴；而小孢子培养与单细胞培养相类似。

（1）胚珠和子房培养

①胚珠培养。培养受精胚珠，在大田或温室摘取授粉时间合适的子房；如果培养未受精胚珠，则应在授粉前适当时间摘取子房。将胚珠接种在已配好的培养基上，应用较多的有White、Nitsch、MS等培养基。培养受精胚珠的发育有两种情况。一种情况是离体胚珠所经历的发育过程与在母体植株上的胚珠大体相同，即胚珠进一步发育后，其胚囊发育为成熟的胚，珠被发育成种皮，两者组成完整的种子。另一种情况是胚珠脱分化形成活跃生长的愈伤组织。未受精胚珠培养能够诱导大孢子或卵细胞分化为单倍体植株，用于单倍体育种。

②子房培养。子房是雌蕊基部膨大的部分，由子房壁、胎座、胚珠组成。子房将来发育成果实。子房培养是指将子房从母株上摘下，放在无菌的人工环境条件下，让其进一步生长发育，以至于形成幼苗的过程。根据培养的子房是否授粉，将子房培养分为授粉子房培养和未授粉子房培养两类。

（2）离体受精

离体受精，也称植物体外受精，是在人工条件下使卵细胞受精形成合子，再将形成的合子离体培养使之发育成植株的过程。离体受精主要解决远缘杂交不孕和不结实。一般用子房或胚珠直接进行体外受精。

①花粉和子房（或胚珠）的收集。子房的收集，通常是把开花前一天的花蕾取下，经表面消毒，剥去花被和雄蕊，保留子房及花萼，花萼的存在有助于提高种子的结实率。也可以剥出胚珠培养。

②离体授粉和受精。花粉与卵细胞体外受精的方法有两种。其一是共培法，先将花粉撒于一个适宜于花粉萌发的培养基上，再将胚珠置于撒播的花粉中间；其二是人工授精法，将花粉撒在离体的子房或胚珠上，让其受精。

3.幼胚培养与远缘杂交育种

胚培养的培养方式主要有两种：一种是以幼胚为外植体诱导愈伤组织细胞，通过器官发生或胚胎发生产生再生植株；另一种是使发育完全的胚直接萌发，获得完整的植株。离体胚培养在作物育种中的应用主要有以下几个方面：

（1）克服远缘杂种胚的早期败育现象

在杂种胚败育前，将胚取出培养，让培养基为幼胚提供营养，可以获得杂种植株。当胚体很小时，难以取出幼胚，可以对胚珠进行培养，从而抢救杂种胚。

（2）提高远缘杂种的成苗率

有时远缘杂交也能获得杂种苗，但频率极低，如陆地棉与亚洲棉杂交时，杂交1000多朵花才收到一个杂交铃，采用胚珠培养时，含胚珠的频率可达30%以上。

（3）使种子无生活力的植株获得后代

落叶果树的种子多是早熟的，种子往往不育。用胚胎培养可以将不能正常萌发的种子培养出第二代植物。

（4）使胚发育不全的植物获得后代

如兰花、天麻的种子成熟时，胚只有6～7个细胞，多数胚不能成活。若在种子接近成熟时，把胚分离出来进行培养，就能生长发育成正常植株。

（5）克服种子休眠，提早结实，缩短育种周期

有的植物种子休眠长达数月至几年，胚培养可在2～3个月得到实生苗。

（6）克服柑橘类合子胚不能生长现象

柑橘类植物存在大量的珠心胚，珠心胚生活力很强，因而往往得不到合子胚后代，影响杂交育种结果，利用胚培养可以尽早取出合子胚进行培养，从而获得杂种后代。

幼胚培养有一定难度，因为幼胚还没有发育完整，胚越小越难培养成功。很多因素影响胚培养的效果。成熟胚对培养基要求不高，而幼胚要求较高，需要较复杂的培养基。培养基碳源以蔗糖最好，一般在2%～4%，胚越幼小，要求的蔗糖浓度越高。培养基一般用White、1/2MS、B5、Nitseh等。胚生长需要的生长素和分裂素的量极低，操作时必须十分慎重。椰子汁、酵母液、植物胚乳提取物对胚生长均有不同程度的促进作用。培养所需要的温度和光照与一般细胞培养差别不大。

（二）植物原生质体培养和体细胞杂交

植物原生质体培养是指将植物细胞去除细胞壁后，置于无菌条件下，使其进一步生长发育的技术。体细胞杂交是在离体条件下将同一物种或不同物种的原生质体融合，培养并获得杂种细胞的再生植株的过程。

1.原生质体分离

原生质体分离的最基本原则是保证原生质体不受伤害及不损害它的再生能力，其先决条件是要有一个合适的渗透压。

（1）材料的准备

材料是影响原生质体分离的因素之一。制备原生质体的材料主要有以下3种：①自然条件下生长的植株各器官、组织均可以分离出原生质体，但从叶片中分离原生质体效果较好，因而最常用，用叶片制备原生质体时，植株的年龄和生长条件十分重要，一般选取生长健壮植株上充分展开的较幼嫩叶片；②从无菌实生幼苗的子叶、下胚轴和根能分离到原生质体，其优点是易于消毒、种子萌发的条件容易控制，可保证试验材料的一致性、能提供大量发育同步的幼嫩细胞、细胞具有较强的生活力和分化能力；③从愈伤组织、体细胞胚、悬浮培养细胞分离原生质体，其优点是组织幼嫩，分裂旺盛，再分化能力强、原生质体产率高，活性强、培养后细胞植板率高，选用胚性愈伤组织或胚性悬浮细胞系最佳。

（2）材料的预处理

从非无菌环境条件下获得的材料，首先必须经洗涤剂洗涤和流水冲洗进行表面消毒，然后再进行预处理或预培养，以提高某些材料游离原生质体的活力和分裂频率。

①预培养法。将分离原生质体的材料先在一定配方的培养基上培养，然后再分离原生质体。这样原生质体的获得率虽然较未处理的低，但培养时细胞分裂频率显著提高，并能继续形成能生根的愈伤组织。

②暗处理法。指将材料放在黑暗条件下培养一段时间后再分离原生质体的方法。如切下的豌豆枝条，置于一定湿度的暗室中培养1～2d，所得原生质体存活率较高，并能继续分裂。

③药物及添加物处理法。将材料先在药物或添加物中处理后，再进行原生质体的分离。如将燕麦叶置于含亚胺环己酮溶液中预处理后，能提高原生质体产量和活力。在培养基中加入含硫氨基酸有利于原生质体产量的增加。

④萎蔫处理法。将离体叶片置日光或灯光下照射2～3h，叶片稍萎蔫，易于撕去下表皮，有利于酶降解叶肉细胞壁。

（3）分离方法

分离原生质体的方法一般有机械法分离和酶解法分离两种。机械法分离是早期采用的分离方法，先对材料进行质壁分离处理，然后切割，这一过程中会释放出少量的不受损伤的原生质体。用这一方法仅能从液泡很大的材料获得原生质体，而不能应用于分生细胞。

酶解法分离原生质体是目前常用的方法，可分为一步法和二步法。一步法是将果胶酶和纤维素酶等混合处理材料，直接分离获得原生质体；二步法是先用果胶酶处理材料，降解细胞间层使细胞分离，再用纤维素酶水解胞壁释放原生质体。目前多用一步法，其步骤为取材—预处理—酶液配制—酶液过滤灭菌—酶液分装保存—材料酶解处理。

（4）原生质体的纯化

酶解得到的是由未消化的细胞和细胞团、细胞碎片、叶绿体、微管成分、酶及原生质体等组成的混合物，因此必须进行纯化，才能得到纯净的原生质体。原生质体纯化可采用沉降法、不连续梯度离心法、漂浮法等。

（5）原生质体活力的测定方法

有荧光素双醋酸酯（FDA）染色法、酚藏红花染色法、形态观察法、荧光增白剂染色法、伊凡蓝染色法等。最常用的是FDA法。

FDA本身无荧光，无极性，能自由地穿越完整的细胞质膜。FDA进入有活力的原生质体后，受到原生质体内酯酶的作用，分解成有荧光的极性物质——荧光素。荧光素不能自由地穿越细胞质膜，从而在原生质体内积累，在荧光显微镜的紫外光照射下，能产生黄绿光。而无活力的原生质体不能分解FDA，无法产生荧光。这样，就能分辨出有活力的原生质体，计算出存活百分率。该法方便可靠，且FDA本身对植物细胞是活性染料，既适用于研究单个原生质体，也适用于研究原生质体群体。该法的步骤：将2mg FDA溶于1mL丙酮中作为母液，4℃冷藏贮藏，贮藏时间不宜过长。使用时取0.1mL母液加在新配制的l0mL0.5～0.7mol/L甘露醇溶液中，使终浓度为0.02%。取一滴FDA液与一滴原生质体悬浮液在载玻片上混匀，25℃室温染色5～10min。用荧光显微镜观察，激发光波长330～500nm，激发滤光片可用QB—24（可透过300～500nm的光），压制滤光片可用JB—8（可透过500～600nm的光）。活的原生质体产生黄绿色荧光，无活力的原生质体有叶绿体的发红色荧光，否则无荧光。用计数器计算存活百分率。原生质体活力=（有活力的原生质体数÷观察原生质体的总数）×100%。

2.原生质体培养

（1）培养基及培养条件

不同作物的原生质体对营养需求不同，其培养基种类很多，原生质体对营养要求与细胞有差异。效果较好的有KM培养基、KM8P培养基和V—KM培养基等。此外，还应注意植物激素、原生质体密度、光照、温度、氮类等问题。

（2）原生质体培养方法

①液体浅层培养。此法是先把原生质体以一定的相对密度（每毫升悬浮液约2×10^5个）悬浮在液体培养基中，用吸管将悬浮液移到直径为60cm的平皿中使之形成一个浅层。此浅层以1mm厚为宜，太厚不利于细胞对氧的吸收。用石蜡膜封住平皿。刚开始培养的1～2d需经常轻轻摇动，避免分布不均匀并帮助通气。然后静置培养。该法的优点是培养基与空气接触面大、通气好，原生质体的代谢物易扩散，防止了有害物质积累过多而造成毒害。此外，转移培养物或添加新鲜培养基也方便，并便于观察和照相，但因原生质体

不易集聚而影响培养。

②平板法培养。取1mL原生质体相对密度为每毫升悬浮液4×10^5个，与等体积已溶解的含有1.4%的低熔点（40℃）琼脂糖的培养基均匀混合后，置于直径为6cm的培养皿中，此时密度为2×10^5个/mL，待凝固后，将培养皿翻转，置于四周垫有保湿材料的直径为9cm的培养皿内。用此方法得到的原生质体分布均匀，有利于定点观察，也有利于在部分材料受污染时抢救未污染的部分。

③悬滴法培养。将含有一定密度原生质体的悬浮液，用滴管或定量加液器，滴在培养皿盖的内侧上，一般直径为6cm培养皿盖滴6～7滴，皿底加入培养液或渗透剂等液体以保湿，轻而快地将皿盖盖在培养皿上，此时培养小滴悬挂在皿盖内。这种方法所用材料较少，培养液用量也少，有利于通风和观察。可利用此方法做原生质体不同密度的培养对比试验，进行单细胞培养。

④双层培养法。为固体培养和液体浅层培养相结合的方法。先将含0.7%低熔点琼脂糖的固体培养基溶化后凝固于直径为6cm的培养皿内，再加入2mL原生质体与培养液的均匀混合物。开始1～2d需经常轻微摇动，使其均匀、不集聚。该方法既具有较丰富的培养基，又不易干燥，且细胞分裂后可在固体培养基上生长和繁殖，为较好的培养方法。

⑤饲喂层培养。培养方法是将饲喂层的细胞（如代谢生长活跃的大豆、单冠毛菊悬浮培养细胞或细胞原生质体）用培养基制作平板，此平板亦即“饲喂层”。后用X射线或紫外线（半致死剂量：5×10^3R）照射，使核失活不能分裂，但细胞仍存活。然后将原生质体以液体浅层或平板技术铺在饲喂层上，饲喂层的作用没有种的特异性，即以一种植物细胞制成的平板，支持另一种植物细胞或原生质体的生长。

3.原生质体融合

（1）原生质体融合的类型

原生质体融合可以是对称融合、非对称融合或微原生质体融合。原生质体融合后的个体称为融合体。同种原生质体间的融合称为同源融合，该融合体称为同核体；非同种原生质体间的融合称为异源融合，该融合体称为异核体。原生质体融合除了可产生双亲两种原生质体一对一融合的异核体，还能形成某一种原生质体自身融合产生的多核体、同核体以及不同胞质来源的异胞质体。异胞质体多半是由无核的亚原生质体和另一种有核原生质体融合形成的。

①对称融合。对称融合是指两个完整原生质体的融合，在融合子中包含有两个融合亲本的全套染色体和全部的细胞质的融合方式。种内或种间的原生质体对称融合可产生核与核、胞质与胞质间重组的对称杂种，并可发育为遗传稳定的异源双二倍体杂种植株。但远缘种、属间经对称融合后，产生的杂种细胞在发育过程中，常发生一方亲本的全部或部分染色体以及胞质基因组丢失或排斥现象，形成核基因组不平衡或一部分胞质基因组丢失的

不对称杂种。

②非对称融合。非对称融合是指通过物理方法（如X射线、γ射线、紫外线照射）或化学方法[如碘乙酰胺（IOA）、碘乙酸、rhodamine6—G]处理亲本原生质体，使一方细胞核失活，或同时使另一方细胞质基因组失活，再进行原生质体融合，获得只有一方亲本核基因的不对称杂种的技术。非对称融合可分为3种类型：A细胞核+B细胞质、A完整细胞+B细胞质、A完整细胞+B（细胞质和部分核物质）。无核的亚原生质体称为胞质体，有核的小原生质体或只有核和原生质膜构成的亚原生质体称为核质体。非对称融合的意义：第一，非对称融合一定程度上克服了体细胞杂交的不亲和现象，可以得到用一般的方法得不到的杂种；第二，非对称融合是供体单向转移部分遗传物质到受体中去的一种行之有效的方法，这对于转移由多基因控制的具有重要经济价值的性状（如抗病性等）有很大意义；第三，非对称融合可以迅速转移胞质基因，对于一些由细胞质基因控制的性状的转移具有重要的意义。

③微原生质体融合。微原生质体融合技术又称为微核技术，是把植物细胞经微核化处理后形成的、外包有被膜、内含染色体片段或一至多条染色体的微原生质体作为供体原生质体，与受体原生质体融合，从而实现部分基因组转移的技术。

（2）融合方法

在原生质体分离的过程中，原生质体会自发融合。分离得到的原生质体表面都有稳定的疏水性基团，具有膜电位，因其静电排斥力使原生质体不能吸附在一起，所以一般要诱发才能发生融合。诱发融合时异种原生质体首先发生膜接触，然后两个原生质体形成细胞质桥，最后两种细胞质将两个核包围起来完成融合。

诱导原生质体融合的方法分为化学融合法、物理融合法等。目前普遍采用的化学诱导融合方法是PEG法和高Ca^{2+}·高pH法，物理诱导融合法是电融合法。

两个不同亲本的原生质体经诱导融合后，得到的是各种原生质体的混合物，包括异核体或异核细胞、杂种细胞、不对称杂种、胞质杂种、同核体以及未发生融合的双亲原生质体。异核体或异核细胞是指细胞质发生融合而细胞核未发生融合，两个核在共同的细胞中形成。如果双核异核体的细胞核也发生融合，就会产生真正的杂种细胞。如果亲缘关系太远，异核体中一个核的染色体就会被一个个排除掉，形成不对称杂种；如果整个核完全消失，但细胞质依旧是杂合的，这种融合产物叫胞质杂种。而两个相同原生质体发生融合，则形成同核体。

4.杂种细胞的筛选

原生质体融合的目的是获得体细胞杂种。一般是通过对杂种细胞的富集或识别而对杂种细胞进行筛选。这一过程往往逆自然状况而行，未融合的或同源融合的原生质体往往能迅速适应培养条件而生长得很快。而异源融合体，特别是远缘不亲和的杂种细胞，在缺少选择的条件下，常常由于发育缓慢而受到优势生长的亲本细胞的抑制，不易顺利地发育成真正的杂种，导致实验失败。因此，需借助一些特殊的方法，有目的地把融合产物中的异核体杂种细胞筛选出来。杂种细胞的筛选是体细胞杂交获得成功的关键，目前选择杂种细胞的方法主要分为两类：一类是互补选择法，另一类是机械分离法。

互补选择法利用两个不同亲本具有不同的生理或遗传特性，对形成杂种细胞时产生的互补作用进行选择。在特定的培养基上，只有发生互补作用的杂种细胞才能生长，从而能较方便地淘汰非杂种细胞。互补选择法一般都要求有相应的突变体。

机械选择法是指利用两种原生质体的某些可见标志，如形态色泽、荧光素等的差异对融合产物进行鉴别，在其可辨特征消失之前，将融合的细胞从混合群体中挑选出来进行单独培养的方法，或用荧光激活细胞分选仪根据荧光特征分选融合体。

5.杂种的鉴定

通过杂种细胞筛选获得的再生植株不一定是杂种植株，应经过进一步验证才能确定。有多种鉴定杂种方法。根据形态性状判定是最简单的方法，杂种植株的叶形通常介于双亲之间，叶面积居中，花器官（花冠长度、颜色、形态等）带有双亲性状。染色体计数是细胞学鉴定体细胞杂种的基本方法，但杂种染色体数目不一定正好是双亲染色体数目之和，常出现混倍体。染色体数目的变化可能来自多细胞融合、培养过程中的细胞学变异和核与质基因融合后的不亲和。常用的生化鉴定方法是同工酶，融合后形成的杂种应该表现出双亲的同工酶带型。分子标记鉴定可以较准确地反映融合是否成功，RAPD、RFLP、AFLP、SSR、SNP是常用的鉴定杂种的分子标记。

二、分子标记辅助选择育种

选择是育种工作最重要的环节之一，传统育种方法是通过观察表型间接对基因型进行选择，这种选择方法存在周期长、效率低等诸多缺点。最有效的选择方法应是直接依据个体基因型进行选择，分子标记的出现为这种直接选择提供了可能。借助分子标记达到对目标性状基因型选择的方法称为分子标记辅助选择（MAS），包括对目标基因跟踪，即前景选择或正向选择和对遗传背景选择。背景选择具有可加快遗传背景恢复速度，缩短育种年限和减轻连锁累赘的作用。

遗传标记有三大类：①形态标记（也叫经典标记，可见标记），标记通常是可以观察的表型性状，如花色、种子形状、生长习性；②生化标记，包括同工酶等位变异，可以通过电泳和特定染色法加以检测；③DNA（分子）标记，能揭示DNA序列变异的位点。形态标记和同工酶标记的主要缺点是数量有限、受环境因素和植株生长发育阶段的影响。然而，尽管有这些限制因素，形态标记和生化标记对育种一直极为有用。

（一）主要分子标记的类型及特点

分子标记可分为三大类。第一类是以分子杂交为基础的DNA标记技术，主要有限制性片段长度多态性标记（RFLP标记）。第二类是以聚合酶链式反应（PCR反应）为基础的各种DNA指纹技术。PCR技术的特异性取决于引物与模板DNA的特意结合。PCR反应分变性、复性、延伸三步。第三类是基于DNA测序的标记。能揭示同种植物或不同植物个体间的差异的DNA标记叫作多态性标记，而不能区分基因型间差异的标记称为单态性标记。多态性标记从遗传上可分为共显性或显性，这是基于标记能否区分纯合体和杂合体。

1.以分子杂交为核心的分子标记

限制性片段长度多态性标记（RFLP）即通过限制性内切核酸酶（简称限制酶）对基因组DNA进行酶切、电泳、转膜后用放射性标记的同源性探针与之杂交，检测不同样品在DNA水平上酶切位点的碱基突变以及由于序列缺失、重复、倒位、易位等变异引起的变化。RFLP标记是一种共显性标记，在分离群体中可以区分纯合体与杂合体，因而提供标记座位完全的遗传信息。RFLP分析所需的DNA量较大，但是一张膜做好以后可反复使用。另外，RFLP非常稳定，多种农作物的RFLP标记遗传图谱已经建成。不过，RFLP检测步骤较多，周期长，特别是当只检测少数几个探针时成本较高，用作探针的DNA克隆的制备、保存与发放也很不方便。另一问题是检测中一般要用放射性同位素，不安全。因此，在MAS中很少利用RFLP标记。

2.以聚合酶链式反应（PCR）为核心的分子标记

随机扩增多态性DNA标记（RAPD），其特点是：①不依赖于种属特异性和基因组的信息，合成一套引物可以用于不同生物的基因组分析；②基于PCR技术，分析程序较简单，所需DNA的量极少；③一般是显性遗传，分离群体中纯合体和杂合体须通过后代分析才能区别。RAPD标记已被广泛用于基因的快速定位和遗传作图。RAPD分析的不足是受反应条件影响较大，检测的重复性较差。

扩增片段长度多态性标记（AFLP），其特点是兼具RFLP技术的可靠性和RADP技术的高效性，能提供比RFLP和RAPD分析更多的基因组多态性信息。在遗传上，AFLP标记可能是共显性或显性。

简单串联重复序列标记（SSR），是以2～6个核苷酸为基本序列串联重复的短片段，其特点是：①数量丰富，广泛分布于整个基因组；②具有较多的等位性变异；③共显性标记，可鉴别出杂合子和纯合子；④试验重复性好，结果可靠。

3.以序列为核心的分子标记

STS是序列标签位点或序标位的简称。其特点是：标记表现共显性遗传，很容易在不同组合的遗传图谱间进行标记的转移，且是沟通植物遗传图谱和物理图谱的中介，但目前使用成本太高。

SNP是单核苷酸多态性的简称，主要指在基因组水平上由单个核苷酸的变异引起的DNA序列多态性所形成的遗传标记。其特点是：密度高、多态性丰富，遗传稳定性强、富有代表性，易实现分析的自动化、适于快速、规模化筛查，易于基因分型。

（二）分子标记辅助选择在作物育种中应用

MAS育种不仅可以通过与目标基因紧密连锁的分子标记在早世代对目的性状进行选择，同时，也可以利用分子标记对轮回亲本的背景进行选择。目标基因的标记筛选（gene tagging）是进行MAS育种的基础。用于MAS育种的分子标记需具备3个条件：①分子标记与目标基因紧密连锁；②标记适用性强，重复性好而且能经济简便地检测大量个体；③对不同遗传背景选择有效。

1.有利基因的转育

基因转移或基因渗入是指将供体亲本（一般为地方品种、特异种质或育种中间材料等）中的有用基因（目标基因）转移或渗入受体亲本（一般为优良品种或杂交品种亲本）的遗传背景中，从而达到改良受体亲本个别性状的目的。通常采用回交的方法，即将供体亲本与受体亲本杂交，然后以受体亲本为轮回亲本，进行多代回交，直到除了来自供体亲本的目标基因之外，基因组的其他部分全部来自受体亲本。在这一过程中，可同时进行前景选择和背景选择。需注意的是，目标基因是来自供体亲本的，而遗传背景是来自受体（轮回）亲本的，因此前景选择和背景选择的方向正好相反，前者称为正选择，后者称为负选择。

前景选择的作用是保证从每一回交世代选出的作为下一轮回交亲本的个体都包含目标基因，而背景选择则是为了加快遗传背景恢复成轮回亲本基因组的速度，以缩短育种年限。理论研究表明，背景选择的这种作用是十分显著的。例如，针对番茄基因组进行的计算机模拟研究显示，如果每一回交世代产生30个植株，那么，用分子标记对整个基因组进行选择，只需3代即能完全恢复成轮回亲本的基因型，而采用传统的回交育种方法需要6代以上。

背景选择的另一个重要作用是，可以避免或减轻连锁累赘这个长期困扰作物育种的难题。连锁累赘是指有利基因（目标基因）与不利基因（非目标基因）间的连锁，使回交育种在导入有利基因的同时也带入了不利基因，常常造成性状改良后的新品种与原目标不一致。研究表明，在传统的回交育种中，即使回交20代，在目标基因周围还能发现长达10cm的供体亲本染色体片段，而对大多数植物来说，10cm长的染色体片段中的DNA已足够包含几百个基因。传统回交育种难以消除连锁累赘的主要原因是无法鉴别目标基因附近所发生的遗传重组，因而只能靠运气来选择消除了连锁累赘的个体。用高密度的分子标记连锁图就有可能直接选择到在目标基因附近发生了重组的个体。根据推算，在150个BC_1植株中，至少有一株在目标基因的某一侧1cm处发生交换的概率达到95%；而在300个BC_2植株中，至少有一株在目标基因另一侧的1cm处发生交换的概率也达到95%。因此，只要在BC_1和BC_2中进行标记辅助选择，即可得到含有目标基因的供体染色体片段长度不大于2cm的植株，从而只需两个回交世代就可达到基本消除连锁累赘的目的。而采用传统育种的方法，至少需要100代才能达到。当然，应用分子标记消除连锁累赘的一个重要前提是，必须对目标基因进行精细定位，必须找到与目标基因非常紧密连锁的分子标记。原则上说，对于控制质量性状的主基因而言，要做到这一点并没有实质性的困难。

需要指出的是，尽管分子标记辅助的背景选择效率很高，但依据个体表型进行背景选择的传统方法仍不应摒弃。一个有经验的育种家通过个体外部形态进行背景选择往往可以达到相当高的效率。因此，在育种实践中，将育种家丰富的选择经验与标记辅助选择相结合，不失为明智之举。

2.有利基因的聚合

基因聚合就是将分散在不同品种中的优良性状基因通过杂交、回交、复合杂交等手段聚合到同一个品种中。基因聚合可分为2类。①控制不同性状的基因聚合，即先定位控制目标性状的基因或QTL，然后培育相应的近等基因系，最后将近等基因系杂交，通过标记选择具有所有基因理想基因型的植株只要群体足够大，可一次性选择所有拟聚合的基因，但从育种操作上看，可分2期在2个世代对拟聚合的基因进行选择，第1期对所有标记进行选择，第2期对第1期入选植株进行选择，获得目标位点纯合植株；②控制同一性状的多个基因及其等位基因聚合。由于表型相同，表型选择无法区分由不同基因控制的性状差别，如芥菜型油菜种皮颜色取决于其原花色素含量，种皮原花色素生物合成既受结构基因影响，又受调控基因影响，任一基因突变都会产生黄色，如果希望将结构基因突变体和调控基因突变体聚合，表型选择难以实现，这时采用标记或基因型选择，将能为这些不同的基因建立不同的标记。一个基因可能有多个等位基因，这些不同的等位基因可能存在效应差异，通过标记辅助选择能挖掘育种利用上需要的最佳等位基因。

基因聚合在抗病育种中是一个重要的育种目标。植物抗病性分为垂直抗性和水平抗性两种，其中垂直抗性受主基因控制，抗性强，效应明显，易于利用。但垂直抗性一般具有小种特异性，所以易因致病菌优势小种的变化而丧失抗性。如果能将抵抗不同生理小种的抗病基因聚合到一个品种中，那么该品种就具有抵抗多种生理小种的能力，亦即具有多抗性，这样就不容易因致病菌优势小种的变化而丧失抗性。多抗性还可指一个品种具有抵抗多种病害的能力，这同样也牵涉到聚合不同抗性基因的问题。

抗性鉴定需要人工接种，必须在一定的发育时期进行，并要求严格控制接种条件，因此往往比较麻烦。特别是，在基因聚合过程中，必须对不同的抗性基因分别进行鉴定，更增加了实际操作上的难度。有时还可能因手头缺乏某种所需的致病菌菌株而使抗性鉴定难以进行。用标记辅助选择方法进行基因聚合则避免了上述困难。在进行基因聚合时，通常只关注目标抗性基因，即只进行前景选择，暂时可不理会遗传背景。下面给出一个通过标记辅助选择聚合水稻抗稻瘟病基因的实际例子（Zheng等，1995）。首先是应用分子标记技术将3个抗稻瘟病基因（Pi—2、Pi—1和Pi—4）在水稻第6、11和12号染色体上进行定位，然后利用连锁标记将这3个抗性基因聚合起来，基因聚合试验从3个近等基因系C1011LAC、C101A51和C101PKT出发，它们分别带有Pi—2、Pi—1和Pi—4基因。采用该方案，已成功地获得聚合了这3个抗稻瘟病基因的植株，它们可以作为供体亲本在育种中加以利用，可同时提供数个抗性基因。

3.数量性状的改良

作为作物育种目标的大多数重要性状都是数量性状，因此对数量性状的遗传操纵能力决定了作物育种的效率。数量性状的主要遗传特点就是表现型与基因型之间缺乏明确的对应关系，而传统育种方法主要都是依据个体表现型进行选择的，这是造成传统育种效率不高的主要原因。因此，数量性状应成为标记辅助选择的主要对象，人们期望它能够给作物育种带来一场革命，这也是十余年来吸引了全世界众多作物遗传育种学家满怀热情地致力于该领域研究的主要原因。

原则上，质量性状的标记辅助选择方法也适用于数量性状。然而，数量性状的标记辅助选择并不像最初所想象得那么简单，有许多因素必须考虑。目前，QTL定位的基础研究还不能满足育种的需要，还没有哪个数量性状的全部QTL被精确地定位出来，因此，还无法对数量性状进行全面的标记辅助选择。而要在育种过程中同时对许多目标基因（QTL）进行选择也是一个比较复杂的问题。另外，上位性效应也可能会影响选择的效果，使选育结果不符合预期的目标。再者，不同数量性状间还可能存在遗传相关。因此，在对一个性状进行选择的同时，还必须考虑对其他性状的影响。可见，影响数量性状标记辅助选择的因素很多，其难度要比质量性状大得多。

三、作物基因工程育种

基因工程育种是指把不同DNA（或基因）在体外进行酶切和连接，构成重组DNA分子，然后借助生物方法或理化方法将外源基因导入植物细胞，导入的目的基因整合到植物基因组进行稳定的表达而实现改变植物特定性状的目的。它涉及目的基因的获得、载体的构建、遗传转化、转化体的筛选与鉴定等遗传转化技术，以及与之相配套的组织培养技术；另外还包括遗传转化体在控制条件下的安全性评价以及大田育种研究直至育成品种。

（一）作物转基因技术的发展现状

从1983年，比利时根特大学培育出第一例转基因植物以来，利用转基因技术在提高农作物的抗虫、抗病、抗逆和品质改良方面都取得了令人瞩目的成就。1987年，昂伯克（Umbeck）等首次报道通过农杆菌介导法将抗卡那霉素基因转入棉花；1987年，普阿（Pua）报道了转基因油菜；1988年转基因水稻获得成功；1988年，郭兹（Guozz）等报道将CMV的外壳蛋A质基因转入烟草中，得到的转基因烟草能显著地抵抗CMV的侵染；1990年，弗洛姆（Fromm）报道了转基因玉米；1992年，瓦西尔（Vasil）等获得了世界上第一株转基因小麦；中棉所培育出了“93R—1”“93R—2”“93R—6”等中、早熟抗虫棉新品系，使我国成为继美国之后第二个具有抗虫转基因棉花的国家。至今，全世界已分离目的基因几百个，获得转基因植物近200种，有几千例转基因植物被批准进入田间试验，涉及50多个科100多种植物。转基因技术将为人类解决当今面临的食品、环境和能源等重大问题提供有力手段。

（二）转基因育种的程序

利用转基因技术进行作物育种的基本过程分为：目的基因或DNA的获得、含有目的基因或者DNA的重组质粒的构建、受体材料的选择和再生系统的建立、转基因方法的确定和外源基因的转化、转化体的筛选和鉴定、转基因植株的育种利用。

1.目的基因的获得

目的基因的获得是作物转基因育种的第一步。获得基因的途径主要可以分为两大类：①根据基因表达的产物——蛋白质进行基因克隆。利用这种方法人类首次人工合成了胰岛素基因；②从基因组DNA或mRNA序列克隆基因。目前已有多种从基因组中获得目的基因的方法，如同源序列法、表达序列标签法、图位克隆、转座子标签法和差异显示法等。

2.目的基因重组质粒的构建

获得的目的基因需要连接到运载工具——载体上。作为载体需要的条件是：①具有复制原点，在宿主细胞中能自我复制，并能携带外源DNA片段一起进行复制；②具有多克隆位点，有多个限制性内切酶的酶切位点，且每种酶的切点只有一个；③至少具有一个具有选择标记的基因，如抗生素抗性基因；④能稳定保存；相对分子质量小，便于分离和纯化。

目前，在植物基因工程中所用的载体有细菌质粒、λ噬菌体、柯斯质粒、细菌人工染色体载体、酵母菌人工染色体载体、Ti质粒及其衍生载体和Ri质粒等，作为植物遗传转化的载体，如Ti质粒，作为媒介能将外源基因倒入植物细胞中，并将其整合到宿主细胞的基因组DNA上。同时，能提供被宿主细胞的复制转录系统所识别的DNA序列，如启动子和复制子起始序列，以保证转化的外源基因在植物细胞中进行复制和表达。

质粒载体构建的基本步骤包括从原核生物中获取目的基因的载体并进行改造，利用限制性内切酶将载体切开，并用连接酶把目的基因连接到载体上，获取DNA重组体。

3.受体材料的选择

受体是指用于接受外源DNA导入的材料。受体材料应具备：①高效稳定的再生能力，能高效率地接受外源基因；②具有较高的遗传稳定性；③具有稳定的外植体来源；④对筛选剂敏感。

常用的受体材料有：

（1）愈伤组织再生系统：指外植体材料经脱分化培养诱导形成愈伤组织，再通过分化培养获得再生植株的再生系统。该系统具有外植体材料来源广泛、繁殖迅速、转化率高的优点。

（2）直接分化再生系统：指外植体材料（如茎尖）未经脱分化培养诱导形成愈伤组织阶段，直接分化不定芽获得再生植株的再生系统。该系统具有获得再生系统的周期短、操作简单、遗传稳定性好的优点。

（3）原生质体再生系统：指利用原生质体作为受体材料，在适当培养条件下诱导出植株。其优点是转化效率高、基因型一致性好。

（4）胚状体再生系统：胚状体是指具有胚胎性质的个体。利用胚状体作为受体材料，具有个体数目大、同质性好、接受外源基因能力强、易于培养再生等优点。

（5）生殖细胞受体系统：指以生殖细胞如花粉粒、卵细胞等受体细胞进行外源基因转化的系统。

4.转基因方法的确定和外源基因的转化

关于植物遗传转化方法的报道颇多，不同转化方法的转化率差异较大，同一转化方法用于不同的植物，其转化频率也有明显差异。王关林等依转化原理，将现在应用的遗传转化方法进行了分类。

经过十多年的探索，基因转化的技术日臻成熟，已形成了以农杆菌载体转化和基因枪转化技术为主体的两大植物基因转化系统。迄今所获得的转基因植株中90%以上是利用这两种方法获得的。

（1）农杆菌介导的基因转化法

农杆菌是一种革兰阴性土壤杆菌。与植物基因转化有关的农杆菌有两种类型：①根癌农杆菌：含有Ti质粒，能够诱导被侵染的植物细胞形成肿瘤，即诱发冠瘿瘤；②发根农杆菌：含有Ri质粒，能够诱导被侵染的植物细胞产生毛发状根。农杆菌介导法是以土壤农杆菌为媒介，将克隆在Ti质粒载体（或Ri质粒载体）上的目的基因转化到农杆菌上，然后用农杆菌去侵染植物的外植体，通过细菌与植物细胞之间的结合作用，将外源基因整合到受体细胞的染色体基因组中的过程。它包括创伤植株感染法、原生质体共培养法和叶盘法等转化方法。

（2）基因枪转化法

基因枪转化法是美国Cornell大学的桑福德（Sanfordt）等于1987年发明的。基因枪转化法是将包裹着DNA的金粒或钨粒，通过基因枪、氦气或电击等技术来获得足够的加速度，射入完整的植株、组织外植体、愈伤组织或细胞悬液中的方法。基因枪法的操作对象可以是完整的细胞或组织，突破了基因转移的物种界限，也不必制作原生质体，操作步骤比较简单易行，具有相当广泛的应用范围，已经成为研究植物细胞转化和培养转基因植物的最有效的手段之一。

（3）花粉管通道法

花粉管通道法是周光宇于1978年首先提出的，此法是在受体植物开花授粉一定时间后（2~3h）整穗、剪颖（斜剪，去掉1/3颖壳）、切花柱，随即将供体DNA溶液用微量注射器注入颖花中或滴入花柱切口，是外源DNA经花粉管通道进入胚囊，已转化受精卵或胚细胞而自然发育成种子。DNA溶液提及浓度约为400/μL/mL，用微量注射器滴注，每一个颖花10~15μL，滴后套袋。此法导入后的结实率一般可达50%以上。

花粉管通道法广泛应用于水稻、小麦、棉花等单、双子叶植物，特别适合于棉花等多胚珠植物。但对水稻、小麦等单胚珠小花植物，每处理一朵花只能得到一粒种子，操作不便，工作量大，需要DNA溶液量很大。季慧强等为了克服这些缺点，将正在开花的整个麦穗浸入供体DNA溶液中，不仅操作方便，提高了工作效率，而且增加了DNA导入强度，变异率达62.5%。

5.转化体的筛选和鉴定

外源目的基因对植物受体细胞的转化率是相当低的，也就是说，在大量的受体细胞群体中，通常只有极少数的细胞能够获得外源DNA，而其中目的基因已被整合到核基因组并实现表达的转化细胞更加稀少。为了有效地选择出这些真正的转化细胞，必须使用特异性的选择标记基因进行标记。在载体构建时，将选择标记基因插入质粒载体上与目的基因同时进行转化。当标记基因与目的基因一同被导入受体细胞之后，就会使转化细胞具有抵抗某种选择剂的能力，致使转化细胞不受选择剂的影响，能正常生长、发育、分化，长成植株；未转化细胞，由于对选择剂无抗性不能正常生长、发育而不能存活下来。选择剂必须是植物细胞生长的抑制剂，但此药剂又不能杀死细胞，常用的选择标记基因有NPT—Ⅱ、潮霉素抗性基因hpt、壮观霉素抗性基因spe、除草剂抗性基因bar基因和ppt基因等。

选择剂的种类有多种，有的对植物细胞有明显的抑制作用，有的基因可以对几种不同的抗生素具有抗性，而且，不同的植物对抗生素的敏感性不同。因此，在选择培养中对抗生素的使用要根据不同的植物通过试验来确定，目前较常用的是卡那霉素（Km）、潮霉素（Hyg）和除草剂PPT。其使用质量浓度因植物种类而不同，一般为Km50～100mg/L、Hyg10～20mg/L、PPT5～20mg/L。

进行基因转化后，外源基因是否进入植物细胞，进入植物细胞的外源基因是否整合到植物染色体上，整合的方式如何，整合到染色体上的外源基因是否表达等，都需要进行生物学鉴定，证明外源基因在植物染色体上整合的最可靠的方法是分子杂交，只有经分子杂交鉴定过的植物才可以成为转基因植物。转基因植物分子杂交鉴定包括两大部分内容，一是核酸分子杂交，其中又包括Southern杂交及Northern杂交；二是属于蛋白质分子杂交的Western杂交。

6.转化体的安全性评价和育种利用

为了加强农业转基因生物安全管理，保障人类健康和动植物、微生物安全，保护生态环境，促进农业转基因生物技术研究，国务院于2001年5月23日颁布了《农业转基因生物安全管理条例》（以下简称《条例》）。2002年1月5日发布了《农业转基因生物安全评价管理办法》（2002年第8号令）。《农业转基因生物进口安全管理办法》（2002年第9号令）和《农业转基因生物标识管理办法》（2002年第10号令）三个配套规章，自2002年3月20日起施行。《条例》及三个配套规章的发布，标志着我国对农业转基因生物的研究、试验、生产、加工、经营和进出口活动开始实施全面管理。关于转基因生物安全基础性研究主要有三个方面的工作，也就是基因操作的安全性的研究、转基因生物对农业资源与生态系统影响的机制的研究、转基因生物对人体健康影响的预测与控制的研究。通过这些研究，阐明农业转基因生物对动植物和人体健康可能造成不利影响的理论基础及机制、对农业资源与生态系统影响的机制，提出对生态环境和人体健康影响预测与控制的理论和方法。

（三）转基因作物品种的选育

如同传统作物育种一样，对转基因作物品种进行选育时也要遵循一定的育种程序，同时兼顾转基因育种的特殊性。从现有转基因育种的过程来看，主要的程序有以下步骤：①转基因作物育种目标的制定；②转基因作物育种方法的确定及转基因植物的获得；③转基因作物品种的选育。转基因作物品种的选育可以采用纯系育种、回交育种、杂交育种等常规选育方法。杂种品种的培育与常规杂种品种的培育和制种方法基本相同，不同的是选用的亲本中至少有一个是转基因作物的品种或品系。

与常规育种技术相比，转基因育种技术具备以下优点：①转基因育种技术体系的建立使可利用的基因资源大大拓宽。从动物、植物、微生物中分离克隆的基因，亦可在三者之间相互转移，不但突破了种间隔离的天然障碍，而且可以突破分类上的门、纲、目、科、属，实现基因的界间转移。②转基因育种技术为培育高产、优质、高抗病虫害，并能适应不良环境条件的作物良种提供了现实的可行性。可以大大减少杀虫剂、杀菌剂的使用，不但有益于环境的保护，而且可以减轻农业对石油工业的依赖；作物耐不良环境条件能力提高，可扩大作物的可种植区域，提高作物的生产能力。③利用转基因育种技术可以对植物的目标性状进行定向设计，对多个性状的定向改良成为可能。④利用转基因育种技术可以大大提高育种效率，加速育种进程。

第九章 生物技术与作物遗传育种

第一节　生物技术在作物遗传育种中的应用

生物技术也即生物工程技术，是应用自然科学及工程学的原理，以微生物体、动植物体或其组成部分（包括器官、组织、细胞或细胞器等）作为生物反应器将物料进行加工，提供产品为社会服务的技术。生物工程主要包括基因工程、细胞工程、酶工程、蛋白质工程和微生物工程等。由于基因工程和细胞工程都是以改变生物遗传性状为目的的技术，所以又统称遗传工程。

随着现代生物技术的发展，细胞工程育种、基因工程育种以及分子标记技术等已趋成熟，广泛应用于动植物品种遗传改良，在打破物种生殖隔离、目标性状定向选育等方面表现出诱人的魅力，展现出极其广阔的应用前景。

一、细胞工程与作物育种

植物细胞工程（plant cell engineering）是以植物组织和细胞培养技术为基础发展起来的一门学科，是细胞水平上的遗传工程。它以细胞为基本单位，在体外条件下进行培养、繁殖或人为地使细胞某些生物学特性按人们的意愿生产某种物质的过程。植物细胞工程的应用在20世纪60年代就已受到重视，但真正的应用研究在70年代才进入高潮。我国第一个用花药培养育成烟草品种，随后又育成了一些水稻、小麦新品种。如“花培5号”小麦、“华双3号”油菜、“中花8号”水稻等大面积推广的品种都是利用细胞工程技术培育的。

细胞全能性（cell totipotency）是指生物体的每一个具有完整细胞核的体细胞都含有该物种所特有的全部遗传信息。在适当的条件下，具有发育成为完整植株的潜在能力。细胞全能性是植物细胞工程的理论基础。早在1902年，德国植物学家哈伯兰特（Haberlandt）就预言，植物体细胞在适宜条件下具有发育成完整植株的潜在能力，只是由于受到当时技术和设备的条件限制，他的预言未能用实验证实。直到1958年，斯图尔德（Steward）和尚茨（Shantz）用胡萝卜根韧皮部细胞悬浮培养，从中诱导出体细胞胚并使其发育成完整小植株，第一次用实验证明了哈伯兰特提出的植物体细胞全能性学说，大大加速了植物组织培养研究的发展。随着克隆羊、克隆牛的成功，也证实了动物体细胞也具有全能性。

（一）细胞和组织培养与作物育种

植物细胞和组织培养（plant cell and tissue culture）是指利用植物细胞、组织等离体材料，在人工控制条件下使其生存、生长和分化并形成完整植物的一种无菌培养技术。在五十多年的发展中，以植物组织培养为基础的生物技术的研究与发展为植物育种提供了一些新的实验方法和手段，并且亦培养出一批在生产上有利用价值的品种。

在植物组织培养中，培养物的细胞处于不断分裂状态，易受培养条件和外界压力（如射线、化学物质等）的影响而发生变异，可以进行突变体的筛选。由体细胞培养获得的再生植株一般称为体细胞无性系，所以将体细胞培养过程中产生的变异植物称为体细胞无性系变异，又叫体细胞克隆变异。

国内外许多研究表明，体细胞无性系变异是获得遗传变异的一个新途径。体细胞无性系变异所具有的变异范围广泛、单基因或少数基因变异较多等特点，适用于对优良品种进行有限的修饰与改良，以增强作物的抗病性、抗逆性、改进品质等。例如，在抗病育种中，利用病菌毒素作为筛选剂进行抗病突变体的筛选是一种有效的方法。卡尔森（Carlson）在这方面做了开拓性的工作，他用烟草花药培养的愈伤组织得到细胞悬浮系，从单倍体植株的叶肉得到原生质体，经EMS诱变后，在含有野火病菌致病毒素类似物氧化亚胺蛋氨酸（MSO）的培养基上进行筛选，获得抗病细胞系并再生了植株。国内外学者利用甘蔗、玉米、马铃薯、水稻、棉花等多种植物体细胞无性变异成功筛选出抗病突变体，其再生植株表现明显的抗病性。在抗除草剂育种方面，查勒夫（Chaleff）等以烟草单倍体愈伤组织为材料，获得抗chlorsulfuron和sulfometuron methyl的烟草突变体植株。安德森（Anderson）从玉米体细胞无性系中筛选到耐咪唑啉酮类除草剂的突变体，对该除草剂的耐性提高100倍，再生植株及其后代在田间条件下对该除草剂均具有较好的耐受性。在抗逆性选择方面，纳布尔斯（Nabors）等，以NaCl或海水为选择剂，对细胞或诱变细胞进行筛选，多数突变体的抗性能延续多代；戈塞特（Gossett）等筛选出能忍耐200mmol/L NaCl的细胞系，与抗盐有关的生化指标明显高于对照。史密斯（Smith）等从高粱种子诱发的愈伤组织获得了耐旱的再生植株及种子，与对照相比其耐热性、耐旱性均有显著差异。在品质育种方面，卡尔森（Carlson）首次筛选出的抗蛋氨酸类似物的烟草突变体，其蛋氨酸含量比对照高5倍。利用不同的植物为材料，分别进行了抗缬氨酸、苏氨酸等氨基酸筛选以及抗赖氨酸、蛋氨酸、脯氨酸、苯丙氨酸与色氨酸等氨基酸类似物的筛选。氨基酸含量测定表明，一些氨基酸能提高6～30倍，苏氨酸的含量可提高75～100倍；埃文斯（Evans）等曾在番茄的无性系变异中选出了一种干物质含量比原品种高的新品种。赵成章等从水稻幼胚愈伤组织获得的大量再生植株后代中选出了一些矮秆、早熟、千粒重增高、有效穗数多的新品系。

（二）单倍体细胞培养

单倍体细胞培育主要包括三个方面：花药培养、小孢子培养和未受精子房及卵细胞培养，其中花药和小孢子培养是体外诱导单倍体的主要途径。

单倍体应用于作物育种中有如下优点：

1.使后代快速纯合产生纯系

杂交后代通过花药培养获得单倍体，再通过染色体加倍即可获得纯合系。对于异花授粉作物，可以快速筛选出自交系，从而大幅缩短了育种周期。

2.提高选择效率

如果某一性状受一对基因控制，在AAXaa—Fi—F_2中，纯合AA个体只有1/4。如F_1采用花药或花粉培养，产生的后代中AA个体占1/2，比常规杂交育种提高1倍。如属两对基因控制（AAbbXaaBB）F2中，我们要选出AABB个体的概率只有1/16，若采用F1花药或花粉培养，F1代AaBb产生AB、Ab、aB、ab四种花粉，加倍后AABB个体的频率可达1/4，比常规杂交育种效率提高4倍。

3.排除杂种优势对后代选择的干扰

对于杂交育种来讲，由于低世代很多基因位点尚处于杂合状态，会有不同程度的杂种优势表现，会对个体的选择造成一定误差，直接用单倍体进行染色体加倍后的群体进行选择育种，由于各基因位点在理论上均处于纯合状态，选择到的变异能很大程度上代表真实变异。

4.突变体的筛选

由于单倍体的各基因均处于纯合状态，突变体很容易表现出来，从而大大提高了抗性或其他突变体的筛选效率。

5.遗传研究的良好材料

单倍体是进行连锁群体构建、QTL估计及定位、基因互作检测和遗传变异估计等数量遗传学的良好材料。尤其是近代分子生物学的发展，DH系在一定程度上作为一种永久BC或F2群体，已成为分子标记作图的良好群体。单倍体还可以用来创造非整倍体材料，利用单倍体与二倍体杂交，就可以创造一系列的非整倍体，进行染色体的遗传功能的研究。

我国花培育种技术走在世界前列，培育出水稻、小麦、玉米、油菜等多种农作物新品种几十个，有的已推广很大面积，在生产上发挥着重要作用。在水稻育种上花培技术应用成效尤其突出。李梅芳等育成的“中花”系列粳稻花培新品种，表现了丰产、品质好的优点。用花药培育提纯更新不育系、保持系，其产量比对照增产10%以上。在育种方法上，将花药培养育种与南繁加代相结合，大幅缩短了育种周期。目前，将花药培养技术应用于超高产杂交稻的选育，即把水稻的广亲和基因导入不育系和恢复系中，进行籼粳亚种间的杂交，应用花药培养技术加速培育籼粳杂交种，为提高水稻产量开拓新途径。

尽管花药培养育种取得了突出成绩，但还存在相当多的问题，如诱导率偏低且不稳定，嵌合体较多，禾本科作物的白化苗现象严重等。相信随着组织培养技术的改进，会有更多的新品种通过花药培养的技术产生。

二、转基因技术与作物育种

（一）转基因在作物上的应用

转基因技术育种即基因工程育种，是在分子水平上的遗传工程育种。它是采用类似于工程设计的方法，借助生物化学的手段，人为地转移和重新组合生物遗传物质DNA，从而改变生物遗传性状，创造新的生物品种或种质资源的技术。

转基因育种具有常规育种所不具备的优势。首先，它能够打破自然界的物种界限，大大拓宽可利用的基因资源。实践证明，从动物、植物、微生物中分离克隆的基因，通过转基因的方法可使其在三者之间相互转移利用，并且利用转基因技术可以对生物的目标性状进行定向操作，使其定向变异和定向选择。转基因育种技术为培育高产、优质、高抗，适应各种不良环境条件的作物优良品种提供了新的育种途径，大大提高了选择效率。

（二）转基因育种程序

利用转基因技术进行作物育种的基本过程可分为：目的基因或DNA的获得；含有目的基因或者DNA的重组质粒的构建；受体材料的选择和再生系统的建立；转基因方法的确定和外源基因的转化；转化体的筛选和鉴定；转基因植株的育种利用。

1.目的基因或DNA的获得

目的基因的获得是利用作物转基因育种的第一步。根据获得基因的途径主要可以分为两大类：根据基因表达的产物——蛋白进行基因克隆；从基因组DNA或mRNA序列克隆基因。

根据基因表达的产物——蛋白进行基因克隆，首先要分离和纯化控制目的性状的蛋白质或者多肽，并进行氨基酸序列分析，然后根据所得氨基酸序列推导相应的核苷酸序列，再采用化学合成的方式合成该基因，最后通过相应的功能鉴定来确定所推导的序列是否为目的基因。利用这种方法人类首次人工合成了胰岛素基因，通过对表达产物与天然的胰岛素基因产物进行比较得到了证实。

随着分子生物学技术的发展，尤其是PCR技术的问世及其在基因工程中的广泛应用，以及多种生物基因组序列计划的相继实施和完成，直接从基因组DNA或mRNA序列克隆基因技术已成为获取目的基因主要方法，能够更大规模、更准确、更快速地完成目的基因的克隆。

2.含有目的基因或者DNA的重组质粒的构建

通过上述方法克隆得到目的基因只是为利用外源基因提供了基础，要将外源基因转移到受体植株还必须对目的基因进行体外重组，即将目的基因安装在运载工具——载体上。质粒重组的基本步骤是从原核生物中获取目的基因的载体并进行改造，利用限制性内切酶将载体切开，并用连接酶把目的基因连接到载体上，获得DNA重组体。

3.受体材料的选择及再生系统的建立

受体是指用于接受外源DNA的转化材料。能否建立稳定、高效、易于再生的受体系统是植物转基因操作的关键技术之一。良好的植物基因转化受体系统应满足如下条件：有高效稳定的再生能力；有较高的遗传稳定性；具有稳定的外植体来源；对筛选剂敏感等。从理论上讲，植物任何有活性的细胞、组织、器官都具有再生完整植株的潜能，因此都可以作为植物基因转化的受体。目前常用的受体材料有愈伤组织再生系统、直接分他再生系统、原生质体再生系统、胚状体再生系统和生殖细胞受体系统等。

4.转基因方法的确定和外源基因的转化

选择适宜的遗传转化方法是提高遗传转化率的重要环节之一。尽管转基因的具体方法很多，但是概括起来说主要有两类：第一类是以载体为媒介的遗传转化，也称为间接转移系统法；第二类是外源目的DNA的直接转化。

载体介导转移法是目前为止最常见的一类转基因方法。其基本原理是将外源基因重组进入适合的载体系统，通过载体携带将外源基因导入植物细胞并整合在核染色体组中，并随着核染色体一起复制和表达。农杆菌Ti质粒或Ri质粒介导法是迄今为止植物基因工程中应用最多、机理最清楚、最理想的载体转移方法。具体选用叶盘法、真空渗入法、原生质体共培养法等将目的基因转移、整合到受体基因组上，并使其转化。

外源基因直接导入技术是一种不需借助载体介导，直接利用理化因素进行外源遗传物质转移的方法，主要包括化学刺激法、基因枪轰击法、高压电穿孔法、微注射法（子房注射法或花粉管通道法）等。

5.转化体的筛选和鉴定

外源目的基因在植物受体细胞中的转化频率往往是相当低的，在数量庞大的受体细胞群体中，通常只有为数不多的一小部分获得了外源DNA，其中目的基因已被整合到核基因组并实现表达的转化细胞就更加稀少。为了有效地选择出这些真正的转化细胞，有必要使用特异性的选择标记基因进行标记。常用选择标记基因包括抗生素抗性基因及除草剂抗性基因两大类。在实际工作中，是将选择标记基因与适当启动子构成嵌合基因并克隆到质粒载体上，与目的基因同时进行转化。当标记基因被导入受体细胞之后，就会使转化细胞具有抵抗相应抗生素或除草剂的能力，用抗生素或除草剂进行筛选，即抑制、杀死非转化细胞，而转化细胞能够存活下来。由于目的基因和标记基因同时整合进入受体细胞的比率相当高，因此在具有上述抗性的转化细胞中将有很高比率的转化细胞同时含有上述两类基因。

通过筛选得到的再生植株只能初步证明标记基因已经整合进入受体细胞，至于目的基因是否整合、表达还不得知，因此还必须对抗性植株进一步检测。根据检测水平的不同可以分为DNA水平的鉴定、转录水平的鉴定和翻译水平的鉴定。DNA水平的鉴定主要是检测外源目的基因是否整合进入受体基因组，整合的拷贝数以及整合的位置。常用的检测方法主要有特异性PCR检测和Southern杂交。转录水平鉴定是对外源基因转录形成mRNA情况进行检测，常用的方法主要有Northern杂交和RT-PCR检测。检测外源基因转录形成的mRNA能否翻译，还必须进行翻译或者蛋白质水平检测，最主要的方法是Western杂交。在转基因植株中，只要含有目的基因在翻译水平表达的产物均可采用此方法进行检测鉴定。

6.转化体的安全性评价和育种利用

上述鉴定证实携带目的基因的转化体，必须根据有关转基因产品的管理规定，在可控制的条件下进行安全性评价和大田育种利用研究：从目前的植物基因工程育种实践来看，利用转基因方法获得的转基因植株，常常存在外源基因失活、纯合致死、花粉致死效应；以及由于外源基因的插入对原有基因组的结构发生破坏，而对宿主基因的表达产生影响，以至于改变该作物品种的原有性状等现象。此外，转基因植物的安全风险性也是一个值得考虑的问题。因而，通过转基因方式获得的植株还必须通过常规的品种鉴定途径才能用于生产。目前，获得的转基因植物主要用于为培育新的作物品种而创造育种资源。一般在获得转化体后，再结合利用杂交、回交、自交等常规育种手段，最终选育综合性状优良的转基因品种。

第二节 品种的区域化鉴定、审定和推广

一、品种区域化鉴定

农作物品种试验是品种审定、推广和种植结构调整的最主要依据。品种试验包括区域试验，生产试验，品种特异性、一致性和稳定性测试（以下简称DUS测试）。品种试验组织实施单位应合理设置试验组别，优化试验点布局，科学制定试验实施方案。区域试验、生产试验对照品种应当是同一生态类型区同期生产上推广应用的已审定品种，具备良好的代表性。品种试验组织实施单位应当充分听取品种审定申请人和专家意见，合理设置试验组别，优化试验点布局，科学制定试验实施方案，并向社会公布。对照品种由品种试验组织实施单位提出，品种审定委员会相关专业委员会确认，并根据农业生产发展的需要适时更换。省级农作物品种审定委员会应当将省级区域试验、生产试验对照品种报国家农作物品种审定委员会备案。

（一）区域试验

区域试验（简称区试）是在品种审定机构统一组织下，将各单位新选育或新引进的优良品种送到有代表性的不同生态地区进行多点多年联合比较试验，对品种的利用价值、适宜的栽培技术做出全面评价的过程，是品种选育与推广的承前启后的中间环节，是品种能否参加生产试验的基础，是品种审定和品种合理布局的重要依据。

1.区域试验的组织体系

品种区域试验分国家和省（直辖市、自治区）两级。国家级区域试验由全国农业技术推广服务中心组织跨省进行，各省（直辖市、自治区）的区域试验由各省（直辖市、自治区）的种子管理机构组织实施。市、县级一般不单独组织区域试验。

参加全国区域试验的品种，一般由各省（直辖市、自治区）区域试验的主持单位或全国攻关联合试验主持单位推荐；参加省（直辖市、自治区）区域试验的品种，由各育种单位所在地区品种管理部门推荐。申请参加区域试验的品种（系）必须有2年以上育种单位的品比试验结果，性状稳定，显著增产，且比对照增产10%以上，或增产效果虽不明显，但有某些特殊优良性状，如抗逆性、抗病性强，品质好，或在成熟期方面有利于轮作等。

2.区域试验的任务

（1）鉴定参试品种的主要特征特性鉴定，如对新品种的丰产性、稳产性、适应性和抗逆性等进行鉴定，并进行品质分析、DNA指纹检测、转基因检测等。

（2）确定各地适宜推广的主栽品种和搭配品种。

（3）为优良品种划定最适宜的推广区域，做到因地制宜种植优良品种，恰当地和最大限度地利用当地自然资源条件和栽培条件，发挥优良品种的增产潜力。

（4）了解优良品种的栽培技术，做到良种良法。

（5）向品种审定委员会推荐符合审定条件的新品种。

3.区域试验的方法和程序

申请国家级品种审定的，稻、小麦、玉米品种比较试验每年不少于20个点，棉花、大豆品种比较试验每年不少于10个点，或具备省级品种审定试验结果报告；申请省级品种审定的，品种比较试验每年不少于5个点。

（1）设立试点

通常根据作物分布范围的农业区划或生态区划，以及各种作物的种植面积等，选出有代表性的科研单位或良种场作为试点。试点必须有代表性，而且分布要合理。试验地要求土地平整、地力均匀，要注意茬口和耕作栽培技术的一致性，以提高试验的精确度。

（2）试验设计

区域试验在小区排列方式、重复次数、记载项目和标准等方面都有统一的规定。一般采用完全随机区组设计，重复3～5次，小区面积十几平方米到几十平方米不等，高秆作物面积可大些，低秆作物可适当小些。参试品种10～15个，一般规定只设一个对照（CK），必要时可以增设当地推广品种作为第二对照。

（3）试验年限

区域试验一般进行2～3年，其中表现突出的品种可以在参加第二年区试时，同时参加生产试验。个别品种第一年在各点普遍表现较差，可以考虑退出区试，不再继续试验。

（4）田间管理

试验地管理措施，如追肥、浇水、中耕除草、治虫等应均匀一致，并且每一措施要在同一天完成，至少每个实验重复要在当天完成，不能隔天，以减小误差。在全生育期中注意加强观察记载，充分掌握品种的性状表现及其优缺点。观察记载同一项目必须在同一天完成。

（5）总结评定

作物生育期间应组织有关的人员进行观摩，收获前对试验品种进行田间评定。每年由主持单位汇总各试点的试验材料，对供试品种做出全面的评价后，提出处理意见和建议，报同级农作物品种审定委员会，作为品种审定的重要依据。

二、品种审定

国家对主要农作物实行品种审定制度。主要农作物品种和在推广前应当通过国家级或者省级审定。主要农作物品种的审定办法由国务院农业主管部门规定。审定办法应当体现公正、公开、科学、效率的原则，有利于产量、品质、抗性等的提高与协调，有利于适应市场和生活消费需要的品种的推广。国家对部分非主要农作物实行品种登记制度。

（一）品种审定的概念及意义

1.品种审定的概念

新品系或引进品种在完成品种试验（包括区域试验或生产试验）程序后，省级或国家级农作物品种审定委员会根据试验结果，审定其能否推广及其推广范围，这一程序称为品种审定。

2.品种审定的意义

（1）规范品种管理

实行品种审定制度，可以加强农作物的品种管理，实现有计划、因地制宜地推广良种，加速育种成果的转化和利用；避免盲目引种和不良播种材料的扩散，是实现生产用种良种化，良种布局区域化，合理使用良种的必要措施。

（2）避免盲目推广

防止一个地区品种过多、良莠不齐、种子混杂等“多、乱、杂”现象，以及品种单一化、盲目调运等现象的发生。

（3）保护利益，推广良种

品种审定可以确保种子生产者和用种者的利益。使良种得到更广泛更持久的运用，品种审定还使种子市场规范化，促进种子贸易的发展。

（二）品种审定的组织体制和任务

1.品种审定的组织体制

农业部发布的《主要农作物品种审定办法》规定：我国主要农作物品种实行国家和省（自治区、直辖市）两级审定制度。农业部设立国家农作物品种审定委员会（简称全国评审会），负责国家级农作物品种审定工作。省（自治区、直辖市）级人民政府农业行政主管部门设立省级农作物品种审定委员会[简称省（自治区、直辖市）评审会]，负责省级农作物品种审定工作。全国农作物品种审定委员会和省级农作物品种审定委员会是在农业部和省级人民政府农业行政主管部门的领导下，负责农作物品种审定的权力机构。

农作物品种审定委员会建立包括申请文件、品种审定试验数据、种子样品、审定意见和审定结论等内容的审定档案，保证可追溯。

品种审定委员会由科研、教学、生产、推广、管理、使用等方面的专业人员组成。品种审定委员会设立办公室，负责品种审定委员会的日常工作，品种审定委员会按作物种类设立专业委员会，省级品种审定委员会对本辖区种植面积小的主要农作物，可以合并设立专业委员会。品种审定委员会设立主任委员会，由品种审定委员会主任和副主任、各专业委员会主任、办公室主任组成。

2.品种审定的任务

品种审定实际上是对品种的种性和实用性的确认及其市场准入的许可，对品种的利用价值、利用程度和利用范围的预测和确认。它主要是通过品种的多年多点区域试验、生产示范试验或高产栽培试验，对其利用价值、适应范围、推广地区及栽培条件的要求等做出比较全面的评价。一方面为生产上选择应用最适宜的品种，充分利用当地条件，挖掘其生产潜力；另一方面为新品种寻找最适宜的栽培环境条件，发挥其应有的增产作用，给品种布局区域化提供参考依据。我国现在和未来很长一段时间内，对主要农作物实行强制审定，对其他农作物实行自愿登记制度。《中华人民共和国种子法》中明确规定：主要农作物品种和主要林木品种在推广应用前应当通过审定。我国主要农作物范围规定为：水稻、小麦、玉米、棉花、大豆作物。

（三）品种审定的方法和程序

1.品种参试申请

按照要求，新品种区域试验申报工作改为品种试验（区试）和审定一次申请。

水稻、小麦、玉米、棉花、大豆以及农业部确定的主要农作物品种实行国家或省级审定，申请品种审定的单位或个人（以下简称申请者）可以单独申请国家级审定或省级审定，也可以同时申请国家级审定和省级审定，还可以同时向几个省、自治区、直辖市申请审定。在中国没有经常居所或者营业场所的外国人、外国企业或者其他组织在中国申请品种审定的，应当委托具有法人资格的中国种子企业代理。

品种审定委员会办公室在收到申请书45日内作出受理或不予受理的决定，并书面通知申请者。符合《主要农作物品种审定办法》规定的申请应当受理，并通知申请者在30日内提供试验种子，种子质量要符合原种标准，由办公室安排品种试验。逾期不提供试验种子的，视为撤回申请。品种审定委员会办公室应当在申请者提供的试验种子中留取标准样品，交农业部植物品种标准样品库保存。

省级农业行政主管部门确定的主要农作物品种实行省级审定。从境外引进的农作物品种和转基因农作物品种的审定权限按国务院有关规定执行。

申请参试的，第一年应向品种审定委员会办公室提交申请书。

农作物品种审定所需工作经费和品种试验经费，列入同级农业主管部门财政专项经费预算。

2.审定的基本条件

申请品种审定的单位和个人，可以直接申请国家审定或省级审定，也可同时申请国家和省级审定，还可同时向几个省（直辖市、自治区）申请审定。

申请审定的品种首先要具备以下几个条件：

（1）人工选育或发现并经过改良。

（2）与现有品种（已审定通过或本级品种审定委员会已受理的其他品种）有明显区别。

（3）遗传性状稳定。

（4）形态特征和生物学特性一致。

（5）具有符合《农业植物品种命名规定》名称。

（6）申报省级品种审定的条件

报审品种需在本省（直辖市、自治区）经过连续2~3年的区域试验和1~2年生产试验，两项试验可交叉进行；特殊用途的主要农作物品种的审定可以缩短试验周期、减少试验点数和重复次数，具体要求由品种审定委员会规定。申请省级品种审定的，品种比较试验每年不少于5个点。申请特殊（如抗性、品质、药用等）品种的还需对特殊性状在指定测定分析的部门作必要的鉴定。

报审品种的产量水平一般要高于当地同类型的主要推广品种10%以上，或者产量水平虽与当地同类的主要推广品种相近，但在品质、成熟期、抗病（虫）性、抗逆性等有一项乃至多项性状表现突出。报审时，要提交区域试验和生产试验年终总结报告、指定专业单位的抗病（虫）鉴定报告、指定专业单位的品质分析报告、品种特征标准图谱，如植株、根、叶、花、穗、果实（铃、荚、块茎、块根、粒）的照片和栽培技术及繁（制）种技术要点等相关材料。

（7）申报国家级品种审定的条件

凡参加全国农作物品种区域试验，且多数试验点连续2年以上（含2年）表现优异，并参加1年以上生产试验；申请国家级品种审定的，稻、小麦、玉米品种比较试验每年不少于20个点，棉花、大豆品种比较试验每年不少于10个点，或具备省级品种审定试验结果报告；达到审定标准的品种；或国家未开展区域试验和生产试验的作物，有全国品种审定委员会授权单位进行的性状鉴定和两年以上的多点品种比较试验结果，经鉴定、试验单位推荐，具有一定应用价值或特用价值的品种。同时填写《全国农作物品种审定申请书》，并要附相关证明材料。

经过两个或两个以上省级品种审定部门审定的品种也可报请国家级品种审定。除要附上述相关证明材料，还要附省级农作物品种审定委员会的审定合格证书、审定意见（复印件）以及其他相关材料。

3.品种审定申报

（1）申报程序

申请者提出申请—申请者所在单位审查、核实—主持区域试验和生产试验单位推荐—报送品种审定委员会。向国家级申报的品种须有育种者所在省（直辖市、自治区）或品种最适宜种植的省级品种审定委员会签署意见。申请者可以单独申请国家级审定或省级审定，也可以同时申请国家级审定和省级审定，还可以同时向几个省、自治区、直辖市申请审定。

申请品种审定的，应当向品种审定委员会办公室提交以下材料：

①申请表，包括作物种类和品种名称，申请者名称、地址、邮政编码、联系人、电话号码、传真、国籍，品种选育单位或个人。

②品种选育报告，包括亲本组合以及杂交种的亲本血缘关系、选育方法、世代和特性描述；品种（含杂交种亲本）特征特性描述、标准图片，建议的试验区域和栽培要点；品种主要缺陷及应当注意的问题。

③品种比较试验报告，包括试验品种、承担单位、抗性表现、品质、产量结果及各试验点数据、汇总结果等。

④转基因检测报告。

⑤转基因棉花品种还应当提供农业转基因生物安全证书。

⑥品种和申请材料真实性承诺书。

（2）申报时间

按照现行规定，申请者、品种试验组织实施单位、育繁推一体化种子企业应当在2月底和9月底前分别将稻、玉米、棉花、大豆品种和小麦品种各试验点数据、汇总结果、DUS测试报告提交品种审定委员会办公室。

（3）品种审定与命名

对于完成品种试验程序的品种，品种审定委员会办公室一般在30日内汇总结果，并提交品种审定委员会专业委员会初审。专业委员会（审定小组）在30日内完成初审工作。

专业委员会初审品种时应当召开会议，到会委员达到该专业委员会委员总数2/3以上的，会议有效。对品种的初审，根据审定标准，采用无记名投票表决，赞成票数超过该专业委员会委员总数1/2以上的品种，通过初审。专业委员会对育繁推一体化种子企业提交的品种试验数据等材料进行审核，达到审定标准的，通过初审。

初审通过的品种，由品种审定委员会办公室在30日内将初审意见及各试点试验数据、汇总结果，在同级农业主管部门官方网站公示，公示期不少于30日。

公示期满后，品种审定委员会办公室应当将初审意见、公示结果，提交品种审定委员会主任委员会审核。主任委员会应当在30日内完成审核。审核同意的，通过审定。育繁推一体化种子企业自行开展自主研发品种试验，品种通过审定后，将品种标准样品提交至农业部植物品种标准样品库保存。

省级审定的农作物品种在公告前，应当由省级人民政府农业主管部门将品种名称等信息报农业部公示，公示期为15个工作日。

审定未通过的品种，由品种审定委员会办公室在30日内通知申请者。申请者对审定结果有异议的，在接到通知之日起30日内，可以向原品种审定委员会或者上国家级品种审定委员会申请复审。品种审定委员会对复审理由、原审定文件和原审定程序进行复审。品种审定委员会办公室应当在复审后30日内将复审结果书面通知申请者。

水稻、小麦、玉米、棉花、大豆以及农业部确定的主要农作物的品种审定标准，由农业部制定。审定的品种由品种审定委员会统一命名、发布。引进品种一般采用原名，不得另行命名。

（4）撤销审定

审定通过的品种，有下列情形之一的，应当撤销审定：在使用过程中如发现有不可克服的缺点；种性严重退化或失去生产利用价值的；未按要求提供品种标准样品或者标准样品不真实的；以欺骗、伪造试验数据等不正当方式通过审定的。由原专业委员会或者审定小组提出停止推广建议，经主任委员会审核同意后，由同级农业行政主管部门公告。公告撤销审定的品种，自撤销审定公告发布之日起停止生产、广告，自撤销审定公告发布一个生产周期后停止推广、销售。品种审定委员会认为有必要的，可以决定自撤销审定公告发布之日起停止推广、销售。

4.审定品种公告

省级审定的农作物品种在公告前，应当由省级人民政府农业主管部门将品种名称等信息报农业部公示，公示期为15个工作日。审定通过的品种，由品种审定委员会编号、颁发证书，同级农业行政主管部门在媒体（发文、专业期刊、报纸、广播、电视、网络等载体）上发布公告。省级品种审定公告，应当在发布后30日内报国家农作物品种审定委员会备案。编号为审定委员会简称、作物种类简称、年号、序号，其中序号为四位数。审定公告内容包括：审定编号、品种名称、申请者、育种者、品种来源、形态特征、生育期、产量、品质、抗逆性、栽培技术要点、适宜种植区域及注意事项等。审定公告公布的品种名称为该品种的通用名称。禁止在生产、经营、推广过程中擅自更改该品种的通用名称。

三、品种示范和推广

品种审定后如何得到农民的认可，能让品种发挥最强的生产力，这就需要大量的推广工作，而推广工作中尤其重视的是示范和展示。应当审定的农作物品种未经审定的，不得发布广告、推广、销售。应当登记的农作物品种未经登记的，不得发布广告、推广，不得以登记品种的名义销售。

（一）品种示范

主要农作物新品种展示示范工作，能够让群众在众多审定品种中选择最适合的品种，能够让种子管理部门发挥技术指导职能，是一项推进种子管理部门看禾推介品种、农民看禾选用品种、种子企业看禾营销品种的重要工作，是农业行政主管部门为农民办实事的一个具体体现。

1.品种示范的意义

（1）筛选适应不同区域生态环境、种植习惯、市场需求的主导品种，对保证品种使用的安全，充分发挥主导品种增产增效能力，加快良种的应用具有重要的意义，对区域农业生产力水平的提高有极大促进作用。

（2）将农作物新品种示范打造成农民选用良种的看台、种子企业品种比拼的擂台、种子管理部门推介新品种的平台，增强农民的科学用种意识，促进种业健康有序发展。

（3）有利于新品种储备，品种更新与更换。

2.品种示范的实施

（1）严格选址

良种展示、示范区应具有良好的群众基础，交通便利，水利设施完善，排灌方便，地力肥沃，农户种粮积极性较高，加上市、县镇和村各级领导的重视，为良种展示、示范的建立和开展打下了良好基础。

（2）提高认识，明确工作责任

为保障良种展示、示范工作的顺利开展，承担单位负责提供展示、示范良种，从培育和经营单位引进良种种子，作为展示、示范用种，以保证种子质量，并负责组织落实和技术指导。良种展示、示范工作由承担单位和实施单位的负责人亲自抓，由主管领导主持项目的实施和落实。

（3）做好技术人员和展示、示范农户的培训

为促进良种示范工作的开展，做好新品种示范推广工作，定期举办技术人员培训班，主要对良种的特征特性及栽培上应注意的问题，规范化栽培和调查总结方法等进行培训。同时，在作物生长各关键时期派出人员进行检查指导，保证各项技术措施能及时到位。

（4）设立新品种展示、示范标志牌

在展示、示范显著位置设立标志牌，标明项目名称、主办单位、实施单位、作物种

类、品种名称、展示示范面积和产量指标等，标志牌坚固耐用，全生育期放置。

（二）品种推广

新品种审定通过后，必须采用适当的方式，加速繁殖和推广，使之尽快在生产中发挥增产作用。新品种在生产过程中必须合理使用，尽量保持其纯度，延长其寿命，使之持续发挥增产作用。

1.新品种推广的方式

发挥行业指导作用，加强与种子企业联合，构建种子行业+企业+基地的全新示范推广平台，促进新品种推广，具体采取以下方式进行。

（1）分片式

按生态、耕作条件，把推广区域划分成若干片，与县级种子管理部门协商分片轮流供应新品种的原种及其后代种子方案。自花授粉作物和无性繁殖作物自己留种，供下一年度生产使用；异花授粉作物分区组织繁种，使一个新品种在短期内得到推广普及。

（2）波流式

首先在推广区域选择若干个条件较好的乡、村，将新品种的原种集中繁殖后，通过观摩、宣传，再逐步推广。

（3）多点式

将繁殖的原种或原种后代，先在各区县每个乡镇，选择1～2个条件较好的专业户或承包户，扩大繁殖，示范指导，周围的种植户见到高产增值效果后，第二年即可大面积普及。

（4）订单式

对于优质品种、有特定经济价值的作物，首先寻找企业开发新产品，为新品种产品开辟消费渠道。在龙头企业支撑下，新品种推广采取与种植户实行订单种植。

2.品种区域化和良种的合理布局

在推广良种时，必须按照不同品种的特征特性及其适用范围，划定最适宜的推广地区，以发挥良种本身的增产潜力；另外要根据本地自然栽培条件的特点，选用最适合的良种，以充分发挥当地自然资源的优势。这样才能使品种得到合理布局并实现区域化。品种区域化，就是根据品种区域结果和品种审定意见，使一定的品种在其相应的适应地区范围内推广的措施。在一个较大的区域范围内，选用、配置具有不同特点的品种，使之能保证丰产、稳产的做法，就是品种的合理布局。我国幅员辽阔，地形、地势、气候条件及耕作栽培制度等都很复杂，不同生态条件下，只有选用、推广与之相适应的良种，才能保证农业生产的全面高产、稳产。

3.良种必须合理搭配

在一个生产单位或一个生产条件大体相似的较小地区内（一个乡、村或一个农场），虽然气候条件基本相似，但由于地形、土质、茬口和其他生产条件（如肥料、劳、畜力，机具等）的不同，在推广良种时，每个作物应有主次地搭配种植各具一定特点的几个良种，使之地尽其力，种尽其能，这就是品种的合理搭配。这样不仅可以达到全面增产、增收，提高农业生产效益的目的，而且也可防止生产上品种过于单一化的弊端，为防止生产过程中，发生品种混杂，一个生产单位，同一作物一般可搭配种植2～3个品种；而像棉花那样容易混杂的经济作物，一个生产单位，甚至一个县，以一地一种为好。

4.良种良法相配套

不同良种具有不同的遗传性，具体表现在不同良种的生长发育特点及其对外界条件的要求是不同的。为了充分发挥良种的作用，还必须熟悉和掌握每个良种的生长发育特点（如适宜的群体结构、发育早晚、肥水要求等），以便在推广时，能有针对性地采取相应的栽培措施，创造适合于每个品种生长发育所需要的条件，促使其正常的生长发育，最大限度地获得高产、稳产及最大的经济效益。即推广良种时，只有良种良法配套，才能真正发挥良种在生产中的作用。

5.品种的更新与更换

品种的利用也有一定的时间性，即使是优良品种，在生产过程中，也常会发生混杂退化，从而引起品种的纯度下降，种性发生不良变异，抗病性、抗逆性降低，适应性变窄，失去原品种的典型性和一致性，致使产量降低，品质下降。所以，在推广利用新品种时，在防杂保纯、注意保持其种性的同时，对已退化品种应及时采取提纯措施，加速生产原种，有计划地分期分片实行品种更新。对于混杂退化严重，已不能再在生产上应用的品种，要及时淘汰。选用新育成或引进的品种，以替换生产上价值低的原有品种，全面实行品种更换。

第三节　植物新品种保护

一、植物新品种保护要求

（一）植物新品种保护审查测试体系

植物新品质保护也叫“植物育种者权利”，同专利、商标、著作权一样，是知识产权保护的一种形式，这就需要审查测试体系完备，保护制度日趋完善。为配合《中华人民共和国植物新品种保护条例》及《国际植物新品保护联盟》（UPOV）公约的实施，我国先后制定了《农业植物新品种保护条例实施细则》《农业部植物新品种复审委员会审理规定》《农业植物新品种权侵权案件处理规定》《农业植物新品种权代理规定》等规章制度；省级农、林业行政部门成立了植物新品种保护工作领导小组和办公室；农业部植物新品种繁殖材料保藏中心；使新品种权审批、品种权案件的查处以及新品种权中介服务等工作更具可操作性。

农业部在全国建立了1个测试中心、14个测试分中心；国家林业局在全国建立了1个测试中心、5个测试分中心、2个分子测定实验室和5个专业测试站。在借鉴国际植物新品种测试技术规范的基础上，结合我国实际情况，我国研制了102个植物新品种测试指南，其中18个已以国家或行业标准予以公布实施。UPOV给我国提供了多种培训和交流的机会，给我们提供了100多个植物新品种DUS测试指南，这对我国新品种保护技术支撑体系建立和保证品种权审批的科学性起到了有力的促进作用。

（二）植物新品种申请保护审批程序

1.初步审查

审批机关对品种权申请的下列内容进行初步审查：

（1）是否属于植物品种保护名录列举的植物属或者种的范围。

（2）申请品种权的，应当向审批机关提交符合规定格式要求的请求书、说明书和该品种的照片。申请文件应当使用中文书写。

（3）是否符合新颖性的规定。

（4）植物新品种的命名是否适当。

2.审批机关时间安排

对经初步审查合格的品种权申请，审批机关予以公告。对经初步审查不合格的品种权申请，审批机关应当通知申请人在3个月内陈述意见或者予以修正；逾期未答复或者修正后仍然不合格的，驳回申请。

3.DUS测试

审批机关对品种权申请的特异性、一致性和稳定性进行实质审查。审批机关主要依据申请文件和其他有关书面材料进行实质审查。审批机关认为必要时，可以委托指定的测试机构进行测试或者考察业已完成的种植或者其他试验的结果。因审查需要，申请人应当根据审批机关的要求提供必要的资料和该植物新品种的繁殖材料。对经实质审查符合条例规定的品种权申请，审批机关应当做出授予品种权的决定，颁发品种权证书，并予以登记和公告。

4.新品种公告

申请人所申请的品种审核合格，将在农业部下发的书面公告或相关网上进行公告，如果在公告期间没有任何人提出质疑，该申请人将获得新品种保护权。

品种权被授予后，在自初步审查合格公告之日起到被授予品种权之日止的期间，对未经申请人许可，为商业目的生产或者销售该授权品种的繁殖材料的单位和个人，品种权人享有追偿的权利。

（三）保护期限

品种权的保护期限，自授权之日起，藤本植物、林木、果树和观赏树木为20年，其他植物为15年。根据《财政部　国家发展改革委关于清理规范一批行政事业性收费有关政策的通知》（财税〔2017〕20号）要求，自2017年4月1日起，停征植物新品种保护权收费。

（四）植物新品种保护与品种审定区别

植物新品种保护称为育种者权利，是授予植物新品种培育者利用其品种专利的权利，是知识产权的一种形式。品种审定是广大品种培育工作者所熟悉和重视的工作，但保护和品种审定有所不同。品种保护是授予育种者一种财产独占权，是一种通过法律对智力成果的保护，侵权者将受到法律的制裁。品种审定授予的是某品种可以进入市场的准入证，是一项行政管理措施。

1.本质不同

植物新品种保护从本质上来说是授予申请人一项知识产权，属于民事权利范畴，是给予品种权人一种财产独占权；完全由植物新品种所有权人自愿申请，新品种所有人是否获得品种权，与新品种的生产、推广和销售无关。品种审定是对申请人生产秩序的管理，是一种行政许可，是给予新品种市场准入，属于国家和省级人民政府农业行政部门规定的审定作物范围的新品种必须经过审定后，才能进入生产、推广和销售，未获得品种审定证书进行生产和销售将要承担相应的法律责任。

2.范围不同

植物新品种保护主要是指对植物新品种的保护，只有属于国家植物品种保护名录中列举的植物属或者种的新品种申请人才能向新品种权审批机关申请品种权。品种审定指对主要农作物的审定，包括稻、小麦、玉米、棉花、大豆。

3.审查机构和层级不同

植物新品种保护受理、审查和授权集中在国家一级进行，农业方面由农业部植物新品种保护办公室负责。而品种审定实行国家与省两级审定，申请者可选择申请国家农作物品种审定委员会审定者省级农作物品种审定委员会审定，可以同时申请国家审定或者省级审定，也可以同时向几个省申请审定。

4.特异性要求不同

植物新品种保护主要从品种的外观形态上进行审查，如植株高矮种皮或花的颜色、株型等方面，明显区别于递交申请以前的已知品种，其所选的对照品种（近似品种）是世界范围内已知的品种。而品种审定突出品种的产量、品质、成熟期、抗病虫性、抗逆性等可利用特性，所选的对照品种是当地主要推广品种。

5.新颖性要求不同

植物新品种保护的新颖性，是一种商业新颖性，要求在申请前未销售或者销售未超过规定时间。而品种审定主要强调以经济价值为主的农艺性状，即该品种的推广价值，对品种的新颖性没有要求，不管在审定前是否销售过。

6.审查过程及所需提交的材料不同

植物新品种保护，主要是书面审定，必要时可委托指定的测试机构进行测试或者考察业已完成种植或者其他试验的结果，需提供书面材料和该植物新品种的繁殖材料。品种审定，需要提交试验种子，由品种委员会决定进行区域试验（两个生产周期）和生产试验（一个生产周期）。

7.有效期限不同

植物新品种的品种权有保护期限限制，我国木本、藤本植物从授权之日起保护20年，草本植物15年。通过审定的品种没有严格的期限限制。

二、植物新品种保护方法

（一）授予品种权的条件

申请品种权的植物新品种应当属于国家植物品种保护名录中列举的植物的属或者种。植物品种保护名录由审批机关确定和公布。

授予品种权的植物新品种应当具备新颖性。新颖性，是指申请品种权的植物新品种在申请日前该品种繁殖材料未被销售，或者经育种者许可，在中国境内销售该品种繁殖材料未超过1年；在中国境外销售藤本植物、林木、果树和观赏树木品种繁殖材料未超过6年，销售其他植物品种繁殖材料未超过4年。

授予品种权的植物新品种应当具备特异性。特异性，是指申请品种权的植物新品种应当明显区别于在递交申请以前已知的植物品种。

授予品种权的植物新品种应当具备一致性。一致性，是指申请品种权的植物新品种经过繁殖，除可以预见的变异外，其相关的特征或者特性一致。

授予品种权的植物新品种应当具备稳定性。稳定性，是指申请品种权的植物新品种经过反复繁殖后或者在特定繁殖周期结束时，其相关的特征或者特性保持不变。

授予品种权的植物新品种应当具备适当的名称，并与相同或者相近的植物属或者种中已知品种的名称相区别。该名称经注册登记后即为该植物新品种的通用名称。

下列名称不得用于品种命名：仅以数字组成的；违反社会公德的；对植物新品种的特征、特性或者育种者的身份等容易引起误解的。

（二）品种权终止

有下列情形之一的，品种权在其保护期限届满前终止：品种权人以书面声明放弃品种权的；品种权人未按照规定缴纳年费的；品种权人未按照审批机关的要求提供检测所需的该授权品种的繁殖材料的；经检测该授权品种不再符合被授予品种权时的特征和特性的。品种权的终止，由审批机关登记和公告。

（三）行政保护的职责划分

1.国务院农业、林业行政部门

（1）新品种授权

负责植物新品种权申请的受理和审查，并对符合规定的植物新品种授予植物新品种权。

（2）受理侵权案件

根据品种权人或利害关系人的请求，对侵犯品种权行为进行调解和行政处罚。

（3）查处假冒授权品种

对假冒授权品种的行为进行查处。

（4）查处不使用注册登记名称

对销售授权品种未使用其注册登记名称的行为进行处罚。

2.省级农业行政管理部门

除农业部行使的新品种授权职责，行使其余受理侵权案件，查处假冒授权品种和不使用注册登记名称3项职责。

3.市县级农业行政主管部门

主要行使查处假冒授权品种和不使用注册登记名称2项职责。还可协助省级农业行政管理部门查处品种权侵权行为。

第十章 现代分子育种

第一节 现代分子设计育种的相关概念

一、分子设计育种概念的起源

2003年，佩勒曼（Peleman）和范德沃特（Van Der Voort）提出了分子设计育种的概念并首先在农作物上展开研究。这一概念的提出符合现代农林业育种目标：缩短育种时间，提高品种产量，改良品种品质。分子设计育种与传统育种不同，它是以生物信息学为平台，以基因组学和蛋白组学的数据库为基础，综合育种学流程中的作物遗传、生理生化和生物统计等学科的有用信息，根据具体作物的育种目标和生长环境，预先设计最佳方案，然后开展作物育种试验的分子育种方法。分子设计育种的核心是建立以分子设计为目标的育种理论和技术体系，通过各种技术的集成与整合，对生物体从基因（分子）到整体（系统）不同层次进行设计和操作，在实验室对育种程序中的各种因素进行模拟、筛选和优化，提出最佳的亲本选配和后代选择策略，实现从传统的“经验育种”到定向、高效的“精确育种”的转化，以大幅度提高育种效率。

二、分子设计育种的概念

分子育种就是将基因工程应用于育种工作中，通过基因导入，培育出符合一定要求的新品种的育种方法。

设计育种是在基因定位的基础上，构建近等基因系，利用分子标记聚合有利等位基因，实现育种目标。

分子设计育种不同于分子育种和设计育种。但它们都是分子生物学理论与技术应用于品种改良而形成的新技术。目前，一般概念的分子育种大致包括两个方面，即转基因育种和分子标记辅助选择育种。转基因育种一般是将单个或少数几个已被克隆的、功能明确的基因，通过基因枪或农杆菌介导等方法，导入受体品种的基因组并使其表达期望性状的技术。由于克隆的基因可以来自任何物种，所以转基因育种可以打破功能基因在不同物种间交流的障碍。分子标记辅助选择育种是利用与目标基因紧密连锁的分子标记（包括基因内分子标记或功能标记），在杂交后代中准确地对不同个体的基因型进行鉴别，据此进行辅助选择的育种技术。通过分子标记检测，将基因型与表现型相结合，应用于育种各个过程的选择和鉴定，可以显著提高育种选择工作的准确性，提高育种研究的效率。分子标记辅助选择育种跟踪的基因一般只能是少数几个，但对于效应明显的主效基因比较容易取得预期的效果。通过杂交配组，在对杂种后代的选择过程中利用分子标记将多个目标基因聚合到同一个体中，以获得预期的基因型，这种方法被称为聚合育种，仍属于分子标记辅助育种的范畴。

三、现代分子设计育种的特点

现代分子设计育种的特点如下。

（一）操作简单

现代分子设计育种以异源DNA片段有可能在受体植物细胞内形成部分杂交片段的假说为基础，通过适当的导入方法能很容易将供体的总DNA导入受体细胞内，由此引起受体发生遗传性变异，为育种家提供丰富的遗传变异资源，因而是简单易行的育种新途径。

（二）变异范围广

周光宇、陈启锋和黄骏麒等认为，异源DNA导入受体细胞后，由于供体与受体的异源遗传物质的相互作用，其中包括DNA片段的插入、整合、调控和启动等，受体会产生多种多样的遗传性变异。受体所产生的遗传性变异涉及作物的各类质量性状和数量性状，其中包括植株的形态变异、生长发育速度、生理生化特性、抗病虫能力、产量构成潜力和品质改良以及抗逆性等。通过DNA直接导入法能够获得广泛的变异后代，为新品种的选育提供丰富的物质基础。

（三）后代性状稳定快

通过远缘杂交获得的杂种后代群体会发生“疯狂分离”，随后需要经过8～10个世代的严格筛选，才有可能培育出稳定的新品系。通过异源DNA直接导入法获得的转基因植株后代群体一般只经过4～5个世代就能选育出带有远缘优良性状的新品系，由此可以缩短育种时间，提高育种效果。

第二节　开展现代分子设计育种的条件、途径及目标制定

一、开展现代分子设计育种的基本条件

分子设计育种的核心是基于对控制作物各种重要性状的重要基因/QTLs功能及其等位变异的认识，根据预先设定的育种目标，选择合适的育种材料，综合利用分子生物学、生物信息学等技术手段，实现多基因组装（合），培育目标新品种。据此，要开展作物分子设计育种，必须具备以下基本条件。

（1）高密度分子遗传图谱和高效的分子标记检测技术。高密度遗传图谱不仅是开展分子设计育种的基础，还是定位和克隆基因/QTLs的必备条件。随着植物基因组学研究的发展，全基因组序列、EST序列和全长cDNA数量迅猛增长，成为开发新型分子标记的新资源，也为饱和各目标作物的遗传图谱奠定了基础。

（2）对重要基因 /QTLs 的定位与功能有足够的了解。这包括三个层次的内容：首先，要大规模定位控制目标作物各种性状的重要基因 /QTLs，并对其功能有足够的了解。作物的重要农艺性状大多是数量性状，受多基因控制。分子标记技术和植物基因组学知识的飞速发展极大地促进了基因定位，尤其是 QTLs 定位的研究。定位和重要农艺性状相关的 QTLs，阐明它们的效应及与环境等的互作是当代植物分子遗传研究的一个重要方向，更是开展分子设计育种最基本的条件。这不仅为克隆并最终解析其功能奠定了基础，还为深入掌握这些基因座的等位性变异提供了条件。其次，要掌握这些关键基因 /QTLs 的等位变异及其对表型的效应。对关键基因 /QTL 基因座等位（或复等位）变异的检测与对表型性状的准确鉴定相结合，充分了解种质资源中可能存在的基因（包括等位变异）资源。目前，新一代高通量测序技术、基因组定位缺失突变技术等的发展与应用为大规模鉴定并掌握等位基因变异提供了重要的技术支撑。最后，对基因间互作（包括基因与基因之间的互作以及基因与环境的互作等）有充分的了解。作物重要农艺性状受多基因控制，这些基因间存在着复杂的相互作用，而且基因的表达易受环境条件的影响。因此，在定位并掌握重要基因 /QTL 及其复等位变异的基础上，采用多点试验并结合特定的作图方法，分析并掌握各

基因的主效应、与相关基因以及与环境间的互作效应等信息，对根据育种目标开展分子设计育种是非常必要的。除此之外，还要了解并尽可能避免基因的遗传累赘。

（3）建立并完善可供分子设计育种利用的遗传信息数据库。当前，由于基因组学和蛋白组学等的飞速发展，核酸序列和蛋白质等有关遗传信息数据库中的数据呈“爆炸式”增长。这些海量的序列信息给高效、快速的基因发掘和利用提供了非常有利的条件。但是，如何收集和处理这些遗传信息，尤其是使其为作物遗传改良所利用，仍是一个巨大的挑战。因此，在现有序列以及基因和蛋白质结构和功能数据的基础上建立适合分子设计育种应用的数据库是当前开展分子设计育种需要研究的问题之一。

（4）开发并完善进行作物设计育种模拟研究的统计分析方法及相关软件，用于开展作物新品种定向创制的模拟研究。这些统计分析方法和软件可用于分析评价并整合目标作物表型、基因型以及环境等方面的信息，最后用于模拟设计，制定育种策略。

（5）掌握可用于设计育种的种质资源与育种中间材料，包括具有目标性状的重要核心种质或骨干亲本及其衍生的重组自交系（RILs）、近等基因系（NILs）、加倍单倍体群体（DH）、染色体片段导入/替换系（CSSLs）等。

根据以上分析可以发现，就作物而言，目前开展分子设计育种最具条件的作物首推水稻。使用这一作物开展研究具有以下优势：①水稻是二倍体作物，基因组较小，性状的遗传相对比较简单；②水稻有两个亚种，两个亚种的测序工作已经完成，这为分子标记的设计和基因分析提供了优越的条件；③籼、粳亚种性状差异明显，等位变异普遍存在，通过两个亚种间基因的交流已经预示出在育种上水稻有很高的价值；④高密度的水稻遗传图谱已经建立；⑤中国在水稻遗传和育种研究上有很好的基础，国内已有多个实验室比较系统地选育和积累了丰富的重组自交系、等基因系、染色体单片段代换系等遗传材料，可直接作为设计育种的基础材料；⑥通过国家“973计划”“863计划”等重要计划多年来的资助，中国在水稻功能基因组、核心种质、骨干亲本等项目的研究中，已经培养了一批较高素质的可以在分子设计育种方面开展研究的人才。

二、开展分子设计育种的途径

目前，不同生物品种，尤其是模式植物拟南芥和水稻的全基因组序列测定的完成及其功能基因组学等研究的深入发展为进一步分析作物性状变异的分子机理提供了条件，从而为通过分子设计育种改良塑造新的作物品种提供了可能。但要真正将分子设计育种概念应用于品种选育的实践中，除应具备上述的一些基本条件，还必须重点解决好分子设计育种与常规育种相结合的问题。

（一）要注重分子生物学家与常规育种家的结合

分子生物学的研究主要是在实验室进行，而育种研究主要的工作需要在田间完成。由于这两方面的研究人员受到研究条件、原有知识的惯性导向影响和现有评价体系上存在一些缺陷，两方面工作的结合还不够紧密。如何在国家需求这一目标的指导下，将分子生物学方面的研究与育种研究有效地整合起来，将是今后相当一段时间内作物分子设计育种研究被有效利用，使作物育种工作取得突破性进展的关键所在。为了使分子生物学研究以及分子设计育种研究工作更贴近于作物育种生产的实际，建议国家在组织相关科技计划时，要注意吸收有实际育种工作经验、在育种上取得了卓越贡献的育种家参加，使其与分子生物学家合作开展相关研究。

（二）简化、实用化的分子设计育种相关技术

要让分子设计育种研究的相关技术尽量简单实用化，真正能被育种家采用。

分子设计育种要对众多性状进行分析与模拟设计，并且需要对众多基因/QTts信息进行分析与检测，涉及一系列的分子生物学实验与生物信息学等技术。而对常规育种的科研人员而言，育种相关技术一要实用，二要简单。因此，必须将分子设计育种涉及的相关分子生物学技术向简单实用化发展，而且最好能达到高效率（高通量），这样才能实现在短时间内对众多分子标记或基因进行检测，从而提高检测与选择的效率。

三、现代分子设计育种目标制定的原则

（一）根据当前国民经济的需要和生产发展前景

育种目标制定必须和国民经济的发展及人民生活的需求相适应。选育高产、稳产的品种是当前的主攻方向，但随着人民生活水平的提高及工业的发展，对农产品品质的要求也越来越高，所以品质育种也是主攻目标。此外，农业生产是在不断发展的，而育成一个品种需要较长（至少 5 ~ 6 年）的时间，所以在制定育种目标时，必须有发展的眼光，既要从现实情况出发，又要预见品种育成后的一定时期内生产和国民经济的发展、人民生活水平和质量的提高以及市场需求的变化，选育出相适宜的优良品种，防止出现品种育成之日就是被淘汰之时的悲剧。

（二）根据当地自然栽培条件，突出重点，分清主次，抓住主要矛盾

各地区对品种的要求往往是多方面的。同时，各地区气候、土壤、耕作和栽培技术条件不同，生产上存在的问题也不完全相同，对良种的要求也相应地存在差异。这就要求在

制定育种目标时要善于抓住主要矛盾，突出重点，分清主次。例如，承德北部马铃薯主产区，栽培经验丰富，种植的品种都具有产量高的特点，但近两年，马铃薯黑胫病严重，不仅直接影响丰产性，还对环境有污染，采用药剂防治虽然可以减轻病害的程度，但既会增加成本又会污染环境。面对这种情形，抗黑胫病就成为承德产区马铃薯育种的主要目标之一。而在承德中南部一季有余、二季不足的种植区域，产业结构的调整和提高复种指数的需要要求前茬马铃薯必须为下茬准备充足的生长时间。早熟性是限制复种推广的主要矛盾，因此应着重选育早熟的丰产品种，在此基础上再解决其他矛盾，这样才能做到有的放矢，育成的品种才能符合生产实际需要。

（三）明确具体目标性状，指标落实，切实可行

制定育种目标，切忌笼统为高产、稳产、优质、适于机械化管理等一般化的要求，一定要提出具体指标，落实到具体目标性状上，有针对性地进行选育工作。例如，就培养优质稻谷而言，食用优质稻育种应选育直链淀粉含量中等偏低（20%左右）、胶稠度60mm以上、食味品质好的品种；而饲料稻育种则应着重选育蛋白质含量高、脂肪含量高的品种。又如，选育早熟品种，要求生育期应该比一般品种至少提早多少天；以抗病品种作为主攻目标时，不但要指明具体的病害种类，而且要落实到某一生理小种上，还要用量化指标提出抗性标准，即抗病性要达到哪一个等级或病株率要控制在多大比例之内等。另外，具体性状一定要切实可行，即通过实施能够实现。否则，脱离实际，目标就无法达成。

（四）育种目标要考虑品种搭配的需求

由于生产上对品种的要求是不一样的，选育一个能满足各种要求的品种是不可能的。因此，制定育种目标时要考虑品种搭配，选育出多种类型的品种，以满足生产上的不同需要。

另外，同一地区仍有多种不同的种植形式（如间种、套种、复种等），而每一种种植方式都需要具有在特征特性上与之相适应的品种。例如，间种要求品种的株型紧凑，边行优势大；复种要求品种的生育期短；等等。这些都要求在制定育种目标时必须具有针对性，只有这样才能提高育种效率。

（五）与当地特定的生态环境、生产技术水平相适应

同一生态环境条件下，作物的不同品系在生育期、主要农艺性状、抗性要求、产量潜力等主要指标上可能会相差很大，这使作物类型与生态环境之间的关系更加密切。因此，在制定育种目标时，必须充分研究待推广地区的生态环境，考虑农业生产发展对品质的要求，适应功能农业发展需要。另外，品种必须适应农业机械化的要求。随着中国土地流转

加快，农业机械化应用不断提高，特别在东北、西北的一些土地广阔的省区更应如此。

第三节　生物技术在现代分子设计育种中的应用

一、细胞工程与现代分子设计育种

细胞工程近年来之所以引人注目，是因为它不仅在理论上有重要意义，还在生产实践上有很大的应用前景。例如，植物组织培养可扩大变异范围，克服远缘杂交的一些障碍，用植物组织培养技术可以快速繁殖优良种苗，生产“人工种子”；用茎尖分生组织培养可快速进行无性繁殖而获得脱毒苗；用花粉培养可培育遗传上纯合的优良新品种；用植物试管授精或幼胚培养可获得种间或属间远缘杂种；用液氮冷冻细胞或组织可保存种质资源；用细胞融合技术可生产体细胞杂种和植物病害检测用的单克隆抗体；用植物悬浮细胞或固定化细胞技术可生产有用的次生代谢产物；等等。这些将给农业的技术革新带来新的发展前景。

（一）细胞工程的概念

以生物细胞为基本单位，按照人们的需要和设计，在离体条件下进行培养、繁殖，使细胞的某些生物学特性按人们的意愿发展或改变，从而改良品种或创造新种、加速繁育生物个体、获得有用材料的过程统称为细胞工程。目前，植物细胞工程的主要工作领域包括植物细胞和组织培养、体细胞杂交、细胞代谢物的生产、细胞拆合与克隆等。

（二）细胞工程基本原理

细胞是生物体结构和生命活动的基本单位，是细胞工程操作的主要对象。生物界除了病毒和噬菌体这类最简单的生物，其余所有的动物和植物，无论是低等的还是高等的，都是由细胞构成的。植物离体的体细胞或性细胞在离体培养下能被诱导发生器官分化和植株再生，而且再生植株具有一套与母体植株基本相同的遗传信息。同样，如果是已经突变的细胞组织，其再生植株则具有与已突变细胞组织相同的遗传信息。

分子设计育种在动植物育种方面进行研究的目的是快速、高效、定向培育新品种。这离不开基因组学、生物信息学和蛋白质组学的研究发展，而这些基础工作也为林木分子设计育种奠定了坚实基础。

植物细胞工程是以植物组织和细胞培养技术为基础发展起来的一门学科，它是以细胞为基本单位。植物细胞工程的应用在21世纪末就已受到重视，但真正的应用研究在20世纪70年代才进入高潮。中国率先用花药培养成烟草品种，随后又育成了一些新品种。例如，“花培5号”小麦、“华双3号”油菜、“8号”水稻等大面积推广的品种都是利用细胞工程技术培育的。

（三）细胞和组织培养与作物育种

植物细胞和组织培养是指利用植物细胞、组织等离体材料，在人工控制条件下使其生存、生长和分化并形成完整植物的一种无菌培养技术。

体细胞无性系变异具有的变异范围广泛、单基因或少数基因变异较多等特点适用于对优良品种进行有限的修饰与改良，以增强作物的抗病性、抗逆性，改进作物品质。例如，在抗病育种中，利用病菌毒素作为筛选剂进行抗病突变体的筛选是一种有效的方法。国内外学者利用体细胞无性系变异成功筛选出了甘蔗、玉米、马铃薯、水稻、棉花等多种植物的抗病突变体，其再生植株表现出明显的抗病性。史密斯（Smith）等从高粱种子诱发的愈伤组织获得了耐旱的再生植株及种子，与对照相比，其耐热性、耐旱性均有显著差异。在品质育种方面，卡尔森（Carlson）首次筛选出的抗蛋氨酸类似物的烟草突变体，其蛋氨酸含量比对照高5倍；埃文斯（Evans）等曾在番茄的无性系变异中选出了一种干物质含量比原品种高的新品种；赵成章等从水稻幼胚愈伤组织获得的大量再生植株后代中选出了一些矮秆、早熟、千粒重增高、有效穗数多的新品系。

二、植物基因工程在育种中的应用

植物基因工程技术作为育种工作的一个突破，大大拓宽了植物可利用的基因库，按照人们事先计划好的方案引发变异已成为现实，给植物育种带来了变革，变革主要表现在以下几方面：①能够打破生殖隔离，使转基因技术为拓宽植物可利用基因库创造了条件，并提供了新的创造变异的技术手段；②用于基因工程育种的基因大多研究得较为清楚，改良植物的目的性状明确，选择手段有效，使引发植物产生定向变异和进行定向选择成为可能；③改良植物的一些关键性状会使原推广品种在很大程度上得到提高，不但可以缩短育种年限，而且可能在不同的生态区取得全面突破；④随着对基因工程认识的不断深入、新基因的克隆和转基因技术手段的完善，对多个基因进行定向操作也将成为可能，这在常规育种中是难以想象的，而且有可能引发新的“绿色革命”。

（一）改良品质

植物转基因工程技术已成为当今植物遗传育种、改良品种体系的重要途径之一，其研究成果和应用前景备受重视。虽然现在用于植物性状改良的基因还相当有限，但植物性状改良已取得很多成果，改良措施主要有以下几个。

（1）将某些蛋白质亚基基因导入植物，如将高分子量谷蛋白亚基（HMW）导入小麦以提高烘烤品质等。

（2）将与淀粉合成有关的基因导入植物，如将支链淀粉酶基因导入水稻以改善其蒸煮品质等。

（3）将与脂类合成有关的基因导入植物，如将脂肪代谢相关基因导入大豆、油菜以改善其油脂品质等。

（4）将编码广泛的氨基酸或高含硫氨基酸的种子贮藏蛋白基因导入植物，如将玉米醇溶蛋白基因导入烟草、马铃薯等以改良其蛋白质的营养品质等。

这些研究成果已在某些国家获得商业化生产，不仅改良了品质，还提高了产量。

（二）提高抗性

1.抗病毒性

自1986年将烟草花叶病毒（TMV）外壳蛋白基因导入烟草，获得首例抗病毒转基因烟草以来，植物抗病毒基因工程的研究日趋活跃。美国已批准转基因抗病毒马铃薯、葫芦、番木瓜品种进行生产。

2.抗病虫性

作物病虫害也是减产的重要原因之一。植物基因工程在该领域的应用较为活跃。实验中将编码具有杀虫活性产物的基因导入植物后，该基因的表达产物能破坏害虫的消化功能，损伤害虫的消化道，最终使害虫残废直至死亡。

3.抗除草剂

抗除草剂的基因工程技术主要针对几种常用除草剂发挥作用：①草甘膦是一种广谱除草剂，利用源于细菌、植物抗性细胞系的基因可提高植物对草甘膦的耐受性。这类基因已导入烟草、大豆、棉花、玉米等植物株系。②草丁膦是一种灭生性除草剂，可抑制谷氨酰胺合成酶的作用，使氨积累造成植物中毒。草丁膦源于土壤细菌的bar基因，目前bar基因已导入大麦、油菜、水稻、小麦、玉米等，获得了大量草丁膦抗性株系。③2，4—D是一种生长素类似物，可选择性地抑制双子叶植物生长，源于细菌tfdA基因编码的2，4—D单氧化酶将其氧化解毒。该基因已在大豆等双子叶植物中发挥作用。

4.抗逆境

用于抗逆研究的基因有以下几类：①逆境诱导的植物蛋白激酶基因，如受体激酶基因、核糖体蛋白的激酶基因等；②编码细胞渗透压调节物质基因，如12磷酸甘露脱氢酶基因mtD等；③超氧化物歧化酶（SOD）基因，可以消除恶劣环境使植物产生的活性氧；④细胞蛋白质变性的基因，如编码蛋白族HSP60/HSP70的基因。目前，我国已获得了耐盐碱的转基因烟草、玉米、水稻等。

第十一章
大田作物分子育种技术

第一节　小麦分子育种技术

小麦是世界上种植面积最广、总产量最多的粮食作物之一。小麦和稻谷、玉米一起作为我国的三大粮食作物，在我国粮食生产中的地位不可取代。小麦生产与国民的日常生活关系更是密不可分。随着科学技术的不断发展，小麦新品种的选育和推广呈快速增长趋势，每年申请参加省级或国家审定的小麦新品种多达上百个。小麦小面积产量达700kg/亩的品种不断出现，大田产量也维持在较高水平。虽然小麦产量节节攀升，但小麦单产增速迟缓。强筋优质小麦也时有报道，如郑麦366、郑麦7698等，但优质麦育种整体水平不高。怎样才能打破“单产增速慢，品质提升难”的困局，培育出“高产、优质、抗病、广适”的小麦新品种，这都离不开品种自身遗传特性的改进。利用各种育种技术对小麦进行遗传改良，提高小麦的产量、改善品质、增强对病虫害和非生物逆境的抗性，是目前小麦遗传育种中新的发展方向。

一、小麦育种未来发展方向

小麦育种大致按四个不同的方向发展：高产超高产育种，综合抗病性育种，优质麦为代表的品质改良育种以及抗逆育种。育种目标中，小麦高产是保障，其他则是保证高产小麦稳产的手段。然而，产量突破越来越难、抗性逐年丧失、人民需求多元化、生产环境的不断变化等都是小麦育种工作正面临的艰难挑战，育种工作也越来越依赖于遗传资源的发掘和育种新技术的应用。

二、小麦分子育种技术

分子育种将现代生物技术手段整合到常规遗传育种方法中，结合表现型和基因型筛选，设计培育优良新品种。分子生物学研究方法及其技术的应用，可以对育种过程中的各种因素进行模拟筛选和优化，提出最佳的亲本选配和后代选择策略，从而大幅度提高育种效率。小麦分子育种主要包括转基因育种、分子标记辅助选择育种和分子设计育种，核心仍然是常规育种。

（一）转基因育种

转基因育种就是根据育种目标，从不同物种供体生物中分离目的基因，经DNA重组、遗传转化或直接运载进入受体作物，经过筛选获得稳定表达的改良植株，并经过田间试验与大田筛选育成转基因种质资源或新品种。自1992年瓦西尔（Vasil）等通过基因枪介导法将GUS/Bar基因导入小麦品种“Pavon”，获得世界上第一例小麦转基因植株以来，我国在小麦转基因育种方面也取得了不少进步。庞俊兰等[①]将小麦土传花叶病毒抗性基因CWMV-CP1导入普通小麦杨迈158中，成功获得了145株抗Bialaphos再生植株，21株为阳性，转化率达到0.99%。冀俊丽等[②]通过首创的负压花粉管法将携带有单子叶植物启动子及HV A1基因的质粒载体转入小麦，转化率高达14.1%。

常见的植物转基因方法有农杆菌介导转化法、基因枪介导转化法和花粉管通道法[③]。其中，农杆菌法和基因枪法需要通过组织培养再生植株阶段。转基因技术打破了物种间基因交流的局限性，使基因资源广泛共享；并能克服远缘杂交造成的不实不育现象，还能够缩短育种周期。

（二）分子标记辅助选择育种

分子标记辅助选择育种利用与目标性状基因紧密连锁的分子标记对选择个体进行筛选，检测目的基因是否存在，以找到期望个体。分子标记辅助选择直接反映DNA序列的差异且不受植物生长阶段和环境的影响。在育种早期对目标基因进行选择能加快育种进程，提高育种成效[④]。

目前，小麦分子标记辅助选择育种已开始得到广泛应用，育成品种已开始在生产上得到应用。中国农业大学育成品种农大399（审定号：2012004）、周口农科院育成的周麦27

① 庞俊兰，刁爱波，杜丽璞，等．土传花叶病毒外壳蛋白基因导入小麦的研究 [J]. 中国农业科学，2002，35（7）：738-742.

② 冀俊丽，盛长忠，石明，等．通过负压花粉管法将耐盐基因 HV A1 转入小麦的研究 [J]. 麦类作物学报，2002，22（2）：10-13.

③ 郭元林，向平．转基因技术在作物育种上的应用 [J]. 西南农业学报，1997，10（4）：109-113.

④ 冯建成．分子标记辅助选择技术在水稻育种上的应用 [J]. 中国农学通报，2006，22（2）：43-47.

等都是采用常规育种与分子标记辅助选择技术选育而成的高产、稳产、抗病小麦新品种。病毒生理小种不断变化，单一抗性逐步丧失，培育聚合几种抗性基因的小麦品种是提高小麦抗病性的有效措施之一。分子标记辅助选择在聚合育种中的应用进一步加快了小麦抗病育种的步伐。王心宇等①通过在早代进行抗病性鉴定淘汰感病植株，利用与Pm2、Pm4a、Pm8、Pm21紧密连锁或共分离的RFLP标记和SCAR标记对杂交组合F4代进行分子标记辅助育种选择，筛选到14株Pm4a+Pm21的植株，16株Pm2+Pm4a的植株，6株Pm8+Pm21的植株。

（三）分子设计育种

随着分子生物学和基因组学的快速发展，生物信息数据库积累的数据量非常庞大，但可供育种工作者利用的信息却十分有限，QTL（作物重要农艺性状基因）的定位结果也难以用于指导作物育种实践。作物分子设计育种将在庞大的生物信息和育种工作者的实际需求之间搭起一座桥梁②。

分子设计育种以生物信息学为平台，以基因组学和蛋白质组学的数据库为基础，综合作物育种中的作物遗传、生理生化和生物统计学等学科的有用信息，根据具体育种目标和作物生长环境，先设计最佳的亲本选配和后代选择策略，再开展作物育种试验的分子育种方法。随着小麦基因组测序和QTL的定位分离，染色体片段置换系的构建及等位基因功能效率的分析等研究的进展，小麦分子设计育种也将逐步变为现实。

三、分子育种技术发展与建议

分子育种技术既继承了常规育种直观、简单的优点，又缩短了育种进程，并极大地提高了选择的准确性。其解决了制约常规育种的瓶颈问题，为突破性的新品种选育提供了新的技术支撑，但任何分子育种方案都必须在田间实施，任何品种的成功选育都离不开常规育种的田间选育经验。因此，分子育种只有与常规育种紧密结合，才能将现代分子生物学研究成果转化为实际育种效益③。

小麦常规育种是分子育种技术赖以实现的坚实基础，同时，分子育种技术的蓬勃发展也为小麦常规育种开辟了一片新天地。我们建议：加强已发掘的与小麦优良性状紧密连锁分子标记的应用，多开发不同遗传背景下实用性强的稳定分子标记；建立低成本、高效率、操作简单的自动化标记检测体系；加大小麦分子育种的研究投入，集中建设具有高通量的分子标记检测平台；同时，加强分子育种与常规育种的结合，防止分子育种与常规育种脱节。

---

① 王心宇，陈佩度，张守忠．小麦白粉病抗性基因的聚合及其分子标记辅助选择 [J]. 遗传学报，2001，28（7）：640-646.

② 万建民．作物分子设计育种 [J]. 作物学报，2006.32（3）：455-462.

③ 刘钊．浅析分子育种技术与小麦常规育种的有效结合 [J]. 安徽农学通报，2012，18（24）：31-32.

第二节　玉米分子育种技术

玉米是我国最重要的禾谷类作物之一。新中国成立以来，我国玉米单产和总产的增加很大程度上依赖于玉米育种水平的不断提高。在诸多增产因素中，玉米新品种的贡献率达到35%左右。

一、开展玉米分子标记育种研究的意义

21世纪，我国农业面临人口不断增加和农业资源不断减少的双重压力，为了实现粮食安全、食品安全、生态安全、提高农业效益的战略目标，提高玉米产品的科技含量和玉米生产的产业化程度是一项重要举措。尽管传统育种技术在作物遗传改良方面取得了显著成就，但由于其选择效率较低、周期较长，已不能满足当前玉米生产对优良品种的需求。

近年来，随着植物分子生物学技术的发展和应用，对作物遗传育种产生了极其深远的影响。生物技术与常规育种技术的有机结合正孕育作物遗传育种的第三次技术突破。

自从模式植物拟南芥基因组全序列测序完成后，模式作物——水稻全基因组测序的完成和玉米全基因组测序的启动，为作物常规育种手段与分子标记辅助选择和转基因技术的有机结合形成了新的学科——农作物分子育种学，并成为作物遗传育种学新的生长点。

利用分子标记开展重要农艺性状和产量性状的定位，是分子育种的重要基础研究。二十多年来，分子标记技术以及QTL（数量性状基因座）定位方法的快速发展，为复杂数量性状的研究提供了强有力的手段。借助于覆盖全基因组的分子标记连锁图，利用合适的分离群体，已经定位了大量影响产量、农艺、品质、生物和非生物抗性等性状的QTL和基因。

二、玉米耐旱性的鉴定指标

（一）产量指标

耐旱性是指玉米对干旱生长条件的一种抵抗能力与适应能力。反映玉米耐旱性的一个最直观指标，即玉米在干旱环境条件下可否实现高产种植目标。利用产量指标作为评估玉米抗寒性能，直观反映抗旱指数。

抗旱指数=（抗旱系数×旱地产量）/特定基因型玉米旱地产量均值

运用抗寒指数可以弥补使用敏感指数或抗旱系数的不足，可以保证玉米耐旱性。

（二）发育指标

芽苗期是玉米发育与生长的初始阶段，该时期的耐旱性会对干旱环境条件下的整齐度以及成苗率起决定性作用，进而影响玉米最终产量。在利用发育指标评估玉米耐旱性的过程中，一般可以选择玉米种子在不同渗透率或高渗溶液中的发芽率（势）评估芽期耐旱性。此外，可以选择干旱条件下幼苗实际存活率鉴定耐旱性。该指标在国内玉米耐旱性评估实践中已经得到了大量应用。一般种子萌芽阶段的耐旱指数（GDRI）、叶面积、株高等指标都可以应用于鉴定玉米发育期间的耐旱性[①]。

（三）形态指标

水分是决定玉米生长的一个核心要素。水分在进入玉米植株细胞后会发生生物化学反应、生理变化和结构变化等，其会通过玉米植株的外在形态直观地呈现及表达，这就决定了鉴定玉米耐旱性可以选择形态指标，玉米植株的根系发达程度（根系的数量、最大长度、干重等）、茎的水分疏导能力（如直径、束内导管形态及数量等）、叶片形态（如叶片的形状、尺寸大小、卷曲情况与角度等）、穗实的粒数、结实率与谷粒宽度等都反映玉米形状指标，都可用于鉴定玉米耐旱性[②]。

（四）生化指标

干旱问题会影响玉米生长，如玉米生长中的呼吸作用、光合作用、营养吸收、水分运输等生理过程都会受水分影响。在耐旱性方面，不同品种的玉米会展现出较大差异性，都有各自固有的生理生化基础条件。在生化指标方面，为了有效反映玉米耐旱性，一般可以通过玉米叶片蒸腾速率与含水量等指标来评估不同品种玉米的耐旱性。此外，钾离子与可溶性糖等成分含量也可以评估玉米植株耐旱性。比如，可以借助测定仪或同位素示踪技术等测定及评估玉米耐旱性，通过有效运用生化指标来明确玉米耐旱性[③]。

---

① 赵天祺．我国玉米育种发展现状与趋势浅议 [J]. 南方农业，2018，12（23）：171–172.

② 贾钰莹，孙成韬，于佳霖，等．玉米耐旱性的遗传机理及分子育种研究进展 [J]. 园艺与种苗，2019，39（12）：37–38

③ 尹祥佳，李晶，王雅琳，等 .SNP 标记在玉米分子育种中的应用 [J]. 中国种业，2021，42（4）：23–24.

三、玉米耐旱育种材料选择及鉴定

（一）玉米耐旱育种材料选择

在耐旱育种期间，育种材料选择是开展育种的第一步，也是非常关键的一步。一般在耐旱育种过程中，可以选择耐旱的玉米自交系当成基础育种材料，但是同样可以选择干旱区域具有耐旱性玉米品种来构成基础群体。在合成玉米耐旱育种中基础群体前需要先鉴定选择的育种材料，并且要在干旱条件下鉴定玉米品种耐旱性，在最适宜的环境条件下完成玉米丰产性任务。在玉米耐旱育种期间，一般可以选择组群玉米材料，必须涵盖耐旱类型和丰产类型的玉米材料，这样可以为后续的耐旱育种保证最终培育的玉米品种具有耐旱性和丰产性，力求可以更好地实现玉米增产目标。当前国内玉米育种期间选择的杂交种与自交系中存在耐旱性基因变异情况，所以可以作为耐旱育种材料来使用[①]。

现阶段国内立足遗传育种视角关于耐旱育种的研究不是很多，相应育种材料及资源不够丰富，所以必须加快有效地挖掘具备耐旱基因的玉米品种资源，明确改良玉米种质的方法。在玉米耐旱育种实践中，基础材料可以选择具有丰产性与耐旱性的玉米材料，当前应尽量广泛地从应用杂交种与自交系中选择育种材料，确保耐旱玉米资源筛选的优良性，具体可以侧重如下几个方面。

（1）鉴定优良丰产玉米种质资源的耐旱性，具有良好耐旱性的玉米材料构成耐旱育种基础材料，并且在实际的育种过程中要对这些选择的基础材料提出更高要求，以提升玉米育种效率。

（2）在耐旱玉米种植选择中可以选择CMMYT等这些专门育种机构提供具有良好耐旱性的玉米种质资源，有效改良玉米种质资源的耐旱性。

（3）可以选择本土玉米种质资源拥有发展潜力的优良品种，选定及利用其耐旱性。

（4）可以选择玉米远缘种与近缘种类型的耐旱玉米资源，为玉米育种提供必要的物质基础与条件。

（二）玉米耐旱育种鉴定思路

作为玉米耐旱育种的重要基础，玉米品种耐旱性的准确鉴定是基础工作。基于遗传学可知，耐旱性是可以遗传的，选择耐旱性较强的玉米品种，需要高度重视鉴定所选品种以及自交系玉米的耐旱性。在选择玉米材料耐旱性时，要兼顾考虑其生产产量的稳定性与丰产性。玉米不同生长阶段所具有的耐旱性不同。通常而言，根据玉米幼苗期或发苗期的耐旱性，可以预测玉米成株后的耐旱性，所以要切实做好幼苗期与发芽期的筛选耐旱玉米品

① 王鹏，姚平，李仕伟，等.提高玉米育种效率的技术途径与策略[J].中国成人教育，2022，45（16）：54-56.

种的工作。不同的耐旱玉米品种会发生遗传变异的情况。比如，在玉米苗期处于干旱条件下会阻碍幼苗健康生长，从而影响幼苗的存活率，降低玉米的产量及品质。

由于玉米耐旱性是由多种因素决定的，因此处于苗期或者萌芽期时应认真分析玉米耐旱情况，尤其是玉米幼苗期可以重复性测定玉米耐旱性，鉴定时间较短，且不会对外部环境或者玉米生长带来不利影响，同时可以间接反映玉米品种本身耐旱性差异[①]。

（三）玉米耐旱育种鉴定方法

鉴于影响玉米耐旱性的因素众多，可以选择某一决定玉米品种耐旱性的因素来有效鉴定玉米品种的耐旱性。现阶段有关耐旱育种鉴定的方法较多，常用的主要包括如下几种。

1.耐旱系数法

耐旱系数法是指在水分胁迫条件下玉米产量与常规条件下玉米产量的比值。根据耐旱系数的大小情况，可以用来鉴定各种品种玉米耐旱性。该种鉴定方法可以便捷地鉴定大量玉米品种，最终选择耐旱系数较高的玉米品种，以保障玉米整体的质量与产量。

2.综合评价法

玉米品种的耐旱性是经历了许多代交替迭代所形成的，为了确定玉米品种的耐旱性，一般可以通过选择有关耐旱性的性状指标来开展综合评价。根据玉米耐旱性与相关性状之间的密切关系可以给予权重分配，一般可以选择耐旱系数、离体叶片保水率、根苗比、抽丝与散粉间隔4个指标进行综合评价。在应用综合评价法评估玉米耐旱性的过程中要有效掌控实际样本采摘时间，并且要将水分胁迫的条件维持在中等干旱。

3.第二性状法

关于玉米耐旱性状的研究相对较多，但是应用于育种并且能够助力育种效率提升第二性状方面研究非常有限。第二性状是指除了玉米产量之外的玉米其他特征，在干旱条件下提升玉米产量。虽然玉米耐旱育种的根本目的是让培育的玉米在干旱条件下依旧可以保持良好收成。但是在干旱条件下玉米产量不存在显著差异性，并且遗传力相对较低，因此可以借助第二性状鉴定玉米耐旱性。在第二性状鉴定指标下，可以保证水分胁迫条件下玉米耐旱性鉴定结果的可靠性。在水分胁迫条件下第二性状遗传力要高于玉米产量，并且同玉米产量的相关性会随着胁迫强度增加而增大。在确定玉米第二性状时，重要程度由大到小依次是每株玉米的穗数、ASI、叶片的衰老率情况、雄穗的大小情况、有叶片的卷曲率情况。

---

① 牛姣姣．玉米耐旱育种研究及分子育种策略 [J]. 广东蚕业，2020，54（2）：21-22.

四、玉米耐旱育种的常用方法

（一）常规耐旱育种方法

玉米耐旱育种期间，常规育种方法主要是在非水分胁迫环境下选择与确定培育品种的产量，之后在干旱条件下开展评价，可以获取具有优良耐旱性的杂交玉米品种，但是这种耐旱育种方法本身的育苗种子选择强度相对较小，所以整体的选择效果不是非常显著。在干旱环境条件下直接开展抗旱育种，通常可以在干旱季节试验，具体是应用灌水方式合理调控玉米育种期间的干旱条件与水平。在干旱环境中可以有效反映玉米在抗旱性状方面的遗传变异情况，所以这时可以获取更好的耐旱育种选择效果。在干旱程度与强度保持一致的条件下，很难控制干旱时间，并且容易受外在环境条件及因素的影响，使得实际的耐旱育种操作遇到一些困难①。

（二）分子标记辅助育种

在分子生物技术发展迅猛的今天，基于分子标记技术辅助耐旱玉米育种技术越发成熟，当下国外在玉米遗传育种领域已经开始广泛运用分子标记技术，国内也在该方面进行了大量研究，相关技术逐渐趋于成熟。有效运用分子标记技术可以为耐旱育苗提供一个全新路径，通过同QTL位点筛选紧密连锁的遗传标记，可以间接筛选抗旱QTL，极大提高了耐旱育种工作效率。

由于分子标记同目标等位基因之间存在的联锁关系非常容易在后代之间遗传的过程中被打破。基于SNP关联分析，可以在玉米基因组中挖掘表型变异功能的相应等位基因序列，这样必然可以很好地克服QTL应用于耐旱育种期间的局限性。在ANP分型技术支持下，可以利用其标记玉米基因功能来验证或者开发玉米耐旱性，保证标记辅助选择具有耐旱性品种结果的可靠性与准确性②。

五、玉米分子育种方法的发展趋势

当前玉米耐旱育种在全球领域都得到了广泛研究，玉米本身抗旱属性本质上是一个在遗传层面上由众多基因共同决定的数量性状。在耐旱育种实践中，选择某些目标或者有关性状间接选择耐旱育种。玉米耐旱性是一种数量性状遗传，并且涉及较为复杂的遗传基础，采用通过融合数量性状方面的遗传理论，在统计方法运用基础上可以确定玉米品种的抗旱性。

分子育种方法可以充分运用分子技术来为耐旱育种提供一个全新的路径。随着分子遗

① 朱立娟．玉米耐旱育种及分子育种策略探析 [J]. 河南农业，2011，42（14）：22-23.

② 周恪驰，何长安，纪春学，等．生物技术在玉米育种中的应用 [J]. 黑龙江粮食，2022（5）：26-27.

传学与植物生理学之间的交叉发展，玉米耐旱育种必然会向更深层发展，从分子水平层面上阐明玉米耐旱性的生理机制以及物质基础。

与此同时，基于分子生物技术支持的玉米耐旱QTL定位的各种类型分子标记连锁图谱逐渐趋于完善，所以未来可以在分子育种过程中借助对QTL定位、基因工程、克隆等从分子层面上重新组合玉米耐旱基因，构建全新类型的耐旱性玉米体系，这样可以在分子育种技术支持下极大地缩短玉米耐旱育种的整个周期。

在分子育苗的过程中，自然条件下要注意全面监控玉米的生长情况，避免因为在内部温室培养或试验条件下影响了最终的育种效果。因为基于分子育苗技术得到的耐旱品种可以在温室条件下健康生长，但却可能在自然环境下受各种外在因素影响而直接影响最终的生长质量与耐旱性发挥。

第三节　棉花分子育种技术

棉花是我国重要经济作物和纺织工业原料，棉花全产业链涉及数千万产业工人、棉农等从业人员。棉花产业发展事关国计民生，提升棉花生产水平对促进农民增收、农业增效和乡村振兴具有重要意义。优良品种是作物生产的第一要素，针对棉花生产自然资源限制和不利生产条件等问题，开展种源“卡脖子”技术攻关，创制多抗、高产、优质、早熟的突破性棉花重大新品种是推进棉花产业提质增效和区域经济持续发展的重大需求。

种质资源和育种技术创新是培育突破性新品种的首要关口。目前，我国在棉花突破性种质资源重要经济性状精准鉴定和创新方面还有较大提升空间，育种上采用的大多还是2.0时代的杂交育种，3.0时代的分子育种在部分单位进行了研究和应用，亟须加快进入4.0时代的生物技术育种。

一、棉花种质资源鉴定和优异种质筛选

种质资源是农业科技创新与现代种业发展的重要物质支撑，为丰富棉花育种的遗传基础，提高育成品种的产量、品质及抗性水平，有待对大量陆地棉种质资源农艺性状和纤维品质性状等进行多环境鉴定，并结合单核苷酸多态性位点（single nucleotide polymorphisms，SNP）芯片、重测序等多种分子技术手段，综合评选优异种质资源。

Sun等利用棉花SNP芯片对719份陆地棉种质进行了分子鉴定，获得10511个高质量

SNPs并进行遗传变异分析。这些SNPs标记在整个基因组中分布不均匀，其中染色体Dt08的SNP最多（844），At04的SNP最少（97）。通过群体结构分析将这些种质资源分为2个亚群G1和G2，其中在G2中有360个独特的 SNPs，在G1中只有68个独特的SNPs。这些结果表明，2个亚群体在分子水平上出现了遗传分化。Ma等利用代表7362个陆地棉种质的419份（5.7%）核心种质进行基因组重测序，鉴定到3665030个SNPs，其中224201个位于17446个蛋白质编码基因内，70959个位于上游或下游区域，其余3369870个位于基因间区域。这些SNPs位点为棉花重要性状的分子改良提供了丰富的遗传信息。群体结构分析表明，419份棉花分为3个亚群，亚群之间θπ值为（3.13～3.72）$\times 10^{-4}$，均高于已报道的地方品种（2.59×10^{-4}）和改良品种（1.79×10^{-4}），但低于水稻籼稻（1.6×10^{-3}）、粳稻（0.6×10^{-3}）和改良大豆（1.05×10^{-3}），表明陆地棉种质总体上遗传多样性较低，这些种质资源为棉花育种提供了较为广泛的遗传基础。在优异种质资源筛选上，Sun等基于719份陆地棉多年多点表型数据的综合评价，筛选出纤维长度（fiber length，FL）大于30.00mm、纤维强度（fiber strength，FS）大于30.00cn·tex-1的优异种质31份，这些材料在至少6个环境中的品质达到了“双30”，马克隆值（fiber micronaire，FM）在3.5~4.9，其中W82-1的FL和FS在8种环境中均大于30.00。MSCO-12的FL平均值最高（33.74mm）；J02-508的FS平均值最高（33.94cn·tex-1）。另外，Ma等又通过对1081份陆地棉种质进行重测序获得了2970970个高质量SNPs，对该群体进行遗传亲缘关系分析发现可分为3个亚群，这些种质资源为棉花改良提供了分子基础，也为优异亲本组配提供重要理论参考。

二、棉花现代品种基因组及结构变异

协同提高陆地棉品种的产量、品质和抗逆性是生物技术育种的重大目标，而棉花现代栽培品种参考基因组的缺乏以及潜在的农艺性状的基因组结构变异的遗传效应有待探明。因此，我国自育陆地棉现代品种农大棉8号（Nongdamian8，NDM8）和海岛棉 Pima90的组装以及品种间结构变异的鉴定为棉花重要性状改良提供了新的理论依据和资源。

基于单分子实时（single molecule real-time，SMRT）测序（覆盖深度为180.38倍）和Illumina双端数据校正（总覆盖率为233.75倍），10×Genomics（基因组）链接数据（覆盖深度232.90倍）以及Hi-C双端数据（覆盖深度125倍）构建的基因组大小分别为2.29和2.21Gb，重叠群（contig）N50为13.15和9.24Mb，染色体挂载率为99.57%和99.75%，编码基因80124和79613个，其中1499和1267个为预测的新基因，比较发现在棉种进化中，Copia和Gypsy转座子对农艺性状的分化起着重要作用。将海陆基因组比对，检测到31296个变异/基因对在海岛棉组织中显著特异表达，5815个插入缺失位于5256个基因的外显子区，其中蔗糖合酶基因GbM_D13G2394存在2bp 的缺失，在海岛棉品种Hai7124和3-79以及渐渗系NDM373-9和鲁原343中得以验证。发现 NDM373-9获得了来自海岛棉的171个外显子区结构变异，其中分别有34和12个基因与已报道的抗病性和纤维发育有关，证明了海岛棉对改良陆地棉的育种价值。与已测序基因组TM-1进行比较，发现NDM8存在876568个结构变异，其中28626个变异能够在10~1081个重测序种质中检测到。研究还发现，现代品种较早期品种获得了1128个NDM8型结构变异，表明现代育种改良发挥了重要作用。

三、棉花产量性状分子标记和基因发掘

提升棉花产量一直是育种的重要目标，但是棉花产量以及纤维品质性状均为数量性状，且易受环境影响，同步改良这些性状比较困难。利用分子标记结合关联分析对产量性状进行解析，可鉴定大量相关的标记位点。

Sun等通过全基因组关联分析（genome-wide association studies，GWAS）鉴定了不同环境下陆地棉产量相关性状的SNP标记及候选基因。共鉴定出62个显著相关的SNPs，其中8个与铃重（boll weight，BW）关联的SNPs，6个与衣分（lint percentage，LP）关联，21个SNPs位点与籽指（seed index，SI），5个位点与衣指（lint index，LI）关联，7个位点与结铃数（boll number，BN）关联，进一步确定了27个候选基因，且每个基因至少包含1个SNP。Ma等鉴定到与BW、LP、SI、LI和单铃纤维重（fiber weight per boll，FWPB）5个产量相关性状显著关联的1816个SNPs位点，在842个与LP相关的基因和743个与LI相关的基因中，分别有16和9个基因包含非同义SNPs。其中在Dt02染色体上的峰值区域包含5个与LP相关的非同义SNP，3个位于编码四肽重复类超家族蛋白基因Gh_D02G0025内，富含TPR结构域的蛋白在植物激素信号通路中发挥重要作用；转录组分析表明，Gh_D02G0025在0和5DPA（days post anthesis）纤维中具有较高的表达量，这些结果表明Gh_D02G0025可能会通过不同的激素信号通路参与纤维起始和快速伸长，并决定皮棉产量。Ma等通过重测序1081份陆地棉获得了304630个结构变异（structure variation，SV），包括141145个插入、156234个缺失、39个倒位、6384个易位和828个重复。而棉花重要农艺性状结构变异的遗传效应尚不清楚。因此，利用SV数据对产量性状进行了GWAS分析，共鉴定出97个与产量相关。产量性状（BW、LP、SI）的结构变异主要位于At染色体（22个）。其中对于重要的皮棉产量性状LP，Dt03的2个结构变异可显著提高LP，分别由37.49%提高到39.69%，37.47%提高到40.00%。

四、棉花品质性状分子标记和基因发掘

棉花的长度、强度、马克隆值等是评价棉花纤维品质的重要指标。利用大量的SNPs标记对纤维品质性状进行了连锁分析及关联分析，检测到多个与棉花纤维品质性状相关的分子标记位点。

Sun等利用基因芯片对719份陆地棉材料在8个环境鉴定的纤维品质性状进行关联分

析，检测到20个与纤维长度相关的标记位点，其中染色体Dt11的i60962Gt位点可在6个环境下稳定检测到；与纤维强度显著相关SNPs标记18个，其中4个可在多环境下稳定检测到；另外检测到4、4、11个SNPs位点分别与马克隆值、整齐度和伸长率相关。在这些SNPs位点中，8个位点与纤维长度、强度同时关联，3个位点同时与纤维长度和纤维伸长率关联。Ma等[2]利用重测序技术挖掘到366万个高质量SNPs位点，并对419份陆地棉核心种质在12个环境下的纤维品质性状进行关联分析，共检测到3136个与纤维长度、纤维强度、马克隆值、整齐度和伸长率相关的标记，其中有778个SNPs标记可在至少2个性状上检测到。染色体Dt11上23.93~24.10Mb区域的30个SNPs位点与多个性状同时关联，说明该区域存在协同调控棉花纤维品质性状的遗传位点，可用于分子标记辅助选择改良纤维品质。Gu等以自育品种农大棉13号和农大601为亲本，构建了1套含有588个株系的重组自交系群体，基于重测序数据对该群体在8个环境的5个纤维品质性状进行QTL（quantitative traitlocus）定位分析，共检测到66个优异位点，16个QTLs可在多环境下稳定检测到，bin4537等13个标记与此16个位点紧密连锁。

另外，通过重测序1081份陆地棉材料获得的304630个结构变异对主要的纤维品质性状进行了GWAS分析，鉴定出160个与纤维品质性状（FL、FS、M）关联，其中139个位于Dt染色体，21个位于At染色体。对于能够显著提高纱线经济价值的FL性状，在Dt11中检测到最高的关联峰，其中370kb区域（24.55 ~ 24.93Mb）包含125个结构变异。在这些位点中，69个和56个分别使FL显著增加0.71 ~ 0.99和1.00 ~ 1.19mm，使纤维从27或28mm级增加到29mm级。

目前已克隆很多纤维发育的基因，如转录因子、激素、骨架蛋白、脂肪代谢、细胞壁成分等相关基因。本团队利用连锁分析和关联分析也检测到与纤维发育相关的基因，如糖代谢相关基因Gh_D07G1799，与细胞代谢相关的伴侣基因Gh_D13G1792，与细胞骨架蛋白相关的gyp1p家族蛋白基因Gh_A10G1256和Ghir_D02G-002580，与拟南芥细胞伸长相关的KRP家族蛋白基因Gh_D11G1929，与植物激素信号途径相关的基因Gh_D02G0025、Ghir_A03G020290；与脂质信号转导相关，编码棉花种子脂肪酸的基因Ghir_D02G010340，与细胞壁成分相关的基因Ghir_D02G011110。

五、棉花抗病性分子标记和基因发掘

黄萎病（Verticillium wilt）是棉花生产上最重要的病害之一，严重影响着品质和产量。挖掘棉花抗病相关的分子标记和基因对棉花抗黄萎病遗传改良具有重要意义。目前，已发表多篇与棉花抗黄萎病相关的研究结果。有学者以300多万个SNPs位点对401份陆地棉核心种质黄萎病抗性进行关联分析，共检测到352个与黄萎病抗性相关的标记位点，其中在染色体Dt11上发现13个稳定存在的核心SNP标记位点，可用于分子辅助选择育种。在棉花抗病相关基因报道中，内源激素介导的信号转导、R基因、次级代谢产物等在抗病反应中发挥着至关重要的作用。本团队利用多组学、关联分析等方法，鉴定到多个与黄萎病抗性相关的基因，如涉及抗病信号传导的脂肪酶基因GbEDS1、蛋白激酶基因GbSTK、亲环素基因GhCYP-3、编码杂合的富含脯氨酸的细胞壁蛋白的GbHyPRP1、G蛋白基因GhGPA、编码植物L型凝集素类受体激酶的ghLecRKs-V.9；R基因GbVe、GbRVd；参与木质素单体的聚合编码漆酶的基因GhLAC15；影响苯丙烷途径中木质素和类黄酮代谢流的基因GhnsLTPs；与活性氧相关的基因GhPAO[34]；硬脂酰-ACP-去饱和酶家族成员ghSSI2[35]，谷胱甘肽硫转移酶簇ghGST，病程相关基因GhNCS等。

传统育种方法改良作物性状已获得了巨大的成就，然而由于受到育种材料遗传背景狭窄、选择效率低等多因素约束，近年来我国重要作物品种选育工作已进入了平缓发展阶段。因此，加快育种技术创新势在必行。分子生物学催生的生物育种技术突破了传统育种的局限，使农作物育种更精确、更高效。现代生物技术在育种中的应用，必将加快育种速度，缩短育种年限，提高育种水平，同时也为棉花品种改良开辟新的道路。但由于我国的生物技术研究水平与发达国家相比还有差距，所以，急需加强我国棉花生物育种的源头创新，不断促进我国棉花产业的发展和进步。

第四节　牧草分子育种技术

我国是草原大国，拥有各类草地面积近4亿公顷，居世界第二位，占全球草原面积的13%，国土面积的41.7%，是耕地面积的3.2倍，森林面积的2.5倍。草原不仅是我国数百万牧民赖以生存与草地农业生产的物质基础，也是我国陆地生态系统最重要的组成部分。牧草、饲料作物和草坪草在建立人工草地、饲料地，发展草地畜牧业、改良和保护天然草地，防治草原退化沙化，进行生态环境建设和城乡美化绿化等事业中，起着至关重要的作用。

优良品种是现代草地农业发展的重要标志之一。从育成品种的数量、品种表现性能等方面来看，与国际水平仍有很大距离，尤其是在丰产性、饲用品质及抗逆性、抗病虫能力等方面，还远远不能满足我国草地农业发展的现实需求。

近年来，国际牧草生物技术研究方兴未艾，特别是在牧草与草坪草抗逆性的分子与基因组学研究以及转基因技术研究方面取得一些实际成果，并应用于新品种开发与选育工作当中。随着在世界主要贸易国范围内，农作物新品种育种者权利保护规则的逐步建立，以牧草品种知识产权为特征的牧草育种技术竞争日趋激烈，对目前我国不论研究基础或是技术力量等都较为薄弱的牧草育种事业提出了更为严峻的挑战。因此，密切关注国际牧草分子育种技术等新技术的研究与发展动态，大力加强国内相关领域的基础与应用研究，尽快提高我国牧草育种技术水平，加快新品种选育进程，对未来提升我国在世界牧草种子贸易中的地位具有重要的意义。本文分析了国外牧草分子育种技术的最新进展与发展趋势，并对新世纪我国牧草育种技术的发展策略提出了一己之见。

一、牧草分子育种技术的特点

分子育种是指利用转基因和分子标记辅助育种等技术，对作物遗传物质在分子或基因水平上进行转基因操作，或者基因标记与定位，直接或间接地改良生物性状，培育出新品种的过程。转基因技术是利用重组DNA、细胞组织培养或种质系统转化等技术，将外源基因导入植物细胞或组织，发生遗传物质定向重组，改良植物性状，培育优质新品种。与常规育种方法相比，转基因技术表现出以下特点：

（1）不受亲缘关系的限制，可实现动物、植物和微生物之间遗传物质的交流，从而充分利用自然界存在的各种遗传资源，彻底打破了传统育种方法以种内遗传物质的重组为主的遗传资源范围限制。

（2）有效地打破了有利基因与不利基因的连锁，充分利用有用基因。

（3）加快育种进程，缩短育种年限。然而，农作物转基因材料对人类、动植物、微生物和生态环境存在潜在的威胁和风险，在新品种选育成功投放市场前，应当进行严格的安全性评价。

分子标记辅助育种技术是借助分子标记达到对目标性状基因型选择的一项技术，包括对目标基因跟踪的前景选择或称正向选择，和对遗传背景的选择，也称负向选择。选择是育种中最重要的环节之一，分子标记辅助育种技术可加快遗传背景恢复速度，缩短育种年限和减轻连锁累赘的作用。传统育种方法是通过表现型间接对基因型进行选择，这种选择方法存在周期长、效率低等诸多缺点。分子标记辅助选择可以直接依据个体基因型进行选择。常用的分子标记技术有限制性片段长度多态性标记技术（RFLPs）、随机引物扩增长度多态性标记技术（RAPD）、酶切片段扩增长度多态性标记技术（AFLPs）、简单重复序列标记技术（SSRs）和单核苷酸多态性标记技术（SNP）等。

二、牧草分子育种技术的作用

分子标记辅助选择技术在作物改良中的作用包括：

（一）基因聚合

作物的一些农艺性状，尤其是抗病和抗虫基因表达呈基因累加作用，即集中到某一品种中同效基因越多则性状表达越充分。在水稻抗白叶枯病培育中运用分子标记辅助选择技术，将2～4个白叶枯病抗性基因Xa4、Xa5、Xal3和Xa21聚合到同一水稻品种中；在小麦白粉病抗性基因聚合上，利用与白粉病抗性基因Pm2、Pm4a、Pm8和Pm21紧密连锁的RFLP和SCAR标记进行分子标记辅助选择，获得具有两个抗性基因的植株。

（二）基因转移

也称为基因渗入，是指将供体亲本的目标基因转移或渗入受体亲本遗传背景中，从而达到改良受体亲本个别性状的目的。育种过程中将分子标记技术与回交育种相结合，可以快速地将与分子标记连锁的基因转移到另一个品种中，在这一过程中可同时进行前景和背景选择。

（三）数量性状的分子标记辅助选择

作物大多数农艺性状（如产量、品质、抗逆性等）表现为数量性状遗传特点，表现型与基因型之间往往缺乏明显对应关系，表达不仅受生物体内部遗传背景较大影响，还受外界环境条件和发育阶段影响。利用分子标记辅助育种技术，可以在不同发育阶段，不同环境直接根据个体基因型进行选择，既可以选择到单个主效数量性状位点（QTL），也可以选择到所有与性状有关的微效位点，从而避开了环境因素和基因间互作带来的影响。牧草育种是按照预先确定的育种目标，采用一定的育种策略、方法和程序，利用作物种质的变异，或者通过遗传物质的重组，选择鉴定出符合育种目标的植物群体，形成在遗传组成上相对稳定一致、适应于一定的自然和栽培条件、符合社会生产和生活需要的牧草新品种。改良牧草的主要目标包括培育高产新品种、提高牧草品种的营养价值和农艺性状或培育抗逆、耐牧的新品种等。牧草育种的成效取决于三个方面：第一，发现、收集或创造育种上有利的遗传变异；第二，采用一定的育种手段，将目的基因重组在一起；第三，应用准确可靠的选择鉴定技术，筛选出优良的重组类型。牧草分子育种仍需要遵循牧草育种的基本过程与原则，与常规牧草育种的差异只是创造遗传变异、目的基因重组与选择鉴定技术手段的不同，是对常规牧草育种技术的发展与补充，而不能片面地将分子育种与常规育种相割裂，把分子育种技术与常规育种过程分隔开，只考虑技术的可行性，而不考虑育种亲本选配、育种目标、品种群体构成、在育种中的应用成本和费用等，否则难以在育种实践中得到有效应用。

三、国际牧草分子育种技术的发展趋势

近年来，分子生物技术和基因组学研究的迅速发展为许多农作物提供了大量分子标记技术和多种多样的检测手段，特别是分子标记辅助育种技术和转基因技术等分子育种技术已成为主要的农作物，包括大豆[Glycine mar（L.）Merr.]、水稻（Oryza sativa L.）、棉花（Gossypium hirsutum L.）、小麦（Triticum spp.）和玉米（Zea mays L.）等品种改良的有效手段。虽然分子育种技术在牧草、饲料作物和草坪草选育中的应用还相对较少，但目前发达国家积极立项开展牧草分子育种的相关基础与应用技术研究，着眼于主要牧草重要性状遗传改良的一些相关技术研究已取得长足进展，未来牧草分子育种技术在实际育种工作的应用趋势已初见端倪，这些研究进展主要包括：

（一）利用转基因技术研究目标性状的基因调控机制与遗传改良

目前，植物转基因技术已成为植物分子生物学研究的强有力的实验手段，并且在玉米、棉花、大豆、油菜（Brassica spp.）等农作物育种实践中，与常规育种技术相结合，已经成功培育出许多转基因改良新品种，在农业生产中广泛种植。目前，虽然牧草转基因技术还处于实验研究阶段，但已获得的有利的结果显示出转基因技术在新品种培育方面巨大的应用潜力。

过去的十几年当中，利用各种方法将外源 DNA 基因导入牧草细胞或组织，获得转基因牧草植株方面取得了很大的进展，但有效地将单个基因导入和整合到牧草基因组，并高效表达的概率还非常低。转基因操作的效率及可控性是限制该项技术在牧草新品种培育中应用的技术性因素。2005 年以来，美国首先提出一项不需要胚性愈伤组织培养，而直接利用牧草匍匐茎的茎节的根茎型禾本科牧草遗传转化新技术。将根茎型牧草匍匐茎的茎节与携带有双元载体质粒的根癌农杆菌共培养，然后对受侵染的匍匐茎茎节产生的幼苗进行抗生素培养基筛选，只需 7 ~ 9 周时间即可获得具有良好根系的转基因植株，与目前采用的利用胚状体诱导产生愈伤组织，遗传转化后分化培养相比，所需要的时间大大缩短，可显著提高转基因植株的再生率。匍匐茎作为外植体还具有利用无性繁殖产生相同基因型，再进行遗传转化的优点，避免了异花授粉植物由于愈伤组织基因型构成的杂合性，影响转化或再生效率的问题。当获得适合的转基因株系，即可通过无性繁殖的方式扩繁形成品种，直接应用于生产。这项技术将对转基因技术在禾本科根茎型牧草新品种培育中的应用产生积极的促进作用。

目前，牧草转基因技术对性状改良的研究涉及：

（1）牧草价值改良。主要包括通过木质素代谢调控途径提高消化率、果聚糖代谢基因调控途径，以及增加富含硫元素蛋白质合成与积累等途径等。

（2）牧草对环境逆境胁迫的抗性。主要包括提高抗旱、抗寒和耐盐基因转录因子表

达水平、利用Na+/H+反向基因提高牧草抗盐碱性，以及利用异戊基转移酶基因提高抗寒性等。

（3）抗病与抗除草剂。主要包括调控几丁质酶、葡聚糖酶、植物防御素、植物抗毒素、核糖体失活蛋白、病毒外壳蛋白、病毒复制酶、病毒运动蛋白、Bt毒素、蛋白酶抑制剂和淀粉酶抑制剂等合成与代谢的基因。

（4）牧草生长与养分利用效率。包括开花时间的基因调控、磷元素的吸收与利用的相关调控基因等。此外，牧草转基因技术研究领域还包括降低黑麦草花粉过敏反应、提高能源牧草柳枝稷（Panicum virgatum L.）生物酒精转化效率、生物反应器，以及牧草生物固氮基因工程研究等。

（二）利用分子标记与基因组学技术研究牧草抗逆性分子机制与遗传改良

抗逆性是牧草改良的重要目标之一，包括对由细菌、真菌、昆虫、线虫及病毒引起的生物胁迫与由不良物理或化学因素造成的环境胁迫的抗性等两大方面。21世纪初，模式植物拟南芥（Arabidopsisthaliana）和水稻基因组序列分析全部完成，并公开发表。根据亲源关系相近的生物之间基因组具有共线性特点，即基因在染色体上排列顺序具有相同或相似性，来自水稻和其他植物的染色体图谱可以供近缘牧草种的分子遗传机制研究参考，这为利用基因芯片技术或其他基因组学技术研究牧草抗逆性复杂过程与遗传改良提供了可能，并产生显著的推动作用。以禾本科牧草与草坪草抗逆性分子机制与遗传改良研究为例，1988—2005年，国外有报道的利用分子标记与基因组学技术，对秆锈病等生物胁迫，抗旱、耐低温和冻害等环境胁迫，以及禾本科内生真菌与抗逆性关系等方面的机制与改良的研究成果大约有50例，其中2000年以后获得的成果为44例，占88%。在黑麦草（Lolium spp.）、高羊茅（Fesucaarundinacea L.）、狗牙根[Cymodondactylon（L.）Pers.]、匍匐翦股颖（Agrostis palustris Huds.）等牧草与草坪草的抗病与逆境基因QTL定位、抗逆基因标记，以及内生真菌与抗逆性互作与遗传改良等方面取得了实际进展，为进一步培育相应的抗逆新品种奠定了理论基础。

四、我国牧草分子育种技术的发展对策

（一）牧草分子育种技术应用存在的问题

生物技术是20世纪人类科技史上最令人瞩目的高新技术之一，正推动着农业生产实现新技术革命。目前，以生物技术为基础，以转基因和分子标记辅助育种技术为核心的分子育种技术已广泛应用在主要农作物新品种培育当中，第一代转基因作物品种的开发接近完

成，主要是抗病、抗虫、抗除草剂品种。当前，进入第二代作物品种的开发，重点在于改良营养品质，以及抗旱、抗寒、耐盐碱等各类抗逆作物品种的培育。与农作物相比，牧草分子育种技术的应用与新品种开发严重滞后，主要问题表现在：

（1）大部分牧草、饲料作物和草坪草的遗传特性复杂，属于异交多倍体，育种目标涉及的生理生化和遗传途径复杂。

（2）大部分经济学性状受多基因控制，数量性状位点常分布在整个染色体组的各个染色体上，增加了基因定位与克隆的难度。

（3）缺少典型的遗传研究材料，缺乏可重复的和有效的目标性状表现型研究方案，限制了分子生物学技术的应用。

（4）资金投入不足。

当前，在美国等发达国家，草产品加工业、草坪业和草种业等草业产业的产值逐年提高，在农业产业中的地位越来越重要，对牧草新品种选育工作更为重视，政府和企业在牧草分子育种技术方面的投入不断加大。我国常规牧草育种基础薄弱，在资源收集、评价、创新与育种手段，以及植物育种者权利保护体系、牧草种子扩繁体系等制度方面与美国等发达国家存在很大差距，远远不能满足国内草业生产对优良品种的需求。从未来牧草育种发展趋势分析，如果不能及时加强牧草分子育种技术研究与应用，那么我国与发达国家之间在牧草新品种培育方面的差距将进一步拉大，缺乏拥有自主知识产权的优良品种的困境将很难改观，并将严重影响我国草业产业的国际竞争力。因此，大力加强我国牧草分子育种技术的研究与应用，对推动新世纪草业事业的发展具有战略意义。

（二）建议牧草分子育种技术的发展策略

（1）组建专门的国家级的区域性牧草育种工程中心，重点开发具有经济价值高，市场需求量大的苜蓿、禾本科草坪草等牧草与草坪草，以及能源牧草优良品种。在牧草新品种开发的基础上，开展牧草分子育种技术的研究。

（2）在国家重大科研项目中，设立牧草分子育种技术相关的基础与应用研究专题，重点开展主要的牧草、草坪草和能源牧草的遗传连锁图谱的构建和主要经济性状调控基因定位研究，以及利用转基因技术，研究牧草主要经济性状的相关代谢调控途径的分子机制，为未来具有重大影响的牧草种质创新与鉴定选择提供依据。

（3）开展牧草转基因技术安全性研究，逐步制定一套切实可行的转基因牧草安全性检测和评价体系，以推动转基因技术的改进，促进其在牧草新品种培育当中的应用。

（4）培养专业化人才，鼓励生物技术、农作物分子育种技术与牧草育种之间的交叉与交流，开展比较基因组学研究，积极借鉴和利用农作物分子育种技术研究成果，推动牧草分子育种技术的普及。

第十二章 杂粮分子育种技术

第一节 谷子分子育种技术

谷子（Setaria Italica）属禾本科狗尾草属，是起源于我国的重要粮食作物之一，是黄河中上游地区主要栽培作物。谷子具有抗旱耐瘠耐盐、多种抗病抗虫性、粮草兼用、营养丰富等优良特质，加之谷子基因组较小（约490Mb），使其成为遗传学研究的理想模式植物。

SSR（simple sequence repeats）又称微卫星，是指由1～6个核苷酸组成的简单重复序列，它广泛分布于真核生物的整个基因组中，由于重复次数不同而造成长度多态性。微卫星侧翼序列保守，由此设计引物进行PCR扩增，并通过凝胶电泳分离产物检测多态性。微卫星标记具有共显性和多态性高、重复性好、操作简单等特点，目前已被广泛应用于种质资源遗传多样性分析、遗传图谱构建及基因定位以及分子辅助育种等方面。

一、谷子SSR标记开发

利用不同的方法，大量谷子SSR标记已被开发。随着谷子基因组测序的完成，海量的序列信息结合生物信息学软件，可以实现SSR标记的大规模开发，且开发的SSR质量更高，覆盖更广。

不同的研究中开发出的SSR标记，成功扩增率都能达到较高水平，但多态率差异较大，这与不同方法开发出的SSR标记本身的多态性有关，也与试验所用植物材料的亲缘关系和材料数量有关，有研究表明，谷子近缘野生种比栽培种表现出更高的多态性，栽培种中农家品种比育成品种多态性高。

二、遗传多样性分析

对品种的遗传多样性进行分析，能够有效地揭示品种间的亲缘关系，追溯品种的起源，了解品种的遗传多样性，可为遗传研究或育种亲本选择提供参考，育种亲本选择遗传相似度越低的材料，得到的后代材料遗传多样性越丰富。

关于谷子的起源，Kim等利用28个SSR引物对37个来自中国、韩国和巴基斯坦的谷子品种进行分析，结果表明来自中国的谷子品种遗传多态性最高，认为谷子的起源地为中国；Wang等利用77个SSR标记，将250份品种分为与其生态型完全一致的3个亚群，黄河流域及其下游地区的遗传多样性最高，暗示谷子起源于黄河流域。

朱学海等用21对SSR标记，将涉及6个生态区的120份核心谷子材料划分为4个类群，所分类群与其地理来源及生态类型之间存在明显的一致性。沈琰等对10个黑龙江省和10个吉林省谷子品种进行遗传多样性分析，发现吉林省谷子品种基因多样性略比黑龙江省丰富，但亲缘关系较黑龙江省更近，遗传多样性不高且多源于本省内，应加强两省间种质资源的交流。

农家品种与育成品种间存在较大的遗传差异。贾小平等用37对SSR标记对40个谷子品种进行遗传多样性分析，聚类结果显示，代表不同生态区域的农家品种聚类群与生态类型比较一致，而几乎所有来自不同地区的谷子育成品种都被聚成一组，反映不出区域性。王姗姗等、杨天育等、孙加梅等对谷子种质资源遗传多样性的研究均表明农家品种与育成品种间存在较大的遗传差异，而育成品种间多态性不高，这可能与当前谷子育种手段单一，特别是与重点骨干亲本的集中利用有关，造成区域性谷子育成品种遗传背景较相似，遗传多样性降低，而农家品种因对不同生态区的长期适应与进化，具有丰富的遗传多样性。

不同生态区的种质遗传差异大小不一。李国营利用20对SSR引物对400份谷子初级核心种质进行遗传多样性分析，结果表明西北内陆、黄土高原、内蒙古高原的种质遗传差异较大，东北平原和华北平原次之，淮河以南的种质遗传差异最小。朱学海利用21对SSR引物对来自不同生态区的100份较抗旱的种质和20份不抗旱的种质进行SSR遗传多样性分析，得到类似结论。

三、遗传图谱构建

遗传图谱的构建在遗传学研究中占有重要地位，是基因定位克隆、分子标记辅助选择育种等研究的基础工具。应用DNA多态性标记构建的遗传图谱具有标记数量大、遗传稳定、饱和度大等优点，具有较高的应用价值。

Jia等以（B100 × A10）F2作图群体构建了一张包含9个连锁群81个SSR标记的遗传图谱，这是世界上第1张谷子SSR标记遗传连锁图谱。该图谱与Wang等利用RFLP标记构建的图谱进行整合，共有101个标记定位到图谱上，整合后的图谱长1654cm，标记间平均距离为16.4cm。

杨坤以（N10×大青秸）F2作图群体，构建了一张包含10个连锁群46个SSR标记的谷子遗传图谱，总长度为916cm，标记间的平均距离为19.91cm。

王智兰等利用（高146A×K103）的F2群体，采用来自谷子、水稻、珍珠粟和高羊茅的多种分子标记，构建了一张谷子遗传连锁图谱，该遗传图谱包含9个连锁群192个标记，覆盖基因组长度2082.5cm，标记间的平均间隔10.85cm。

王晓宇等以表型差异较大的“沈3”和“晋谷20”构建的F2作图群体为材料，构建了一张包含10个连锁群54个SSR标记的遗传连锁图，覆盖总长度421.6cm。

王小勤利用（豫谷1号×陇谷7号）的F2群体，构建了一张包含9个连锁群1035个多态性标记位点的谷子遗传图谱，覆盖长度1318.8cm，相邻标记间平均间隔1.27cm。

四、基因定位

（一）质量性状基因定位

张浩等利用EMS诱变豫谷1号，获得一个可以稳定遗传的窄颖花突变体 sins1。突变体sins1与正常野生型 SSR41杂交构建F2群体，遗传分析表明，该突变性状由隐性单基因控制。

Sato等对2个F2群体的遗传分析表明，谷子小穗顶刺毛是由单隐性基因控制的，利用TD（Transposon display）标记和Jia等开发的SSR标记，将该基因stb1定位到2号染色体上，之后又根据基因组序列信息在stb1的SSR位点附近开发35个新的SSR标记，利用其中1个群体构建了包含9个连锁群的遗传图谱，覆盖长度1287.5cm，并将该基因进一步定位到2号染色体5.7cm的区间内（Si SSRII—26～p80），对应谷子物理图谱800kb。

（二）数量性状基因定位

王晓宇等利用（沈3×晋谷20）F2群体对谷子株高等主要农艺性状进行数量性状位点QTL分析，检测到与株高相关的主效QTL2个和穗长主效QTL1个，与穗重、粒重相关的主效QTL为同一位点，不同连锁群QTL间互作明显。杨坤利用（N10×大青秸）F2作图群体和SSR标记，鉴定出与株高、穗颈长、主茎节数、穗长和落粒性5个性状相关的12个QTL。

王小勤利用SSR标记构建的高密度谷子遗传图谱，结合2年11个主要农艺性状表型数据，检测到29个与谷子产量及农艺性状相关的QTL，解释变异率为7.0%～14.3%。

其中22个QTL增加性状表型值的等位基因来源于“豫谷1号”，6个来源于“陇谷7号”，另外一个千粒重QTL（qTGW5.1）增加性状表型值的等位基因在单环境和联合分析检测中分别来源于不同的亲本。

Gupta等利用覆盖谷子9条染色体的50个SSR标记对184个来自不同生态区的谷子品种基因分型，首次应用关联分析法，对谷子20个产量及其相关农艺性状进行 QTL 定位分析，共检测到8个显著QTL。

五、分子标记辅助育种

（一）连锁标记辅助选择

传统育种是通过表型间接对基因型进行选择，所需时间长，表型差异不明显也会造成选择困难。分子标记辅助选择将分子生物学与常规育种有机结合起来，通过检测与目标基因紧密连锁的分子标记，就能获得目的基因的基因型，可大大缩短育种年限，提高育种效率。

郝晓芬等利用166对SSR引物在谷子光敏不育系GM与恢复系“恢东1号”两亲本间筛选出61对具有多态性，经F2群体单株验证，发现位于6号染色体的引物b159与雄性不育基因连锁，相距13.5cm，为谷子光敏雄性不育系及谷子杂种优势的研究提供参考。

Wang等通过遗传分析表明谷子不育材料“高146A”的不育性是由一个单隐性基因控制，利用SSR标记和（高146A × K103）构建的F2群体，将该不育基因ms1定位在6号染色体上，与SSR标记b234紧密连锁，遗传距离16.7cm。李志江等利用抗“拿捕净”基因的已知序列与谷子基因组进行比对，发现第7和9条染色体上均存在同源序列，开发SSR标记在谷子F2群体中进行共分离分析，结果表明位于第7染色体上的标记 SIMS13569和SIMS13512与谷子抗“拿捕净”基因连锁，该标记可用于分子标记辅助选择。

（二）品种鉴定和区分

利用形态学性状区分鉴定品种比较耗时，且亲本表型相似的类型很难通过观察进行分辨，利用分子标记技术，可准确快速地区分鉴定品种、进行品种纯度和真实性鉴定。

王永芳等利用193个谷子SSR标记对谷子生产中常用的6个育种亲本所组配的15个杂交组合进行检测，筛选出一批可用于各组合后代材料鉴定的分子标记，为育种材料的应用提供指导，也为分子标记辅助选择育种奠定基础。

王姗姗等构建了一张包含4对SSR引物的谷子指纹图谱，利用这4对引物可将8份地方谷子品种成功区分开，这也是首次利用SSR指纹图谱对谷子进行品种鉴定的实践。

秦冰清等从EMS诱变的“晋谷21号”突变体库中筛选获得叶色突变体，其中突变体28和29从苗期开始叶片就明显比对照“晋谷21号”宽，为排除其他品种混杂的可能性，利用SSR标记进行验证，结果表明突变体28和29的条带与对照品种条带在凝胶上的位置相同，片段大小也相同，而其余3个狗尾草品种的条带与对照和突变体28、29的条带在凝胶上的相对位置均不一致，DNA片段大小也不同，说明突变体28和29的品种是"晋谷21号"，而不是其他品种混杂。李涛等利用形态学和SSR分子标记对谷子F1代当选单株的真实性进行鉴定，SSR标记共同具有父母本条带的为真杂种，为F2：3代群体种植及其单株选择提供试验依据。

谷子分子研究起步较晚，但随着谷子基因组测序的完成，海量数据可用于分子标记的开发，除了SSR标记，还可以开发丰度更高、覆盖更全面、多态性更好的SNP标记，为谷子分子研究的开展提供条件。同时，谷子基因组较小，且与小稻、玉米等禾本科作物有很高的共线性，标记间通用性强，利于比较基因组学研究。谷子有许多优良基因，随着功能基因研究的深入，必将有助于加快谷子种质资源的保护、品种改良创新和新品种选育进程。

第二节　燕麦分子育种技术

燕麦（Avena sativa）隶属禾本科早熟禾亚科燕麦属（Avena），在世界谷物生产中排名第4，仅次于小麦（Triticum aestivum）、水稻（Oryza sativa）和玉米（Zea mays），是重要的粮饲兼用作物。燕麦具有较强的抗逆和耐瘠薄特性及其他谷类作物不可比拟的营养价值，是备受关注的健康食物。同时，燕麦在促进草地畜牧业发展及冬春季节家畜补饲中也发挥重要作用，是土壤盐碱化和荒漠化治理的生态牧草。

一、燕麦属分类

迄今为止燕麦属有30个种，其中野生种25个、栽培种5个。燕麦物种具有3个染色体组倍型，即二倍体（2n=14，基因组A、C）、四倍体（2n=28，基因组AB、AC）和六倍体（2n=42，基因组ACD），每个染色体组由7条染色体组成。最常见的普通栽培燕麦为六倍体，包括A、C、D三个染色体组（AACCDD），由异源四倍体燕麦种（CCDD）与同源二倍体燕麦种（AA）远缘杂交而来。

燕麦小花由外颖、内颖、外稃、内稃和颖果构成。

根据籽粒成熟后有无内外稃紧密包裹，燕麦可划分为带稃型（皮燕麦）和裸粒型（裸燕麦）2种。多饲用、少食用的皮燕麦是世界范围内燕麦的主要类型，而我国主要种植多食用、少饲用的裸燕麦。

二、燕麦种质资源搜集

据联合国粮农组织（FAO，2010）统计，全世界范围收集了约13万份燕麦种质资源，分别保存在100多个种质库。世界上收集和保存燕麦种质资源较多的国家有加拿大（27676份）、美国（21195份）和俄罗斯（11857份）。我国燕麦种质资源缺乏且基础研究比较落后，极大限制了我国燕麦产业的发展。20世纪50年代，我国科研人员开始致力于从世界各地收集和保存燕麦种质资源。50年代末，已从21个国家共引进燕麦种质资源489份。1966年，达到1497份。经过多年的努力，我国国家种质资源库中现保存燕麦种质资源共计5282份。

三、燕麦基因组研究

（一）遗传图谱的构建

燕麦是异源六倍体，基因组较大（10.4Gb），重复序列占比高，与主要作物相比研究起步晚且投入少，故燕麦遗传图谱的构建严重滞后。奥多诺（O’Donoughue）等利用KO（Kanota × Ogle）群体和561个遗传标记构建了六倍体栽培种燕麦遗传连锁图谱，该图谱总长度为1482cm，图谱标记主要为RFLP（537个），24个其他遗传标记，38个连锁群。该遗传图谱的构建为燕麦重要性状的遗传定位提供了有力工具。

此后，不同实验室对该图谱不断加以完善。2001年，美国科学家利用RFLP分子标记构建了总长度为880cm、包含203个遗传标记及9个连锁群的二倍体燕麦遗传连锁图谱。2009年，加拿大农业部的科学家使用DArT标记对全球范围的60个燕麦品种进行了遗传多样性分析，开发出多态性DArT标记约2700个。

2013年，尼古拉斯·A.廷克（Nicholas A.Tinker）及其国际燕麦研究团队利用依诺米那（Illumina）的BeadStation系统构建了物理锚定的六倍体燕麦整合图谱，为燕麦基因组的高质量遗传分析奠定了基础。

我国学者吴斌等构建了基于SSR分子标记的大粒裸燕麦连锁群图谱，该图谱的总长度为1869.7cm，包含182个SSR标记，26个连锁群。后续，该团队在大粒裸燕麦578和小粒裸燕麦农家品种三分三为亲本的F2群体中，利用22个遗传连锁群上的208个SSR标记构建了总长度为2070.5cm的遗传连锁图谱。2016年，查芬（Chaffin）等基于SNPs以及基因分型测序（genotyping by sequencing，GBS）技术构建了总长度为880cm、包含7202个分子标记且代表多个六倍体燕麦基因组的一致性图谱。之后2年该图谱的标记密度不断增加，到2018年，其已包含99878个分子标记。

（二）基因组测序

自2002年水稻基因组测序公布以来，玉米、马铃薯（Solanum tuberosum）、油菜（Brassica campestris）、野棉花（Anemone vitifolia）、大豆（Glycine max）和小麦等作物的基因组测序工作陆续完成。燕麦基因组测序相对滞后，这与其基因组庞大、复杂及基因组组装困难有关。

美国、英国和加拿大等多国科学家联合推出“燕麦基因组计划”，2019年完成了二倍体燕麦基因组测序和染色体水平的组装。该研究以二倍体燕麦A.atlantica（AA）和A.eriantha （CC）为材料，发现A.atlantica和A.eriantha的基因组大小分别为3.72和4.17Gb。在二倍体测序基础上，燕麦基因组计划随后开启了六倍体普通燕麦的测序工作，并于2020年6月23日公布了六倍体燕麦基因组，目前该基因组数据托管在GrainGenes网站（https：//wheat.pw.usda.gov/jb/？ data=/ggds/oat-ot3098-pepsico）。

2021年5月，Nature Communications在线发表了中、英两国科学家合作绘制完成的二倍体燕麦A.strigosa基因组序列草图，解析了抗微生物的防御化合物燕麦素的生物合成基因簇。2022年5月，Nature在线发表了多国科学家联合完成的栽培燕麦及其亲缘关系较近的二倍体A.longiglumis（AA）和四倍体A.insularis祖先种的高质量参考基因组，揭示了燕麦基因组的镶嵌结构，追踪了燕麦多倍化历史进程中的基因组重组事件，指出燕麦基因组结构变异导致育种障碍，分析了其中蕴含的与人类营养健康相关的基因分布。2022年7月，Naturegenetics在线发表了由中国科学家完成的六倍体栽培裸燕麦高质量参考基因组序列。该研究利用三代超长读长测序（ONT ultralong）并辅助Hi-C染色体构象捕获技术，对采自我国山西省五寨县的裸燕麦地方品种三分三进行了全基因组测序组装；同时选取栽培燕麦最可能的四倍体以及二倍体祖先种进行三代测序组装，分别获得大小为7.15和3.74Gb的参考基因组序列，进一步进行燕麦亚基因组结构变异和遗传进化分析，为燕麦基础生物学研究、功能基因组研究及分子育种奠定了基础。

四、燕麦分子育种

（一）重要性状遗传定位

高质量遗传图谱的构建、高通量基因组分型技术的发展及燕麦基因组序列的公布，推动了燕麦重要性状基因的挖掘与鉴定，相关研究主要集中在产量相关性状、籽粒品质和抗病（逆）性3方面。增产是作物育种的核心目标，燕麦产量相关性状的遗传定位主要集中在籽粒产量形成要素上。赫尔曼（Herrmann）等利用AFLP标记，在2个高代回交群体中对β-葡聚糖含量、产量、千粒重和小穗数等农艺性状进行了遗传定位，检测到6个千粒重相关QTLs、1个小穗数相关QTL以及3个产量相关QTLs。同年，宋高原等以2个六倍体裸燕麦杂交的F2群体为材料，利用SSR标记对籽粒长度、宽度和千粒重进行QTL定位，共检测到17个籽粒相关QTLs。图米诺（Tumino）等对600份包括地方品种、老品种和现代品种的欧洲燕麦自然群体的倒伏和株高进行全基因组关联分析（GWAS），共发现6个与倒伏相关的位点，2个与株高相关的位点；相关性分析发现，倒伏率与株高成正比。齐默（Zimmer）等对406份燕麦组成的自然群体进行了关联分析，在Mrg06、Mrg21和Mrg24连锁群上检测到影响籽粒长度的位点，并发现籽粒宽度与厚度具有遗传相关性，由位于燕麦一致性图谱的Mrg13连锁群上的位点控制。

冠锈病是造成燕麦减产的重要病害之一，是北美、欧洲和澳大利亚燕麦生产的主要病害。目前，燕麦中已鉴定的抗冠锈病主效基因有100多个。近年，随着高通量分子标记技术在燕麦中的应用，冠锈病基因定位工作取得较大进展。Pc91是燕麦重要的冠锈病抗性基因。开比蒂（Kebede）等则通过多个作图群体，利用燕麦6K SNP芯片和GBS测序技术开发的SNP标记成功将基因Pc45定位到六倍体燕麦一致性图谱的Mrg08连锁群上，开发了1对可用于辅助育种的分子标记。

白粉病是燕麦生产中的另一重要病害，目前在燕麦中仅发现11个白粉病抗病基因位点。近年，随着测序技术的不断进步，白粉病抗病基因的染色体定位工作也取得了一些进展。赫尔曼（Herrmann）和莫勒（Mohler）通过简化基因组测序，利用2个RIL群体，在地中海燕麦AVE2406和AVE2925中分别定位到抗白粉病基因Pm9和Pm10。Ociepa等利用DArTseq在抗白粉病的不实野燕麦CN113536与感病品种Sam杂交的F2群体中检测到Pm11，且Pm11表现出持久抗性，2010—2017年在波兰燕麦生产中持续表现高抗白粉病。

（二）分子育种

随着对燕麦重要性状的遗传解析和基因组测序的完成，以及基础生物学研究的不断深入与生物技术的迅猛发展，分子育种成为燕麦现代育种势在必行的技术手段。在水稻和小麦等主要作物中分子标记辅助育种得到广泛应用，且选育出了一批优良品种。但由于燕麦基因组研究远落后于主要作物，至今尚未有分子标记辅助育种选育出品种的报道。目前，中国科学院西北高原生物研究所燕麦研究团队发现了抗白粉病基因PmBY642，通过分子标记辅助选择将其导入白燕7号等饲草燕麦优良品种，选育出一批抗白粉病且综合性状优良的新材料。

燕麦遗传转化体系的建立和不断完善为基因组编辑育种奠定了良好的基础。随着中国科学院A类战略性先导科技专项“创建生态草牧业科技体系”的启动，中国科学院植物研究所、中国科学院遗传与发育生物学研究所和中国科学院西北高原生物研究所相继开展饲用燕麦基因组编辑工作，目标是创制具有抗病且高产等重要性状的新种质。

基因组选择（genomic selection，GS）是一种将表型（或系谱记录）与全基因组高密度分子标记结合进而估计个体育种值的方法。该选择方法充分反映了目标性状的遗传变异，有效提高了选择的准确性，对不依赖表型信息的候选个体，可更早期选择（缩短世代间隔），降低育种成本，大幅提高育种效率。加拿大农业部渥太华研究发展中心的燕麦育种团队已于2020年成功应用基因组选择方法选育出2个优良燕麦品系（个人通信）。

五、燕麦基因组时代展望

（一）功能基因组时代

燕麦基因组序列的公布将推动燕麦基因组学和群体遗传学的迅速发展。未来几十年，利用自然或人工群体，通过关联和连锁分析，一批控制燕麦重要农艺性状及在驯化和改良过程中发挥重要作用的数量性状位点将会被遗传定位；部分主效基因和QTL将被精细定位和克隆，进而进行功能验证、分子机理解析、优异等位变异发掘和功能标记开发，并应用于燕麦的分子设计育种。以基因组学为基础的分子标记辅助育种、基因组编辑及选择育种技术也将迅速发展。

（二）泛基因组研究将成为热点

随着三代测序技术的广泛应用，燕麦基因组研究也将迈进泛基因组时代。与单一参考基因组相比，泛基因组揭示了更多的遗传多样性，可有效降低参考基因组偏差对遗传变异检测的影响。作为多倍体物种，通过构建泛基因组变异图谱，挖掘品种间的结构变异，可有效丰富燕麦功能基因的研究并促进其精准设计育种。

（三）高通量表型组学快速发展

随着全基因组测序的完成，燕麦精准高效的表型组学研究变得日益迫切。基因组学、生物信息学和表型组学三者紧密结合是实现燕麦功能基因组学研究高质量发展的基础，也必将推动燕麦精准设计育种。随着测序技术的不断完善和测序成本的降低，表型组平台将是未来限制燕麦功能基因组学发展的一个因素。建立精准、高效且经济的燕麦专属表型组平台迫在眉睫。

（四）分子设计育种

燕麦重要农艺性状的遗传定位、优异等位变异的发掘和部分主效基因的克隆将使其分子设计育种进入快车道。综合遗传学、分子生物学和基因组学等手段并结合常规育种方法，可有效突破常规育种的局限、缩短育种周期、提高育种效率和加快品种换代。

现阶段燕麦的育种目标仍是优质、稳产和高产。我国燕麦育种取得了可喜的成绩，审定了一批新品种，但引进品种仍占比较高。燕麦资源的育种潜能未得到充分发挥。与燕麦强国相比，我国燕麦产量提高的潜力巨大，未来燕麦产量突破仍将以品种间杂交为主。北美燕麦生产遇到的主要病害为冠锈病，而我国以白粉病、黑穗病和红叶病为主。随着燕麦主产区温度逐年升高和降水增加，以燕麦白粉病为主的真菌病害越发严重，今后需加强抗病基因的挖掘，利用分子育种技术定向培育抗病燕麦品种。燕麦也是理想的盐碱地和荒漠化治理的先锋作物，培育耐盐碱、抗旱和养分高效利用品种可有效发挥燕麦的生态效应。解析耐盐碱、抗旱和养分高效利用的分子基础，利用转基因和基因组编辑等分子育种手段培育耐盐碱、抗旱和养分高效利用燕麦新品种成为又一个育种方向。倒伏会降低燕麦对水分和养分的吸收及光合产物的积累，严重影响产量和品质，已成为目前燕麦改良亟待解决的问题。茎秆的物理性状是影响燕麦倒伏的主要因素，寻找茎基部密度、充实度及单茎质量的优异等位变异并导入底盘品种，培育高产、抗倒伏新品种是解决倒伏和保持稳产的最佳途径。

第三节　大豆作物分子育种技术

大豆属于粮油作物，人们食用后能够获取大量的蛋白质，有利于身体健康发展。经过长期的发展，我国已经拥有上千个大豆品种，但在不断的发掘研究过程中，采用传统的育种方式已无法快速地培育出更佳的品种。而分子育种方式在实践期间实现有效应用，为大豆种植发展做出贡献。

一、大豆分子育种的现状

作物分子育种概念在2003年出现，逐渐得到认可，并随着相关技术水平的不断提高逐渐成熟。

（一）标记辅助育种

生物在生长发育过程中，所处的环境会不断发生变化，而其为适应客观环境会进行相应的进化，由此会引发DNA序列的变化，而此种变异具有一定的遗传性，同时也是分子标记辅助育种的原理。生物体内蕴含多个分子，因此，标记组合方式有多种情况。最佳的分子标记选择，其遗传应呈现多态化的情况，同时应呈显性，分子标记能够重现并具有较强的稳定程度。此外，所选的分子标记应包含大量的信息，有助于提升分子分析效果，同时能够使用较为简便的分析模式获得信息，有助于提高该环节的现代化程度，控制研究项目的资金投入量。标记辅助方式育种经过多年的研究探索，已经实现大幅度提升，并研究出多种相关技术[①]。

1.PCR分子标记

此种方式中主要有两项内容。

（1）RAPD

采用此技术能够根据多个分子组进行分析，相较于其他分析方式而言，RAPD技术对于分子总数以及质量无过高要求。此外，使用该项技术耗费的时间较短，且操作较为简单，有助于合理缩减前期准备的部分环节。需要注意的是，该项技术也存在不足之处，其敏感程度较高，无法进行多次操作。

（2）SCAR标记

此项编辑技术是在RAPD的基础上发展起来的，对RAPD片段实施克隆，并对其进行末端测序，根据所选片段的两端序列设置专门的引物，之后对DNA片段实施PCR操作，将其与原本的分子片段进行单一位点的鉴别操作。该项技术具有较强的共显性，分析分子成果可借助扩增产物效果得知。此项技术相较于上述的RAPD标记，更为快捷，且具有较高的可靠性和稳定性，能够进行多次操作。

2.分子杂交

该项技术是最早的DNA标记技术，其基本类型为点的多态性和序列的多态性。RFLP技术具有较强的稳定性，但实验操作步骤过多，整体的投资数额较大，综合多方因素考量，仅能应用在较小规模的分子育种项目中。

3.限制性酶切与PCR技术融合

实验操作较为简单，且具有较强的共显性，同时采用此项分子标记技术对DNA的数量以及浓度要求较低。在实际操作中，相关人员需要较长的引物，并且最终呈现的扩增效果较为稳固，不仅可以去除RFLP技术中的膜转印环节，还能确保基本的精准性。另外，其操作技术含量较低，现代化程度较高。

4.SNP分子标记技术

该项技术展现出来的多态性包括单个碱基的变异，主要是由单个碱基通过转换、颠换形成的。该项技术的自动化程度较高，实验时长短，技术人员可借此构建规范化的操作，能够应用于大规模的实验项目中。

---

① 林文磊，吕美琴，李明松，等.RAPD分子标记技术在大豆育种中的应用[J].福建农业科技，2018（9）：45-49.

（二）转基因

目前，大豆的转基因技术应用较多的是农杆菌介导技术以及基因枪技术。我国在该方面的研究仍停留在植株选择、检测以及鉴定阶段。部分学者借助农杆菌介导方式提高转化的效果，不仅实现了提升转化效率的目标，还能为后续的大豆育种提供基础性的保障。目前，我国已针对大豆的抗虫、抗病等方面开展相应的实验项目，相较于其他国家，国内对该方面的研究仍处于初期阶段，且产业化的程度较弱。在转基因技术不断发展的趋势下，大豆分子标记育种在未来会不断改进。分子育种技术是对原本的DNA信息进行深度探索，借助专业检定、亲本选择组合以及后代选择开展高技术含量的实验项目，在大豆方面的相关研究属于新兴的模块，相关学者正在不断探索[①]。

二、研究展望

就目前而言，分子育种是未来发展的主攻方向，在实验项目中，确定更多的DNA功能，对使用该项技术进行育种的效果会更加明显。大豆光周期基因实验项目，既可以直接应用在相关的育种项目中，又能为提高大豆的质量和产量起到一定的支持作用。目前，由于大豆的种植面积较小，导致总体的产量逐渐下降，无法满足市场需求。出现此种情况主要受两个方面因素的影响：第一，由于其他作物的经济效益较高，导致大豆的实际种植面积逐渐缩小；第二，相关市场中的部分大豆是以较低价格从其他国家购进。

近年来，我国在大豆育种方面仍采用传统的作业模式，但经过相关学者的共同努力，其分子育种方式已经实现较好的发展，为未来的育种设计环节奠定了基础。相信该项技术在大豆育种方面的价值会受到更多人的认可，并在实际作业中凸显其应用价值。

① 田志喜，刘宝辉，杨艳萍，等．我国大豆分子设计育种成果与展望[J]．中国科学院院刊，2018，33（9）：915−922.

参考文献

[1]杨萌，郑丛忠.类型特征背景下高职食品检验检测技术专业人才培养探索[J].科技风，2023（19）：16–18.

[2]杨旭东.食品检验检测的质量控制及细节问题探究[J].食品安全导刊，2023（16）：48–50.

[3]冯琦.影响食品检验检测的因素及对策研究[J].中国食品，2023（10）：71–73.

[4]郭国栋.食品检验检测中样品的管理和控制措施[J].中国食品，2023（10）：74–76.

[5]向振昊.检验检测机构食品检验工作质量管理探究[J].食品安全导刊，2023（13）：4–6.

[6]周恒美，朱明燕，王乾丽，等.以质量控制为导向的食品检验检测工作开展策略探析[J].食品安全导刊，2023（12）：25–27.

[7]杨颖.食品检验检测机构质量管理体系构建探究[J].中国食品工业，2023（8）：72–74.

[8]任建方.食品检验检测的质量控制措施分析[J].食品界，2023（4）：110–112.

[9]白佩玲.食品检验检测机构农药残留检测能力验证及注意事项探讨[J].现代食品，2023，29（7）：81–83.

[10]杨国强.食品检验中心的信息化技术应用[J].食品安全导刊，2023（10）：170–172+176.

[11]曹银平.食品检验检测中技术的应用研究及问题分析[J].食品工程，2023（1）：20–21+24.

[12]高野.食品检验中生物检测技术应用[J].现代食品，2023，29（6）：173–175.

[13]郝璟岦.食品检验检测过程中存在的问题及应对措施[J].现代食品，2023，29（6）：193–195.

[14]周智圣，吴小武.地方食品检验检测机构管理模式及发展方向初探[J].食品安全导刊，2023（9）：34–36.

[15]李景娜.新时期食品检验检测现状与对策探析[J].食品安全导刊，2023（9）：180–183.

[16]李天雨，张潇，李丹，等.基于信息技术的食品检验检测工作展开方法分析[J].食品安全导刊，2023（9）：149–151.

[17]王举.食品检验检测机构资质认定评审的薄弱环节及改进方法[J].中国食品工业，2023（6）：67–69.

[18]王智斌.食品检验检测的质量控制及细节问题研究[J].中国食品工业，2023（6）：72–74.

[19]刘小平，汤明河.简述食品检验机构智慧检测系统的建设与运用[J].食品界，2023（3）：98–100.

[20]赵小桃.食品检验检测相关问题分析及应对措施[J].现代食品，2023，29（5）：94–96+103.

[21]王颖莎.我国食品检验检测体系的问题及对策[J].中国食品工业，2023（5）：72–74.

[22]孙海林.食品检验检测质量管理存在的问题与对策[J].食品安全导刊，2023（7）：59–61.

[23]陈瑞娟.生物检测技术在现代食品检验检测中的应用探讨[J].现代食品，2023，29（4）：189–191.

[24]李红泰.食品检验检测的质量控制及细节问题探讨[J].食品安全导刊，2023（6）：54–56.

[25]齐玲.探析食品检验检测机构质量管理工作[J].食品界，2023（2）：102–104.

[26]李雪茹，李风华.食品检验检测的质量控制及细节问题研究[J].食品安全导刊，2023（4）：63–65.

[27]杨彩萍.浅谈食品检验检测中常用的纳米材料[J].食品安全导刊，2023（4）：137–140.

[28]吴海霞.生物检测技术在现代食品检验检测中的应用[J].食品安全导刊，2023（3）：157–159.

[29]迟庆雪.食品检验检测的主要技术及存在的问题与对策[J].食品安全导刊，2023（3）：172–174.

[30]杨凯，刘艳霞.浅谈食品检验检测机构参加能力验证考核的思路[J].现代食品，2023，29（1）：31–33.

[31]罗思民.农业育种的技术就绪度评价方法研究[J].农村经济与科技，2023，34（1）：31–35.

[32]丁贝贝.浅谈食品检验检测实验室的质量管理[J].食品安全导刊，2023（2）：4-6.

[33]赵佳，岩蓉.食品检验检测质量管理存在的问题与对策[J].食品安全导刊，2023（1）：88-90.

[34]柳絮.我国农业育种效率和技术水平大幅度提升[J].广西农学报，2008（3）：108.

[35]王伟.浅谈辐射诱变技术在农业育种中的应用[J].南方农机，2022，53（7）：43-45.

[36]王雪玲，高豹华.浅析农业育种与栽培技术的创新[J].种子科技，2021，39（15）：54-55.

[37]黄露.试析生物技术在农业育种中的应用[J].种子科技，2020，38（23）：51-52.

[38]梁玉红.农业育种与栽培技术[J].乡村科技，2020（4）：89-90.

[39]王维佳，李萌鑫.基因编辑技术在农业育种中的应用[J].安徽农业科学，2020，48（3）：18-25.

[40]王文杰，孙磊.试析生物技术在农业育种中的应用[J].农业科技与信息，2020（1）：51-53.

[41]慕晶，张丽娟，李峰，等.浅析农业育种与栽培技术的创新[J].山西农经，2019（17）：124-125.

[42]周阿文.浅析农业育种与栽培技术创新[J].种子科技，2019，37（2）：35.

[43]郑敏.生物技术在农业育种中的应用探讨[J].种子科技，2018，36（9）：48+52.

[44]肖琳琳.浅析农业育种与栽培技术的创新[J].农业与技术，2018，38（12）：45.

[45]杨哲.现代农业育种创新管理模式研究[J].种子科技，2017，35（3）：18+21.

[46]刘新宇.现代农业育种创新管理模式研究[J].农技服务，2016，33（15）：34.

[47]杨毅.农业育种的空间诱变技术浅析[J].科技视界，2016（3）：290.

[48]杨桂花.现代农业育种创新管理模式研究[J].北京农业，2014（21）：334.

[49]韩渊怀.生物技术在农业育种中的应用[J].山西农经，2014（1）：80-81+85.

[50]钟琴.现代农业育种产业再次实现重要的突破[J].农业科技与信息，2013（15）：9.

[51]田敬军.新型农业育种高精度恒温恒湿系统设计[J].湖北农业科学，2013，52（14）：3409-3411+3419.

[52]许奕华，吴洁，李云伏.现代农业育种创新管理模式研究[J].农业科技管理，2010，29（2）：54-57.